高等职业教育"十三五"规划教材

移动终端服务器管理与开发

主　编　熊　伟　曹天人

副主编　刘　涛　王飞雪　刘梅华　胡　凯

童　亮　陈　静　胡云冰

中国水利水电出版社
www.waterpub.com.cn
·北京·

内 容 提 要

  本书根据多所院校近年来教学改革的经验,结合职业教育改革的要求,将工程的知识点分解到不同的项目任务中,以项目驱动的方式来实施教学,通过工学结合让学生轻松学习移动终端服务器管理与开发的知识和技能。主要内容包括:移动终端服务器概述、JSP 开发环境搭建、JSP 语法基础、JSP 内建对象、Servlet 的使用、JavaBean 资源、JSP 中的文件操作、数据库访问、JSP 标准标签库和 JSP 技术应用实例等内容。本书内容详尽,实例丰富,通俗易懂,易于教与学,针对各项任务中的项目均有详实的案例说明。

  本书适合作为高职高专院校的计算机类专业课程的教材,也可作为中职院校、成人教育及软件开发人员的参考工具书。

  本书配有教材中所用项目的工程文件,读者可以从中国水利水电出版社网站和万水书苑上下载,网址为:http://www.waterpub.com.cn/softdown/和 http://www.wsbookshow.com。

图书在版编目（C I P）数据

  移动终端服务器管理与开发 / 熊伟, 曹天人主编
. -- 北京 : 中国水利水电出版社, 2016.9
  高等职业教育"十三五"规划教材
  ISBN 978-7-5170-4729-2

  Ⅰ. ①移… Ⅱ. ①熊… ②曹… Ⅲ. ①移动终端－服务器－高等职业教育－教材 Ⅳ. ①TN87

  中国版本图书馆CIP数据核字(2016)第220565号

策划编辑:寇文杰 责任编辑:李 炎 加工编辑:夏雪丽 封面设计:梁 燕

书 名	高等职业教育"十三五"规划教材 移动终端服务器管理与开发 YIDONG ZHONGDUAN FUWUQI GUANLI YU KAIFA	
作 者	主 编 熊 伟 曹天人 副主编 刘 涛 王飞雪 刘梅华 胡 凯 童 亮 陈 静 胡云冰	
出版发行	中国水利水电出版社 （北京市海淀区玉渊潭南路 1 号 D 座 100038） 网址:www.waterpub.com.cn E-mail: mchannel@263.net（万水） sales@waterpub.com.cn 电话:(010) 68367658（营销中心）、82562819（万水）	
经 售	全国各地新华书店和相关出版物销售网点	
排 版	北京万水电子信息有限公司	
印 刷	三河市铭浩彩色印装有限公司	
规 格	184mm×260mm 16 开本 19.75 印张 485 千字	
版 次	2016 年 9 月第 1 版 2016 年 9 月第 1 次印刷	
印 数	0001—2000 册	
定 价	40.00 元	

前　　言

　　本书在讲解基础知识的同时，为每个技术模块都精心设计了实践项目，在借鉴项目解决过程的处理方法中，力争使读者对基本开发技术的应用有更深入的认识，达到灵活使用的目的。

　　本书内容详尽，实例丰富，非常适合作为零基础学习人员、有志于从事移动软件及驱动开发的初学者、高校相关专业学生的学习用书，也适合作为相关培训机构和软件开发人员的参考资料。

　　本书提供了 JSP 编程从零基础入门到实践项目开发必备的知识，都是作者结合自己多年的开发经验，同时走访多所大学、研究机构、培训机构，参考诸多相关书籍，听取老师、学生和读者的建议精心提炼出来的。全书共十章，第一章为移动终端服务器概述；第二章介绍 JSP 开发环境搭建，包括 JDK、Tomcat 和 MyEclipse 的安装；第三章介绍 JSP 语法基础；第四章介绍 JSP 内建对象；第五章介绍 Servlet 的使用；第六章介绍 JavaBean 资源；第七章介绍 JSP 中的文件操作；第八章介绍数据库访问；第九章介绍 JSP 标准标签库；第十章介绍 JSP 技术应用实例。通过这些内容的学习，读者能够熟练掌握使用移动终端服务器编程的理论知识，并具备开发各种应用程序的理论基础和初步的动手实践能力。

　　本书由重庆电子工程职业学院熊伟、重庆工程学院曹天人老师担任主编。参与编写的老师还有刘涛、王飞雪、刘梅华、童均、胡凯、童亮（重庆通信学院）、陈静（河南理工大学万方科技学院）、胡云冰等。蓝袖瑜、魏云月、龙浩等同学为本书的编写也提供了很多帮助，在此一并表示衷心的感谢。

　　为了方便教学，本书配有教材中所用项目的工程文件，读者可到中国水利水电出版社网站和万水书苑上下载，网址为：http://www.waterpub.com.cn/softdown/ 和 http://www.wsbookshow.com。

编者

2016 年 7 月

目　录

第一章　移动终端服务器概述

知识目标：

1. 掌握 JSP 的基本概念；
2. 了解 JSP、ASP、PHP 与 ASP.NET 的区别与联系；
3. 掌握 JSP 开发和建立 Web 站点的主要方式。

教学目标：

掌握移动服务器终端软件开发模式体系结构，理解移动服务器端和服务器端程序设计区别。

内容框架：

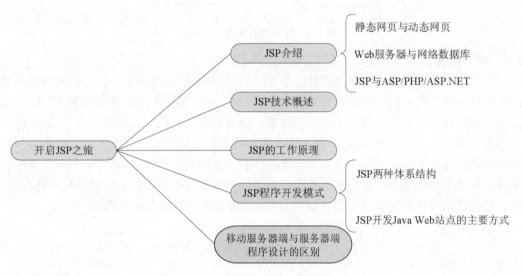

知识准备：

1.1　JSP 介绍

JSP（Java Server Pages）是由 Sun Microsystems 公司倡导，并由许多公司参与一起建立的一种动态网页技术标准。JSP 技术有点类似 ASP 技术，它是在传统的网页 HTML 文件（*.htm、*.html）中插入 Java 程序片段（Scriptlet）和 JSP 标签（tag），从而形成 JSP 文件（*.jsp）。JSP 开发的 Web 应用程序能够实现跨平台使用，既能在 Linux 中运行，也能在其他操作系统中运行。

1.1.1　静态网页与动态网页

网页一般又称 HTML 文件，是一种可以在 WWW 上传输、能被浏览器认识和翻译成页面并显示出来的文件。文字与图片是构成网页的两个最基本的元素，除此之外，网页的构成元素还包括动画、音乐、程序等。网页是构成网站的基本元素，是承载各种网站应用的平台。通常看到的网页，大都是以 HTM 或 HTML 后缀结尾的文件。除此之外，网页文件还有以 CGI、ASP、PHP 和 JSP 后缀结尾的。目前网页根据生成方式，大致可以分为静态网页和动态网页两种。

1. 静态网页

静态网页是网站建设初期经常采用的一种形式。网站建设者把内容设计成静态网页，访问者只能被动地浏览网站建设者提供的网页内容。其特点如下：

（1）网页内容不会发生变化，除非网页设计者修改了网页的内容。

（2）不能实现和浏览网页的用户之间的交互。信息流向是单向的，即从服务器到浏览器。服务器不能根据用户的选择调整返回给用户的内容。静态网页的浏览过程如图 1-1 所示。

图 1-1   静态网页的浏览过程

2. 动态网页

网络技术日新月异，许多网页文件扩展名不只是.htm，还有.php、.asp 等，这些都是采用动态网页技术制作出来的。动态网页其实就是建立在 B/S 架构上的服务器端脚本程序。在浏览器端显示的网页是服务器端程序运行的结果。静态网页与动态网页的区别在于 Web 服务器对它们的处理方式不同。当 Web 服务器接收到对静态网页的请求时，服务器直接将该网页发送给客户浏览器，不进行任何处理。如果接收到对动态网页的请求，则从 Web 服务器中找到该文件，并将它传递给一个称为应用程序服务器的特殊软件扩展，由它负责解释和执行网页，将执行后的结果传递给客户浏览器。如图 1-2 所示为动态网页的工作原理图。

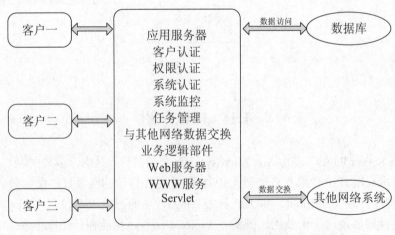

图 1-2   动态网页的工作原理图

动态网页的一般特点如下：

（1）动态网页以数据库技术为基础，可以大大降低网站维护的工作量。

（2）采用动态网页技术的网站可以实现更多的功能，如用户注册、用户登录、搜索查询、用户管理、订单管理等。

（3）动态网页并不是独立存在于服务器上的网页文件，只有当用户请求时服务器才返回一个完整的网页。

（4）搜索引擎一般不可能从一个网站的数据库中访问全部网页，因此采用动态网页的网站，在进行搜索引擎推广时需要做一定的技术处理才能适应搜索引擎的要求。

因此，动态网页与静态网页的根本区别在于服务器返回的 HTML 文件是事先存储好的还是由动态网页生成的。静态网页文件里只有 HTML 标记，没有程序代码，网页的内容都是事先写好并存放在服务器上的；动态网页文件不仅含有 HTML 标记，而且还含有程序代码，当用户发出请求时，服务器由动态网页程序即时生成 HTML 文件。动态网页能够根据不同的时间、不同的用户生成不同的 HTML 文件，显示不同的内容。

1.1.2　Web 服务器与网络数据库

Web 服务器是指驻留于因特网上某种类型计算机的程序。当 Web 浏览器（客户端）连到服务器上并请求文件时，服务器将处理该请求并将文件发送到该浏览器上，附带的信息会告诉浏览器如何查看该文件（即文件类型）。服务器使用 HTTP（超文本传输协议）进行信息交流，这就是人们常把它们称为 HTTP 服务器的原因。Web 服务器不仅能够存储信息，还能在用户通过 Web 浏览器提供的信息的基础上运行脚本和程序。例如，假设需要提供免费公司资讯，只要建立一张免费请求表单，它就会要求读者输入邮箱地址及所需的公司信息；读者填完表后，点击提交按钮，该表单将送至服务器计算机上的某一程序，它负责处理该请求，并用 E-mail 给读者发送一份免费资讯。还可以让该程序把客户提供的信息发回，以便用于某数据库上。用于执行这些功能的程序或脚本称为网关脚本/程序，或称为 CGI（通用网关界面）脚本。在 Web 上，所见到的大多数表单和搜索引擎上都使用了该技术。Web 服务器可驻留于各种类型的计算机，从常见的 PC 到巨型的 UNIX 网络，以及其他各种类型的计算机。它们通常经过一条高速线路与因特网连接，如果对性能无所谓，则也可使用低速连接（甚至是调制解调器），但对于架设电子商店来说，性能绝对是要考虑的问题。

1. 虚拟主机

虚拟主机是使用特殊的软硬件技术，把一台计算机主机分成多台"虚拟"的主机，每一台虚拟主机都具有独立的域名和 IP 地址（或共享的 IP 地址），具有完整的因特网服务器功能。虚拟主机之间完全独立，在外界看来，每一台虚拟主机和一台独立的主机完全一样，用户可以利用它来建立完全属于自己的 WWW、FTP 和 E-mail 服务器。虚拟主机技术的出现，是对因特网技术的重大贡献，是广大因特网用户的福音。由于多台虚拟主机共享一台真实主机的资源，每个用户承受的硬件费用、网络维护费用、通讯线路费用均大幅度降低，使因特网真正成为人人用得起的网络。现在，几乎所有的美国公司（包括一些家庭）均在网络上设立了自己的 Web 服务器。虚拟主机服务提供者的服务器硬件构成的性能比较高，通讯线路也比较通畅，可以达到非常高的数据传输速度（可达 45Mb/s），为用户提供了一个良好的外部环境；用户还不用负责机器硬件的维护、软件设置、网络监控、文件备份等工作。因而也就不需要为这些工作头痛和花钱了。

2. 服务器托管

服务器托管即租用 ISP 机架位置，建立企业 Web 服务系统。企业主机放置在 ISP 机房内，由 ISP 分配 IP 地址,提供必要的维护工作,由企业自己进行主机内部的系统维护及数据的更新。这种方式特别适用于有大量数据需要通过因特网进行传递,以及有大量信息需要发布的单位。

World Wide Web(也称 Web、WWW 或万维网)是 Internet 上集文本、声音、动画、视频等多种媒体信息于一身的信息服务系统,整个系统由 Web 服务器、浏览器(Browser)及通信协议等 3 部分组成。WWW 采用的通信协议是超文本传输协议(HTTP,HyperText Transfer Protocol),它可以传输任意类型的数据对象,是 Internet 发布多媒体信息的主要协议。WWW 中的信息资源主要由一个个网页为基本元素构成,所有网页采用超文本标记语言(HTML,HyperText Markup Language)来编写,HTML 对 Web 页面的内容、格式及 Web 页面中的超链接进行描述。Web 页面中采用超级文本(HyperText)的格式互相链接。当鼠标的光标移到这些链接上时,光标形状变成手掌状,点击即可从这一网页跳转到另一网页上,这就是所谓的超链接。通俗地讲,Web 服务器传送页面使浏览器可以浏览,然而应用程序服务器提供的是客户端应用程序可以调用(call)的方法(methods)。确切地说,Web 服务器专门处理 HTTP 请求(request),但是应用程序服务器是通过很多协议来为应用程序提供(serves)商业逻辑(business logic)。

下面细细道来,Web 服务器(Web server)可以解析(handles)HTTP 协议。当 Web 服务器接收到一个 HTTP 请求,会返回一个 HTTP 响应(response),例如送回一个 HTML 页面。为了处理一个请求,Web 服务器可以响应(response)一个静态页面或图片,进行页面跳转(redirect),或者把动态响应(dynamic response)的产生委托(delegate)给一些其他的程序,例如 CGI 脚本、JSP(Java Server Pages)脚本、Servlets、ASP(Active Server Pages)脚本、服务器端(server-side)JavaScript,或者一些其他的服务器端技术。无论它们(译者注:脚本)的目的如何,这些服务器端的程序通常产生一个 HTML 的响应来让浏览器可以浏览。要知道,Web 服务器的代理模型(delegation model)非常简单。当一个请求被送到 Web 服务器时,它只单纯地把请求传递给可以很好地处理请求的程序(注:服务器端脚本)。Web 服务器仅仅提供一个可以执行服务器端程序和返回(程序所产生的)响应的环境,而不会超出职能范围。服务器端程序通常具有事务处理(transaction processing)、数据库连接(database connectivity)和消息(messaging)等功能。虽然 Web 服务器不支持事务处理或数据库连接池,但它可以配置(employ)各种策略(strategies)来实现容错性(fault tolerance)和可扩展性(scalability),例如负载平衡(load balancing)、缓冲(caching)。集群特征(clustering features)经常被误认为仅仅是应用程序服务器专有的特征。应用程序服务器(application server)根据定义,它通过各种协议,可以包括 HTTP,把商业逻辑暴露给(expose)客户端应用程序。Web 服务器主要是处理向浏览器发送 HTML 以供浏览,而应用程序服务器提供访问商业逻辑的途径以供客户端应用程序使用。应用程序使用此商业逻辑就像调用对象的一个方法(或过程语言中的一个函数)一样。应用程序服务器的客户端(包含有图形用户界面(GUI)的)可能会运行在一台 PC、一个 Web 服务器或者甚至是其他的应用程序服务器上。在应用程序服务器与其客户端之间来回穿梭(traveling)的信息不仅仅局限于简单的显示标记。相反,这种信息就是程序逻辑(program logic)。正是由于这种逻辑取得了(takes)数据和方法调用(calls)的形式而不是静态 HTML,所以客户端才可以随心所欲地使用这种被暴露的商业逻辑。在大多数情形下,应用程序服务器是通过组件(component)的应用程序接口(API)把商业逻辑暴露(expose)(给客户端应用程序)的,例如基于 J2EE(Java 2 Platform, Enterprise Edition)应用程序服务器的 EJB（Enterprise JavaBean）组件模型。此外，应用程序服务器可以管理自己的资源，例如看大门的工作（gate-keeping duties）包括安全（security）、事务处理（transaction processing）、资源池（resource pooling）和消息（messaging）。就像 Web 服务器一样，应用程序服务器配置了多种可扩展和容错技术。数据和资源共享这两种方式结合在一起即成为今天广泛使用的网络数据库（Web 数据库），它是以后台（远程）数据库为基础，加上一定的前台（本地计算机）程序，通过浏览器完成数据存储、查询等操作的系统。

数据记录是一种可以以多种方式相互关联的一种数据库。网络数据库（network database）的含义有三个：①在网络上运行的数据库；②网络上包含其他用户地址的数据库；③信息管理中，数据记录可以以多种方式相互关联的一种数据库。网络数据库和分层数据库相似，因为其包含从一个记录到另一个记录的前进。与后者的区别在于其更不严格的结构：任何一个记录可指向多个记录，而多个记录也可以指向一个记录。实际上，网络数据库允许两个节点间的多个路径，而分层数据库只能有一个从父记录（高级记录）到子记录（低级目录）的路径。因此，网络数据库是跨越电脑在网络上创建、运行的数据库。网络数据库中的数据之间的关系不是一一对应的，可能存在着一对多的关系，这种关系也不是只有一种路径的涵盖关系，而可能会有多种路径或从属的关系。

1.1.3　JSP 与 ASP/PHP/ASP.NET

ASP（Active Server Page）是微软在早期推出的动态网页制作技术，包含在 IIS（Internet 信息服务）中，是一种服务器的脚本编写环境，使用它可以创建和运行动态、交互的 Web 服务器应用程序，其工作原理如图 1-3 所示。在动态网页技术发展的早期，ASP 是绝对的主流技术，但是它也存在着许多的缺陷。由于 ASP 的核心是脚本语言，决定了它的先天不足：它无法进行像传统编程语言那样的底层操作；由于 ASP 通过解释执行代码，因此运行效率较低；同时由于脚本代码与 HTML 代码混在一起，不便于开发人员进行管理与维护。随着技术的发展，ASP 的辉煌已经成为过去，微软也已经不再对 ASP 提供技术支持和更新，ASP 技术目前处于被淘汰的边缘。

图 1-3　ASP 的工作原理图

PHP 从语法和编写方式来看与 ASP 类似，是完全免费的，最早是一个小的开放源码的软件，随着越来越多的人意识到它的实用性而逐渐发展起来。Rasmus Lerdorf 在 1994 年发布了 PHP 的第一个版本。从那时起飞速发展，在原始发行版上经过无数的改进和完善，现在已经发展到 5.0 版。PHP+MySQL+Linux 的组合是最常见的，因为它们都可以免费获得，其工作原理如图 1-4 所示。但是 PHP 的弱点也是很明显的，例如 PHP 不支持真正意义上的面向对象编程，接口支持不统一，缺乏正规支持，不支持多层结构和分布式计算等。

ASP.NET 是微软继 ASP 后推出的全新的动态网页制作技术，目前最新版本为.NET 3.5。在性能上，ASP.NET 比 ASP 强很多，与 PHP 相比，也存在明显的优势，ASP.NET 可以使用 C#（音 Sharp）、VB.NET、Visual J#等语言来开发，程序开发人员可以选择自己习惯或熟悉的语言进行开发，其工作原理如图 1-5 所示。ASP.NET 依托.NET 平台先进而强大的功能，极大地简化了编程人员的工作量，使得 Web 应用程序的开发更加方便、快捷，同时也使得程序的功能更加强大，是 JSP 技术的有力竞争对手。

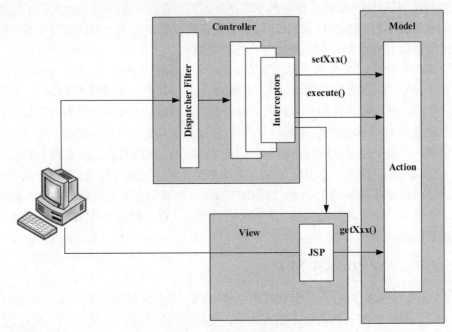

图 1-4　PHP 的工作原理图

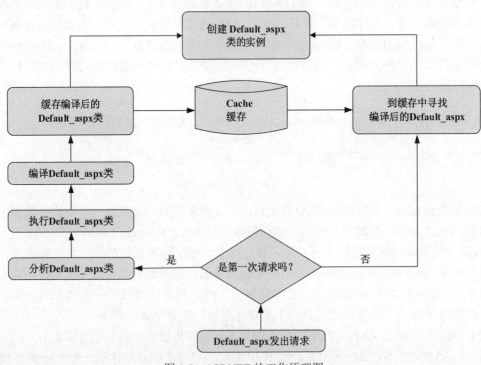

图 1-5　ASP.NET 的工作原理图

对 ASP、PHP 和 ASP.NET 在以下几方面进行比较：

1. 应用范围

ASP 是 Microsoft 开发的动态网页语言，也继承了微软产品的一贯传统，只能执行于微软的服务器产品，IIS（Internet Information Server）（Windows NT）和 PWS（Personal Web Server）（Windows 98）上。UNIX 下也有 ChiliSoft 的组件来支持 ASP，但是 ASP 本身的功能有限，必须通过 ASP＋COM 的群组合来扩充，UNIX 下的 COM 实现起来非常困难。

PHP3 可在 Windows、UNIX、Linux 的 Web 服务器上正常执行，还支持 IIS、Apache 等一般的 Web 服务器，用户更换平台时，无需变换 PHP3 代码，可即拿即用。

JSP 同 PHP3 类似，几乎可以执行于所有平台。如 Windows NT、Linux、UNIX。在 NT 下 IIS 通过一个外加服务器（例如 JRUN 或者 ServletExec）就能支持 JSP。知名的 Web 服务器 Apache 已经能够支持 JSP。由于 Apache 广泛应用在 NT、UNIX 和 Linux 上，因此 JSP 有更广泛的执行平台。虽然现在 NT 操作系统占了很大的市场份额，但是在服务器方面 UNIX 的优势仍然很大，而新崛起的 Linux 更是来势不小。从一个平台移植到另外一个平台，JSP 和 JavaBean 甚至不用重新编译，因为 Java 字节码都是标准的与平台无关的。

2. 性能比较

对这 3 种语言分别做回圈性能测试及存取 Oracle 数据库测试。在循环性能测试中，JSP 只用了 4 秒钟就结束了 20000×20000 的回圈。而 ASP、PHP 测试的是 2000×2000 循环（少一个数量级），却分别用了 63 秒和 84 秒（参考 PHPLIB）。数据库测试中，三者分别对 Oracle 8 进行 1000 次 Insert、Update、Select 和 Delete 测试，JSP 需要 13 秒，PHP 需要 69 秒，ASP 则需要 73 秒。

3. 前景分析

目前在国内 PHP 与 ASP 应用最为广泛。而 JSP 由于是一种较新的技术，国内采用的较少。但在国外，JSP 已经是比较流行的一种技术，尤其是电子商务类的网站，多采用 JSP。

采用 PHP 的网站如新浪网（sina）、中国人（Chinaren）等，但由于 PHP 本身存在的一些缺点，使得它不适合应用于大型电子商务站点，而更适合一些小型的商业站点。首先，PHP 缺乏规模支持。其次，缺乏多层结构支持。对于大负荷站点，解决方法只有一个：分布计算。数据库、应用逻辑层、表示逻辑层彼此分开，而且同层也可以根据流量分开，群组成二维数组。而 PHP 则缺乏这种支持。还有上面提到过的一点，PHP 提供的数据库接口支持不统一，这就使得它不适合运用在电子商务中。

ASP 和 JSP 则没有以上缺陷，ASP 可以通过 Microsoft Windows 的 COM/DCOM 获得 ActiveX 规模支持，通过 DCOM 和 Transaction Server 获得结构支持；JSP 可以通过 Sun Java 的 Java Class 和 EJB 获得规模支持，通过 EJB/CORBA 以及众多厂商的 Application Server 获得结构支持。

三者中，JSP 应该是未来发展的趋势。世界上一些大的电子商务解决方案提供商都采用 JSP/Servlet。比较出名的如 IBM 的 E-business，它的核心是采用 JSP/Servlet 的 Web Sphere。另外一个非常著名的电子商务软件提供商 Intershop，它的产品 Intershop1～4 占据了电子商务软件市场的主要份额，以上几种产品都是通过 CGI 来提供支持的。

4. 传统软件

ASP.NET 是由 ASP 发展而来的。1997 年，微软开始针对 ASP 的缺点（尤其是面向过程型的开发思想），开始了一个新的项目。当时 ASP.NET 的主要领导人 Scott Guthrie 刚从杜克大学毕业，他和 IIS 团队的 Mark Anders 经理一起合作两个月，在 1997 年的圣诞节开发出了下一代 ASP 技术的原型，并将其命名为 XSP，这个原型产品使用的是 Java 语言。不过它马上就被纳入当时还在开发中的 CLR 平台，Scott Guthrie 事后也认为将这个技术移植到当时的 CLR 平台，确实有很大的风险，但当时的 XSP 团队却是以 CLR 开发应用的第一个团队。

为了将 XSP 移植到 CLR 中，XSP 团队将 XSP 的内核程序全部以 C#语言进行了重构（在内部的项目代号是"Project Cool"，但是当时对公开场合是保密的），并且改名为 ASP+，同时为 ASP 开发人员提供了相应的迁移策略。ASP+首次的 Beta 版本以及应用在 PDC 2000 中亮相，由 Bill Gates 主讲 Keynote（即关键技术的概览），由富士通公司展示使用 COBOL 语言撰写 ASP+应用程序，并且宣布它可以使用 Visual Basic.NET、C#、Perl、Nemerle 与 Python 语言（后两者由 ActiveState 公司开发的互通工具支持）来开发。

2000 年第二季度时，微软正式推动.NET 策略，ASP+也顺理成章地改名为 ASP.NET，经过四年的开发，第一个版本的 ASP.NET 在 2002 年 1 月 5 日亮相（和.NET Framework1.0），Scott Guthrie 也成为 ASP.NET 的产品经理（后来 Scott Guthrie 主导开发了数个微软产品，如：ASP.NET AJAX、Silverlight、SignalR 以及 ASP.NET MVC）。

自.NET 1.0 之后，每次.NET Framework 的新版本发布都会给 ASP.NET 带来新的特性。

1.2　JSP 技术概述

JSP（Java Server Pages）是由 Sun Microsystems 公司倡导，并由许多公司参与共同创建的一种使软件开发者可以响应客户端请求，而动态生成 HTML、XML 或其他格式文档的 Web 网页的技术标准。JSP 技术是以 Java 语言作为脚本语言的，JSP 网页为整个服务器端的 Java 库单元提供了一个接口来服务于 HTTP 的应用程序。用 JSP 开发的 Web 应用是跨平台的，既能在 Linux 下运行，也能在其他操作系统上运行。

1．基本简介

在传统的网页 HTML 文件（*.htm、*.html）中加入 Java 程序片段（Scriptlet）和 JSP 标签，就构成了 JSP 网页。Java 程序片段可以操纵数据库、重新定向网页以及发送 E-mail 等，实现建立动态网站所需要的功能。所有程序操作都在服务器端执行，网络上传送给客户端的仅是得到的结果，这样大大降低了对客户端浏览器的要求，即使客户端浏览器不支持 Java，也可以访问 JSP 网页。JSP 结构图如图 1-6 所示。

JSP 实质上是一个简化的 Servlet 设计，它实现了 HTML 语法中的 Java 扩张（以<%，%>形式）。JSP 与 Servlet 一样，是在服务器端执行的，通常返回给客户端的就是一个 HTML 文本，因此客户端只要有浏览器就能浏览。Web 服务器在遇到访问 JSP 网页的请求时，首先执行其中的程序段，然后将执行结果连同 JSP 文件中的 HTML 代码一起返回给客户端。插入的 Java 程序段可以操作数据库、重新定向网页等，以实现建立动态网页所需要的功能。通常 JSP 页面很少进行数据处理，用来实现网页的静态化页面，只是用来提取数据，不会进行业务处理。

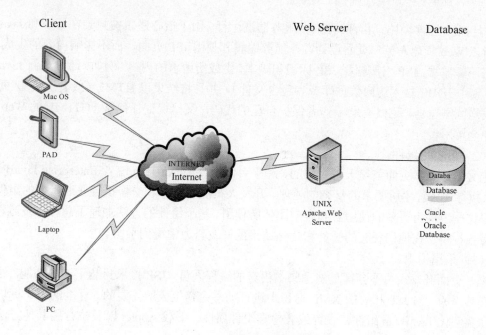

图 1-6　JSP 结构图

JSP 技术使用 Java 编程语言编写类 XML 的 tags 和 Scriptlet，来封装产生动态网页的处理逻辑。网页还能通过 tags 和 Scriptlet 访问存在于服务端的资源的应用逻辑。JSP 将网页逻辑与网页设计的显示分离，支持可重用的基于组件的设计，使基于 Web 的应用程序的开发变得迅速和容易。JSP 是一种动态页面技术，它的主要目的是将表示逻辑从 Servlet 中分离出来。

JSP 页面由 HTML 代码和嵌入其中的 Java 代码所组成。服务器在页面被客户端请求以后对这些 Java 代码进行处理，然后将生成的 HTML 页面返回给客户端的浏览器。Java Servlet 是 JSP 的技术基础，而且大型的 Web 应用程序的开发需要 Java Servlet 和 JSP 配合才能完成。JSP 具备了 Java 技术的简单易用、完全地面向对象，具有平台无关性且安全可靠，主要面向因特网的所有特点。

自 JSP 推出后，众多大公司都开发了支持 JSP 技术的服务器，如 IBM、Oracle、Bea 公司等，JSP 迅速成为商业应用的服务器端语言。

JSP 2.0 支持表达式语言（expression language），可以避免开发人员在 JSP 页面写 Java 代码，它是 JSTL 为方便存取数据所自定义的语言，使用起来非常简洁。在 JSP 2.0 中，建议尽量使用表达式语言使 JSP 文件的格式一致，避免使用 Java 脚本。

2. 技术方法

为了快速方便地进行动态网站的开发，JSP 在以下几个方面做了改进，使其成为快速建立跨平台的动态网站的首选方案。

（1）将内容的生成和显示进行分离。

通过 JSP 技术，Web 页面开发人员可以使用 HTML 或者 XML 标识来设计和格式化最终页面，并使用 JSP 标识或者小脚本来生成页面上的动态内容（内容是根据请求变化的，例如请求账户信息或者特定的一瓶酒的价格等）。生成内容的逻辑被封装在标识和 JavaBean 组件中，并且捆绑在脚本中，所有的脚本在服务器端运行。由于核心逻辑被封装在标识和 JavaBean 中，所以 Web 管理人员和页面设计者，能够编辑和使用 JSP 页面，而不影响内容的生成。

在服务器端，JSP 引擎解释 JSP 标识和脚本，生成所请求的内容（例如，通过访问 JavaBean 组件，使用 JDBC 技术访问数据库或者包含文件），并且将结果以 HTML（或者 XML）页面的形式发送回浏览器。这既有助于作者保护自己的代码，又能保证任何基于 HTML 的 Web 浏览器的完全可用性。

（2）可重用组件。

绝大多数 JSP 页面依赖于可重用的、跨平台的组件（JavaBean 或者 Enterprise JavaBean 组件）来执行应用程序所要求的复杂的处理。开发人员能够共享和交换执行普通操作的组件，或者使得这些组件为更多的使用者和客户团体所使用。基于组件的方法加速了总体开发过程，并且使得各种组织在他们现有的技能和优化结果的开发努力中得到平衡。

（3）采用标识。

Web 页面开发人员不会都是熟悉脚本语言的编程人员。JSP 技术封装了许多功能，这些功能是在易用的、与 JSP 相关的 XML 标识中进行动态内容生成所需要的。标准的 JSP 标识能够访问和实例化 JavaBean 组件，设置或者检索组件属性，下载 Applet 以及执行用其他方法更难于编码和耗时的功能。

（4）适应平台。

几乎所有平台都支持 Java，JSP+JavaBean 几乎可以在所有平台下通行无阻。从一个平台移植到另外一个平台，JSP 和 JavaBean 甚至不用重新编译，因为 Java 字节码都是标准的，与平台无关的。

（5）数据库连接。

Java 中连接数据库的技术是 JDBC，Java 程序通过 JDBC 驱动程序与数据库相连，执行查询、提取数据等操作。Sun 公司还开发了 JDBC-ODBC bridge，利用此技术 Java 程序可以访问带有 ODBC 驱动程序的数据库，大多数数据库系统都带有 ODBC 驱动程序，所以 Java 程序能访问诸如 Oracle、Sybase、MS SQL Server 和 MS Access 等数据库。

此外，通过开发标识库，JSP 技术可以进一步扩展。第三方开发人员和其他人员可以为常用功能创建自己的标识库。这使得 Web 页面开发人员能够使用熟悉的工具和如同标识一样的执行特定功能的构件来进行工作。

JSP 技术很容易整合到多种应用体系结构中，以利用现存的工具和技巧，并且能扩展到支持企业级的分布式应用中。作为采用 Java 技术家族的一部分，以及 Java 2（企业版体系结构）的一个组成部分，JSP 技术能够支持高度复杂的基于 Web 的应用。由于 JSP 页面的内置脚本语言是基于 Java 的，而且所有的 JSP 页面都被编译成为 Java Servlets，所以 JSP 页面具有 Java 技术的所有优点，包括健壮的存储管理和安全性。作为 Java 平台的一部分，JSP 拥有 Java 编程语言"一次编写，各处运行"的特点。

3. 重要功能

JSP 2.0 中的一个主要功能是 JSP Fragment，它的基本特点是可以使处理 JSP 的容器推迟评估 JSP 标记属性。一般 JSP 是首先评估 JSP 标记的属性，然后在处理 JSP 标记时使用这些属性，而 JSP Fragment 提供了动态的属性。也就是说，这些属性在 JSP 处理其标记体时是可以被改变的。JSP 需要将这样的属性定义为 javax.servlet.jsp.tagext.JspFragment 类型。当 JSP 标记设置成这种形式时，这种标记属性实际上的处理方法类似于标记体。在实现标记的程序中，标记属性可以被反复评估多次，这种用法称为 JSP Fragment。JSP Fragment 还可以定义在一个 SimpleTag 处理程序中使用的自制标记动作。像前面例子说明的，getJspBody 返回一个 JSP Fragment 对象并可以在 doTag 方法中多次使用。需要注意的是，使用 JSP Fragment 的 JSP 只能有一般的文本和 JSP action，不能有 Scriptlet 和 Scriptlet 表达式。

4. 优势及劣势

（1）技术优势。

1）一次编写，到处运行。除了系统之外，代码不用做任何更改。

2）系统的多平台支持。基本上可以在所有平台上的任意环境中开发，在任意环境中进行系统部署，在任意环境中扩展。相比 ASP 的局限性，JSP 的优势是显而易见的。

3）强大的可伸缩性。从只有一个小的 Jar 文件就可以运行 Servlet/JSP，到由多台服务器进行集群和负载均衡，到多台 Application 进行事务处理、消息处理，一台服务器到无数台服务器，Java 显示了一个巨大的生命力。

4）多样化和功能强大的开发工具支持。这一点与 ASP 很像，Java 已经有了许多非常优秀的开发工具，而且许多可以免费得到，并且其中许多已经可以顺利地运行于多种平台之下。

5）支持服务器端组件。Web 应用需要强大的服务器端组件来支持，开发人员需要利用其他工具设计实现复杂功能的组件供 Web 页面调用，以增强系统性能。JSP 可以使用成熟的 JAVA BEANS 组件来实现复杂商务功能。

（2）技术劣势。

1）与 ASP 也一样，Java 的一些优势正是它致命的问题所在。为了实现跨平台的功能，为了极度的伸缩能力，所以极大地增加了产品的复杂性。

2）Java 的运行速度是用 class 常驻内存来完成的，所以它在一些情况下所使用的内存比起用户数量来说确实是"最低性能价格比"了。

1.3 JSP 的工作原理

当客户端请求浏览 JSP 页面时，JSP 服务器在把页面传递给客户端之前，先将 JSP 页面编译成 Servlet（纯 Java 代码），然后由 Java 编译器生成的服务器小程序编译为 Java 字节码，最后再转换成纯 HTML 代码，这样客户端接收到的只是 HTML 代码。JSP 到 Servlet 的编译过程一般在第一次页面请求时进行。因此，如果希望第一个用户不会由于 JSP 页面编译成 Servlet 而等待太长的时间，希望确保 Servlet 已经正确地编译并装载，可以在安装 JSP 页面之后自己请求一下这个页面。JSP 页面工作过程如图 1-7 所示。

在一个 JSP 文件第一次被请求时，JSP 引擎把该 JSP 文件转换成为一个 Servlet。而这个引擎本身也是一个 Servlet，在 JSWDK 或 WebLogic 中，它就是 JSP Servlet。JSP 引擎先把该 JSP 文件转换成一个 Java 源文件，在转换时如果发现 JSP 文件有任何语法错误，转换过程将中断，并向服务端和客户端输出出错信息；如果转换成功，JSP 引擎用 javac 把该 Java 源文件编译成相应的 class 文件。然后创建一个该 Servlet 的实例，该 Servlet 的 jspInit()方法被执行，jspInit()方法在 Servlet 的生命周期中只被执行一次。然后 jspService()方法被调用来处理客户端的请求。

对每一个请求，JSP 引擎创建一个新的线程来处理该请求。如果有多个客户端同时请求该 JSP 文件，则 JSP 引擎会创建多个线程。每个客户端请求对应一个线程。以多线程方式执行可大大降低对系统的资源需求，提高系统的并发量及响应时间。但应该注意多线程的编程限制，由于该 Servlet 始终驻于内存，所以响应是非常快的。如果.jsp 文件被修改了，服务器将根据设置决定是否对该文件重新编译，如果需要重新编译，则将编译结果取代内存中的 Servlet，并继续上述处理过程。虽然 JSP 效率很高，但在第一次调用时由于需要转换和编译而有一些轻微的延迟。此外，在任何时候如果系统资源不足，JSP 引擎将以某种不确定的方式将 Servlet 从内存中移去。当这种情况发生时 jspDestroy()方法首先被调用，然后 Servlet 实例便被标记加入"垃圾收集"处理。jspInit()及 jspDestroy()格式如下：可在 jspInit()中进行一些初始化工作，如建立与数据库的连接，或建立网络连接，从配置文件中取一些参数等，在 jspDestroy()中释放相应的资源。

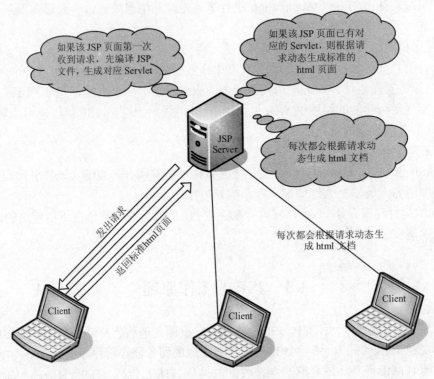

图 1-7　JSP 工作原理

模型-视图-控制器（Model-View-Controller，MVC）是 Xerox PARC 在 20 世纪 80 年代为编程语言 Smalltalk 80 发明的一种软件设计模式，至今已被广泛使用。最近几年被推荐为 Sun 公司 J2EE 平台的设计模式，并且受到越来越多的使用 ColdFusion 和 PHP 的开发者的欢迎。模型—视图—控制器模式是一个有用的工具箱，它有很多好处，但也有一些缺点。

1. MVC 模式的介绍

模型-视图-控制器简称 MVC。MVC 是一种先进的设计模式，是 Trygve Reenskaug 教授于 1978 年最早开发的一个设计模板或基本结构,其目的是以会话形式提供方便的 GUI 支持。MVC 设计模式首先出现在 Smalltalk 编程语言中。

MVC 是一种通过 3 个不同部分构造一个软件或组件的理想办法：

（1）模型（model）：用于存储数据的对象。

（2）视图（view）：向控制器提交所需数据、显示模型中的数据。

（3）控制器（controller）：负责具体的业务逻辑操作，即控制器根据视图提出的要求对数据做出处理，并将有关结果储存到模型中；负责让模型和视图进行必要的交互，当模型中的数据变化时，让视图更新显示。

从面向对象的角度来看，MVC 结果可以使程序更具有对象化特性，也更容易维护。在设计程序时，可以将某个对象看作"模型"，然后为"模型"提供恰当的显示组件，即"视图"。在 MVC 模式中，"视图""模型"和"控制器"之间是松耦合结构，便于系统的维护和扩展。MVC 模式如图 1-8 所示。

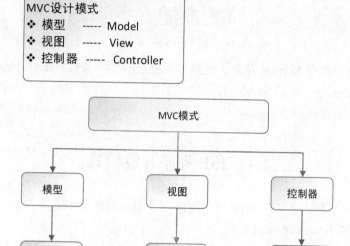

图 1-8   MVC 模式

2. JSP 中的 MVC 模式

目前，随着软件规模的扩大，MVC 模式正在被运用到各种应用程序的设计中。在 JSP 设计中，MVC 模式是怎样具体体现的？

JSP 页面擅长数据的显示，即适合作为用户的视图，应当尽量避免在 JSP 中使用大量的 Java 程序片来处理数据，否则不利于代码的复用。Servlet 擅长数据的处理，应当尽量避免在 Servlet 中使用 out 流输出大量的 HTML 标记来显示数据，否则一旦需要修改显示外观，就要重新编译 Servlet。

在 JSP 技术中，"视图""模板"和"控制器"的具体实现如图 1-9 所示。

模型：一个或多个 JavaBean 对象，用于存储数据，JavaBean 主要提供简单的 setXxx 方法和 getXxx 方法，在这些方法中不涉及对数据的具体处理细节，以增强模型的通用性。

视图：一个或多个 JSP 页面，其作用是向控制器提交必要的数据和为模型提供数据显示，JSP 页面使用 HTML 标记和 JavaBean 标记来显示数据。

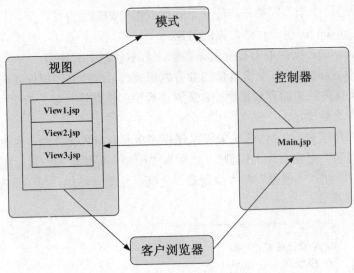

图 1-9　JSP 中的 MVC 模式

控制器：一个和多个 Servlet 对象，根据视图提交的要求进行数据处理操作，并将有关的结果存储在 JavaBean 中，然后 Servlet 使用转发的方式请求视图中的某个 JSP 页面更新显示，即让某个 JSP 页面通过使用 JavaBean 标记显示控制器存储在 JavaBean 中的数据。

1.4　JSP 程序开发模式

为了更好地利用 JSP 来开发 Web 应用程序，下面介绍两种 JSP 开发模式。JSP+JavaBean 模式和 Servlet+JSP+JavaBean 模式

1. JSP+JavaBean 模式

中型站点面对的是数据库查询、用户管理和小量的商业业务逻辑。对于这种站点，不能将所有的东西全部交给 JSP 页面来处理。在单纯的 JSP 中加入 JavaBean 技术将有助于这种中型站点的开发。利用 JavaBean，将很容易完成如数据库连接、用户登录与注销、商业业务逻辑封装的任务。如：将常用的数据库连接写为一个 JavaBean，既方便使用，又可以使 JSP 文件简单而清晰，通过封装，还可以防止一般的开发人员直接获得数据库的控制权。

2. Servlet+JSP+JavaBean 模式（MVC 模式）

无论用 ASP 还是 PHP 开发动态网站，长期以来都有一个比较重要的问题，就是网站的逻辑关系和网站的显示页面不容易分开。常常可以看见一些混合着 if...else...、case、for 语句和大量用于页面显示的 HTML 代码的 ASP、PHP 页面，即使是有着良好的程序写作习惯的程序员，其作品也几乎无法阅读。另一方面，动态 Web 的开发人员也在抱怨，将网站美工设计的静态页面和动态程序合并的过程是一个异常艰难的过程。事实上，逻辑关系异常复杂的网站中，借助于 Servlet 和 JSP 良好的交互关系和 JavaBean 的协助，完全可以将网站的整个逻辑结构放在 Servlet 中，而将动态页面的输出放在 JSP 页面中来完成，在这种开发方式中，一个网站可以有一个或几个核心的 Servlet 来处理网站的逻辑，通过调用 JSP 页面来完成客户端（通常是 Web 浏览器）的请求。在 J2EE 模型中，Servlet 的这项功能可以被 EJB 取代。

1.4.1 JSP 两种体系结构

JSP 体系结构规范提出了两种用 JSP 技术建立应用程序的方式。这两种方式在术语中分别称作 JSP Model 1 和 JSP Model 2，它们的本质区别在于处理批量请求的位置不同。在 Model 1 体系中，JSP 页面独自响应请求并将处理结果返回给客户。这里仍然存在表达与内容的分离，因为所有的数据存取都是由 bean 来完成的。

尽管 Model 1 体系十分适合简单应用的需要，它却不能满足复杂的大型应用程序的实现。不加选择地随意运用 Model 1，会导致 JSP 页面内被嵌入大量的脚本片段或 Java 代码，特别是当需要处理的请求量很大时，情况更为严重。尽管这对于 Java 程序员来说可能不是什么大问题，但如果 JSP 页面是由网页设计人员开发并维护的，这就确实是个问题了。从根本上讲，将导致角色定义不清和职责分配不明，给项目管理带来不必要的麻烦。Model 1 体系结构如图 1-10 所示。

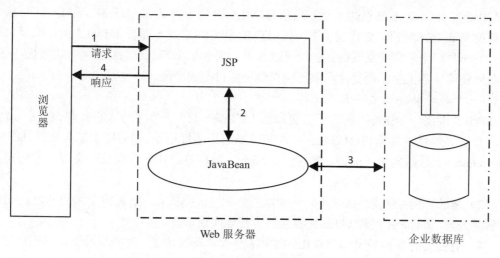

图 1-10　Model 1 体系

Model 2 体系结构，是一种把 JSP 与 Servlets 联合使用来实现动态内容服务的方法。它吸取了两种技术各自的突出优点，用 JSP 生成表达层的内容，让 Servlets 完成深层次的处理任务。在这里，Servlets 充当控制者的角色，负责管理对请求的处理，创建 JSP 页面需要使用的 bean 和对象，同时根据用户的动作决定把哪个 JSP 页传给请求者。特别要注意，在 JSP 页内没有处理逻辑，它仅负责检索原先由 Servlets 创建的对象或 beans，从 Servlet 中提取动态内容插入静态模板。这是一种有代表性的方法，它清晰地分离了表达和内容，明确了角色的定义以及开发者与网页设计者的分工。事实上，项目越复杂，使用 Model 2 体系结构的好处就越大。JSP Model 2 体系结构在 Sun 公司的 J2EE 设计蓝图里有非常详细的说明。很明显，JSP 体系结构 1 是以简单页面控制为中心的，而体系 2 是以整体规划为中心的。两个体系不是对立的，如果能够满足需求，可以在项目里混合使用两种 JSP 体系结构。Model 2 体系结构如图 1-11 所示。

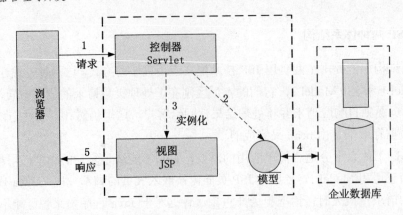

图 1-11　Model 2 体系

1.4.2　JSP 开发 Java Web 站点的主要方式

JSP 开发 Java Web 站点的主要方式是 HTML5 和 CSS 样式 3，HTML5 和 CSS3 不仅仅是两项新的 Web 技术标准，更代表了下一代 HTML 和 CSS 技术。虽然 HTML5 的标准规范还没有正式发布，但是未来的发展前景已经可以预见，那就是 HTML5 必将被越来越多的 Web 开发人员所使用，各大主流浏览器厂家已经积极更新自己的产品，以更好地支持 HTML5。

1．一个新的 Web 开发平台

HTML5 围绕一个核心：构建一套更加强大的 Web 应用开发平台。它具有如下几项优势：

（1）更多的描述性标签：HTML5 引入非常多的描述性标签，例如用于定义头部（header）、尾部（footer）、导航区域（nav）、侧边栏（aside）等标签，使开发人员非常方便地构建页面元素。

（2）良好的多媒体支持：对于先前的以插件的方式播放音频、视频带来的麻烦，HTML5 有了解决方案，audio 标签和 video 标签能够方便地实现应变。

（3）更强大的 Web 应用：HTML5 提供了令人称奇的功能，某些情况下，甚至可以完全放弃使用第三方技术。

（4）跨文档消息通信：Web 浏览器会组织不同域间的脚本交互或影响，但是对于可信任的脚本或许就是麻烦。HTML5 引入了一套安全且易于实现的应对方案。

（5）Web Sockets：HTML5 提供了对 Web Sockets 的支持。

（6）客户端存储：HTML5 的 Web Storage 和 Web SQL Database API，可以在浏览器中构建 Web 应用的客户端持久化数据。

（7）更加精美的界面：HTML5+CSS3 组合渲染出来的界面效果更加精美。

（8）更强大的表单：HTML5 提供了功能更加强大的表单界面控件，使用非常方便。

（9）提升可访问性：内容更加清晰，使使用户的操作更加简单方便，体验提升。

（10）先进的选择器：CSS3 选择器可以方便地识别出表格的奇偶行、复选框等，代码标记更少。

（11）视觉效果：精美界面的一部分，提供了阴影、渐变、圆角、旋转等视觉效果。

2．HTML5 向后兼容

对于部分浏览器尚未完全支持 HTML5，HTML5 可以在代码中方便地加入兼容自适应备用解决方案的代码。在编写完 HTML5 代码后，可以通过 W3C 验证服务来进行验证（相对的，因为 HTML5 标准还在演进中）。

3. HTML5 中的标签、属性变化

HTML5 废弃了不少常见的标签，包括：

（1）表现性元素：basefont，big，center，font，s，strike，tt，u。

（2）移除对框架的支持：frame，frameset，noframes。

（3）abbr 取代 acronym，object 取代 applet，ul 取代 dir。

同时一些属性不再有效：

（1）Align、body 标签上的 link、vlink、alink 和 text 属性。

（2）bgcolor、height 和 width、iframe 元素上的 scrolling、valign、hscape 和 vscape。

（3）table 标签上的 cellpadding、cellspacing 和 border。

（4）head 标签上的 profile、img 和 iframe 的 longdesc。

1.5 移动服务器端与服务器端程序设计的区别

服务器端的硬件构成仍然包含如下几个主要部分：中央处理器、内存、芯片组、I/O 总线、I/O 设备、电源、机箱和相关软件。这也成了选购一台服务器时需主要关注的指标。整个服务器系统就像一个人，处理器就是服务器的大脑，而各种总线就像是分布于全身肌肉中的神经，芯片组就像是脊髓，而 I/O 设备就像是通过神经系统支配的人的手、眼睛、耳朵和嘴；而电源系统就像是血液循环系统，它将能量输送到身体的所有地方。

对于一台服务器来讲，服务器性能设计的目标是如何平衡各部分的性能，使整个系统的性能达到最优。如果一台服务器有每秒处理 1000 个服务请求的能力，但网卡只能接受 200 个请求，硬盘只能负担 150 个，而各种总线的负载能力仅能承担 100 个请求的话，那这台服务器的处理能力只能是 100 个请求/秒，有超过 80%的处理器计算能力浪费了。

所以设计一个好的服务器的最终目的就是通过平衡各方面的性能，使得各部分配合得当，并能够充分发挥能力。可以从以下几个方面来衡量服务器是否达到了其设计目的：R（Reliability，可靠性）；A（Availability，可用性）；S（Scalability，可扩展性）；U（Usability，易用性）；M（Manageability，可管理性），即服务器的 RASUM 衡量标准。

由于服务器在网络中提供服务，那么这个服务的质量对承担多种应用的网络计算环境是非常重要的，承担这个服务的计算机硬件必须有能力保障服务质量。这个服务首先要有一定的容量，能响应单位时间内合理数量的服务器请求，同时这个服务对单个服务请求的响应时间要尽量快，还有这个服务要在要求的时间范围内一直存在。

如果一个 Web 服务器只能在 1 分钟内处理 1 个主页请求，1 个以外的其他请求必须排队等待，而这一个请求必须要 3 分钟才能处理完，同时这个 Web 服务器在 1 个小时以前可以访问到，但一个小时以后却连接不上了，这种 Web 服务器在现在的 Internet 计算环境里是无法想象的。

现在的 Web 服务器必须能够同时处理上千个访问，同时每个访问的响应时间要短，而且这个 Web 服务器不能停机，否则就会造成访问用户的流失。

为达到上面的要求，作为服务器硬件必须具备如下的特点：①性能，使服务器能够在单位时间内处理相当数量的服务器请求并保证每个服务的响应时间；②可靠性，使得服务器能够不停机；③可扩展性，使服务器能够随着用户数量的增加不断提升性能。因此，不能把一台普通的 PC 作为服务器来使用，因为，PC 远远达不到上面的要求。这样，在服务器的概念上又加上一点就是服务器必须具有承担服务并保障服务质量的能力。这也是区别低价服务器和 PC 之间差异的主要方面。

在信息系统中，服务器主要应用于数据库和 Web 服务，而 PC 主要应用于桌面计算和网络终端，设计根本出发点的差异决定了服务器应该具备比 PC 更可靠的持续运行能力、更强大的存储能力和网络通信能力、更快捷的故障恢复功能和更广阔的扩展空间，同时，对数据相当敏感的应用还要求服务器提供数据备份功能。而 PC 机在设计上则更加重视人机接口的易用性、图像和 3D 处理能力及其他多媒体性能。

习题一

一、选择题

1. 当用户请求 JSP 页面时，JSP 引擎就会执行该页面的字节码文件响应客户的请求，执行字节码文件的结果是（　　）

　　A. 发送一个 JSP 源文件到客户端　　　　B. 发送一个 Java 文件到客户端

　　C. 发送一个 HTML 页面到客户端　　　　D. 什么都不做

2. 当多个用户请求同一个 JSP 页面时，Tomcat 服务器为每个客户启动一个（　　）

　　A. 进程　　　　　B. 线程　　　　　C. 程序　　　　　D. 服务

3. 下列关于动态网页和静态网页的根本区别，描述错误的是（　　）。

　　A. 静态网页服务器端返回的 HTML 文件是事先存储好的

　　B. 动态网页服务器端返回的 HTML 文件是程序生成的

　　C. 静态网页文件里只有 HTML 标记，没有程序代码

　　D. 动态网页中只有程序，不能有 HTML 代码

4. 下列不是 JSP 运行必需的是（　　）

　　A. 操作系统　　　　　　　　　　　　B. Java JDK

　　C. 支持 JSP 的 Web 服务器　　　　　D. 数据库

5. URL 是 Internet 中资源的命名机制，URL 由（　　）三部分构成。

　　A. 协议、主机 DNS 名或 IP 地址和文件名

　　B. 主机、DNS 名或 IP 地址和文件名、协议

　　C. 协议、文件名、主机名

　　D. 协议、文件名、IP 地址

6. 下列说法哪一项是正确的（　　）。

　　A. Apache 用于 ASP 技术所开发网站的服务器

　　B. IIS 用于 CGI 技术所开发网站的服务器

　　C. Tomcat 用于 JSP 技术所开发网站的服务器

　　D. WebLogic 用于 PHP 技术所开发网站的服务器

7. Tomcat 服务器的默认端口号是（   ）。

    A．80   B．8080   C．21   D．2121

二、填空题

1．W3C 是指_____。

2．Internet 采用的通信协议是_____。

3．IP 地址用四组由圆点分隔的数字表示，其中每一组数字都在_____之间。

4．当今比较流行的技术研发模式是_____和_____的体系结构来实现的。

5．Web 应用中的每一次信息交换都要涉及_____和_____两个层面。

6．静态网页文件里只有_____，没有程序代码。

第二章 JSP 开发环境搭建

知识目标:

1. 了解 JSP 的运行环境;
2. 熟悉 JSP 环境的搭建;
3. 能独立搭建出 JSP 环境。

教学目标:

1. JDK 的安装;
2. Tomcat 的安装;
3. MyEclipse 的使用;
4. 第一个 JSP 程序。

内容框架:

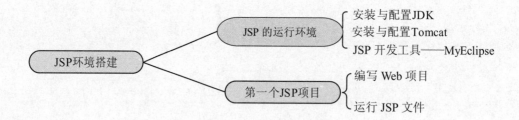

知识准备:

2.1 JSP 的运行环境

用 JSP 开发的 Web 应用是跨平台的,既能在 Linux 系统中运行,也能在其他操作系统中运行,JSP 运行需要 JDK+服务器 (Tomcat)。

运行环境配置:JDK+Tomcat/WebLogic

开发环境:MyEclipse 或者 JBuilder

2.1.1 下载安装和配置 JDK

本书的 JDK 版本为 jdk-8u51-windows-x64.exe,操作系统为 64 位的 Windows 7 系统。

在浏览器内输入 JDK 官网下载地址:http://www.oracle.com/technetwork/java/javase/downloads/index-jsp-138363.html,进入如图 2-1 所示页面。

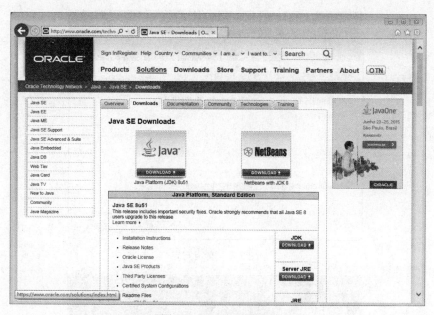

图 2-1　JDK 下载页面

点击"Java DOWNLOAD"（当前版本为 Java SE 8u51）图标，跳转到图 2-2 所示页面。

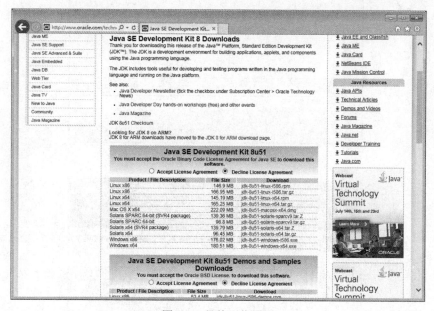

图 2-2　具体下载页面

点击"Accept License Agreement"同意许可协议，再点击对应当前系统的版本（笔者的系统为 Windows 7 64 位，所以下载的 jdk-8u51-windows-x64.exe）。下载完成后双击安装 jdk-8u51-windows-x64.exe，出现如图 2-3 所示的界面。

点击"下一步"，更改安装路径为 D:\Java\jdk1.8.0_51（当然最好为默认路径，因为 JDK 安装在 C 盘，更新 JDK 时可避免因路径问题导致无法更新），如图 2-4 所示。

点击"确定"，本书默认安装所列选项，如图 2-5 所示。

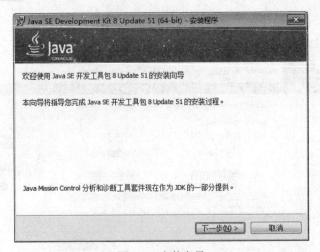

图 2-3　安装向导

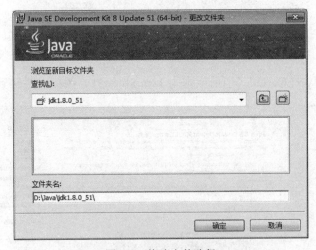

图 2-4　修改安装路径

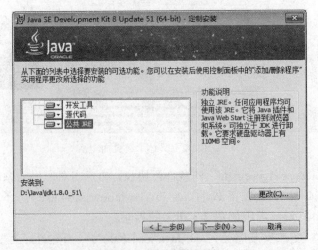

图 2-5　默认安装界面

安装完成后，点击"下一步"，进入 JDK 的安装界面，如图 2-6 所示。

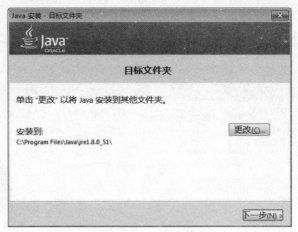

图 2-6 JDK 安装界面

点击"更改",修改安装路径为 D:\Java\jre1.8.0_51,如图 2-7 所示。

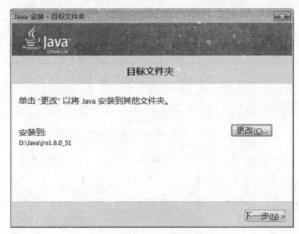

图 2-7 jre 安装路径修改

修改完成后点击"下一步",弹出如图 2-8 所示界面,点击"关闭",JDK 安装完成。

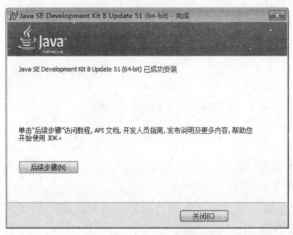

图 2-8 JDK 安装完成界面

2. 配置系统环境变量

安装完成后，还需配置环境变量，首先打开计算机属性窗口，如图 2-9 所示。

图 2-9　计算机属性窗口

点击左侧"高级系统设置"，打开"系统属性"对话框，如图 2-10 所示。

图 2-10　"系统属性"对话框

点击最下面的"环境变量"，打开"环境变量"对话框，进行系统环境变量设置，如图 2-11 所示，具体操作步骤如下。

（1）点击"系统变量"列表框下方的"新建"按钮，添加系统变量，如图 2-12 所示。

变量名：JAVA_HOME

变量值：D:\Java\jdk1.8.0_51

图 2-11　环境变量界面

图 2-12　添加变量 1

（2）继续新建一个变量，如图 2-13 所示。·

变量名：CLASSPATH

变量值：.;%JAVA_HOME%\lib;%JAVA_HOME%\lib\tools.jar;%JAVA_HOME%\lib\dt.jar

图 2-13　添加变量 2

（3）在"系统变量"列表中找到 Path 变量，点击"编辑"进行修改，如图 2-14 所示。

变量名：Path

变量值：将%JAVA_HOME%\bin;添加在原变量值之前（注意后面有个;）

点击"确定"后环境变量配置完成，在"开始"菜单运行 cmd，输入"java –version"，出现如图 2-15 所示界面，至此 Java 环境安装完成。

图 2-14　修改 Path 环境变量

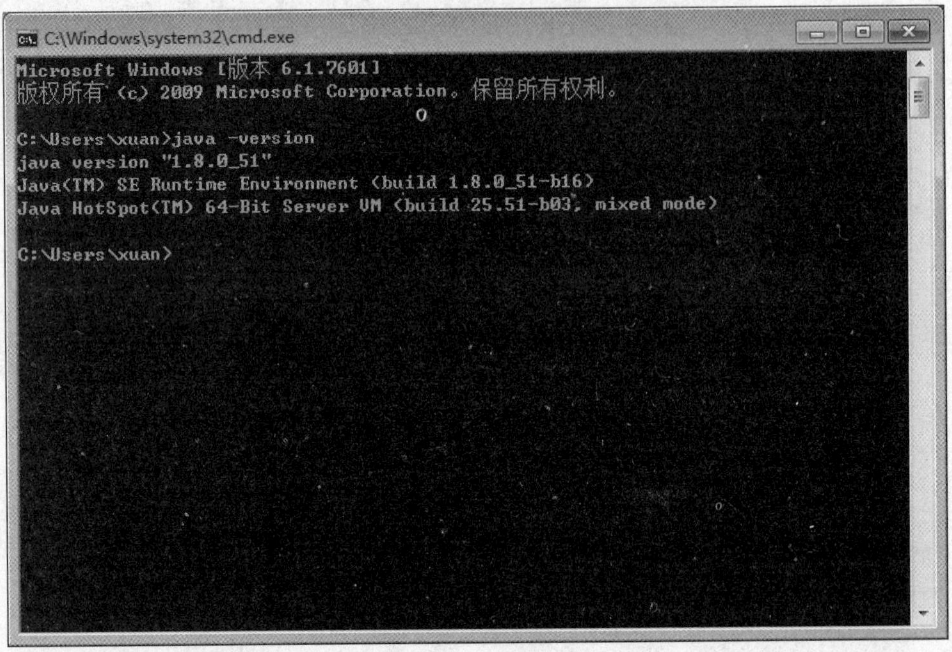

图 2-15　验证界面

2.1.2　安装与配置 Tomcat

Tomcat 是 Apache 软件基金会（Apache Software Foundation）的 Jakarta 项目中的一个核心项目，由 Apache、Sun 和其他一些公司及个人共同开发而成。由于有了 Sun 的参与和支持，最新的 Servlet 和 JSP 规范总是能在 Tomcat 中得到体现，Tomcat 5 支持最新的 Servlet 2.4 和 JSP 2.0 规范。因为 Tomcat 技术先进、性能稳定，而且免费，因而深受 Java 爱好者的喜爱并得到了部分软件开发商的认可，成为目前比较流行的 Web 应用服务器。以下是 Tomcat 的配置方法：

（1）下载最新版本的 Tomcat，网址为：http://tomcat.apache.org/。

（2）下载完安装文件后，将压缩文件解压到一个方便的地方，比如 Windows 下的 C:\apache-tomcat-5.5.29 目录。

（3）安装 Tomcat 后，在我的电脑→属性→高级→环境变量→系统变量中添加以下环境变量（假定 tomcat 安装在 C:\tomcat）：CATALINA_HOME=c:\tomcat; CATALINA_BASE=c:\tomcat;。

（4）然后修改环境变量中的 classpath，把 Tomcat 安装目录下的 common\lib 下的 servlet.jar

追加到 classpath 中去，修改后的 classpath 如下：

classpath=.;%JAVA_HOME%\lib\dt.jar;%JAVA_HOME%\lib\tools.jar;%CATALINA_HOME%\common\lib\servlet.jar;

（5）在 Windows 系统中，Tomcat 可以通过执行以下命令来启动：

%CATALINA_HOME%\bin\startup.bat

或者

C:\apache-tomcat-5.5.29\bin\startup.bat

（6）成功启动 Tomcat 后，通过访问 http://localhost:8080/便可以使用 Tomcat 自带的一些 Web 应用了，如图 2-16 所示。

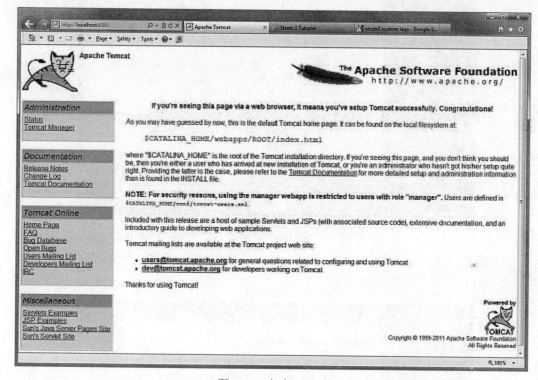

图 2-16　启动 Tomcat

更多关于配置和运行 Tomcat 的信息可以在 Tomcat 提供的文档中找到，或者去 Tomcat 官网查阅，网址为：http://tomcat.apache.org。

2.1.3　JSP 开发工具——MyEclipse

MyEclipse 企业级工作平台（MyEclipse Enterprise Workbench，简称 MyEclipse）是对 Eclipse IDE 的扩展，利用它可以在数据库和 J2EE 的开发、发布以及应用程序服务器的整合方面极大地提高工作效率。它是功能丰富的 JavaEE 集成开发环境，包括了完备的编码、调试、测试和发布功能，完整支持 HTML、Struts、JSP、CSS、Javascript、Spring、SQL、Hibernate。

1. MyEclipse 安装的方法及步骤

（1）双击 MyEclipse 运行安装程序，直接点击"Next"进入下一步。

（2）选中 I accept the terms of the license agreement，接受安装协议，点击"Next"进行下一步。

（3）在设置安装路径的对话框（如图 2-17 所示）中点击"Change"，选择要安装的路径，安装路径文件夹最好不要用中文，用中文项目容易出现错误。若使用默认路径则直接点击"Next"进行下一步。

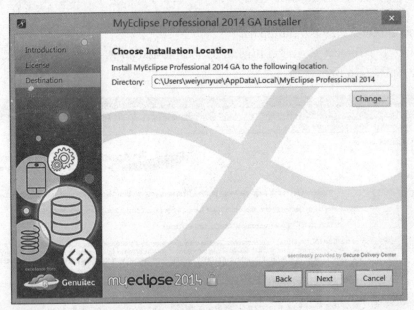

图 2-17　安装路径

（4）选择要安装的工具。选中 Customize optional software（自定义可选软件），点击"Next"进行下一步，如图 2-18 所示。

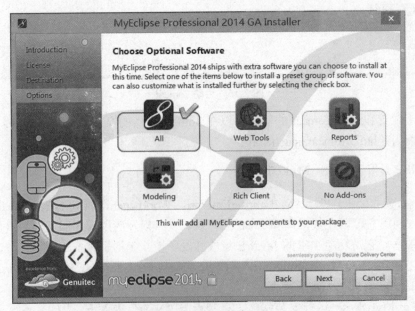

图 2-18　选择安装工具

（5）选择计算机的操作系统，本实验用的系统是 64 位 Windows 7，所以此处选中"64bit"，然后点击"Next"进行下一步，如图 2-19 所示。

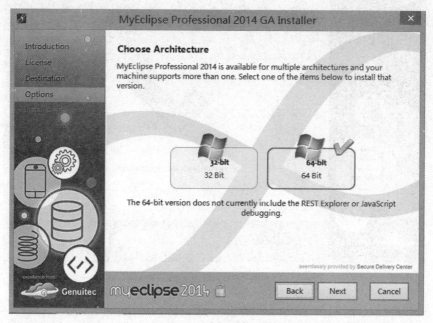

图 2-19　选择操作系统

（6）开始安装，大概需要 1～2 分钟，如图 2-20 所示。

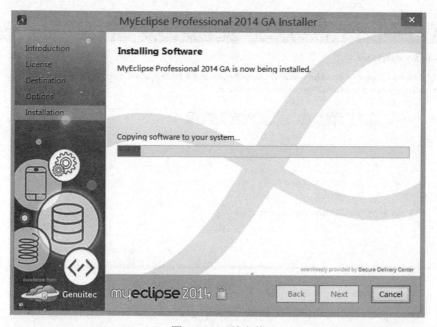

图 2-20　开始安装

（7）在提示安装完成的对话框中，选中 Launch MyEclipse 则为打开 MyEclipse，点击"Finish"按钮则结束安装，如图 2-21 所示。

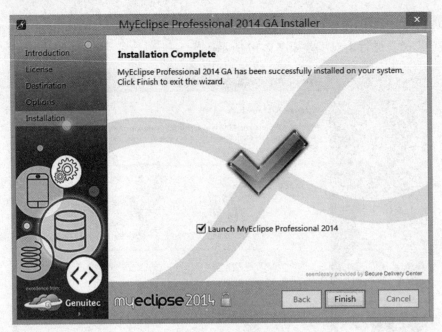

图 2-21　安装完成

（8）创建项目存放路径。点击"Browse"选择的是在 MyEclipse 中创建项目存放的路径，用户可以自己定义，最好不要使用中文，"Use this as the default and do not ask again"复选框的意思是：下次启动时是否进行提示，可选可不选，点击"OK"，MyEclipse 正式启动（第一次启动有点慢），如图 2-22 所示。

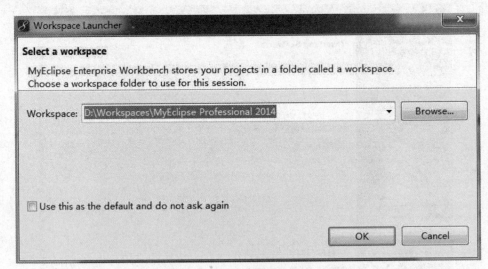

图 2-22　创建项目存放路径

（9）MyEclipse 启动成功，界面如图 2-23 所示。

2．MyEclipse 配置 Tomcat

（1）首先打开 MyEclipse，进行偏好设置，如图 2-24 所示，在 Window 菜单下选择 Preferences。

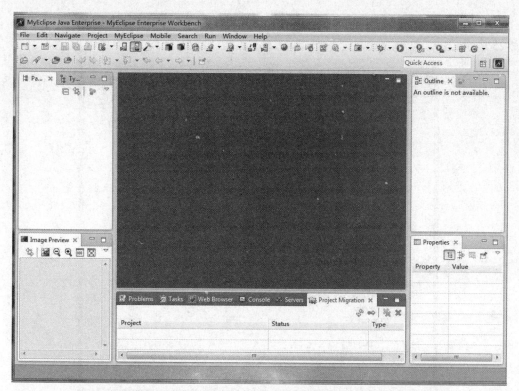

图 2-23　MyEclipse 启动界面

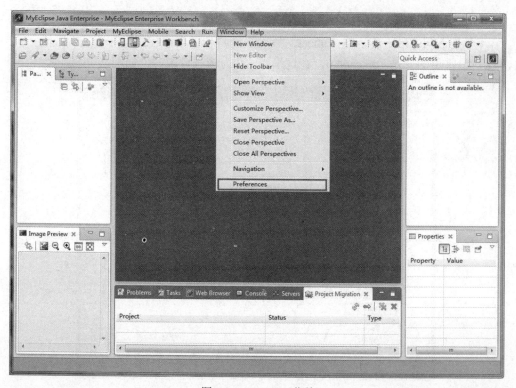

图 2-24　Window 菜单

（2）在 Preferences 窗口中进行偏好设置，在左侧搜索栏输入 Tomcat，查找 Tomcat，如图 2-25 所示。

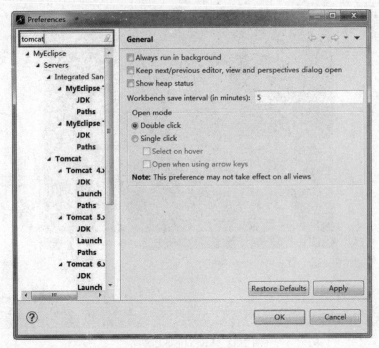

图 2-25　偏好设置

（3）搜索到四个 Tomcat 项。

第一个是 MyEclipse 自带的 Tomcat，然后是用户自己下载使用的 Tomcat 版本，有 5.x、6.x、4.x，最常用的就是 Tomcat 6.0，在这里以 6.0 为例进行说明，如图 2-26 所示。

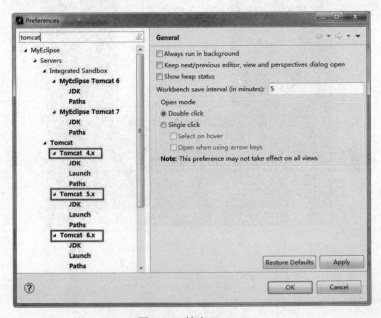

图 2-26　搜索 Tomcat

（4）在这里点击"Tomcat 6.x"进入，然后将安装目录添加进去，如图 2-27 所示。

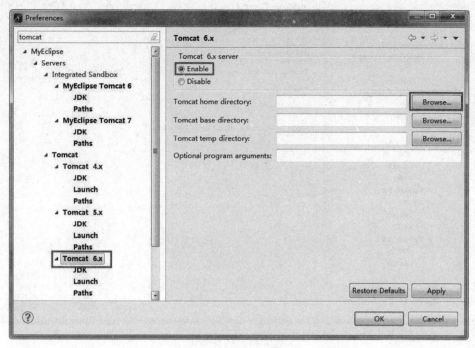

图 2-27　安装目录

（5）接下来查看计算机上的 Tomcat 的解压缩目录，这里推荐使用解压缩版本，比安装版使用更方便，如图 2-28 所示。

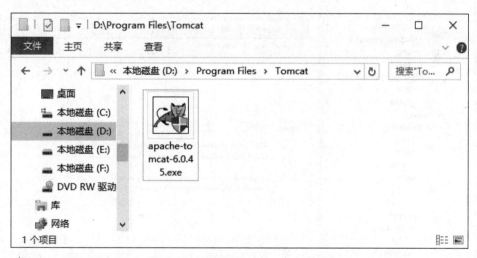

图 2-28　解压缩 apache-tomcat-6.0.32

（6）然后找到 MyEclipse 自带的 Tomcat 项，将自带的 Tomcat 设为禁用，即 Disable，如图 2-29 所示。

（7）然后点击"Tomcat 6.x"，也就是添加的 Tomcat，将 Tomcat 6.x 的 JDK 设置为自己安装的 JDK，如图 2-30 所示。

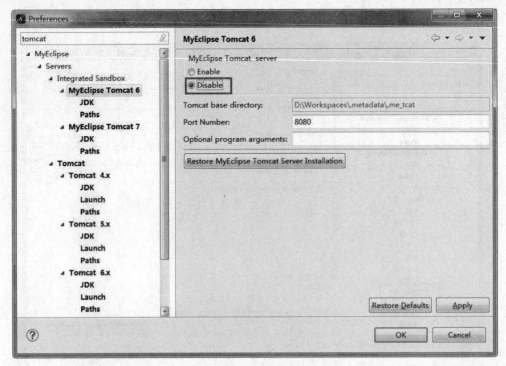

图 2-29　设为禁用

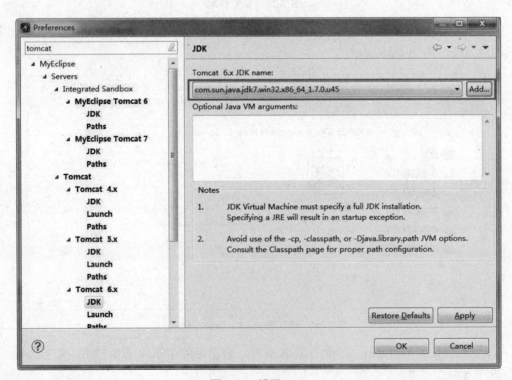

图 2-30　设置 JDK

（8）设置完成后，点击"Apply"，然后点击"OK"即可，至此 Tomcat 安装完成。

2.2　第一个 JSP 项目

首先编写一个简单的在网页上显示 This is my JSP page 的 JSP 项目。

2.2.1　新建 Web 项目

打开 MyEclipse，点击"Window"→"Preferences"，弹出 Preferences 窗口，这里可以对 IDE 进行详尽的配置。读者可以一项一项浏览，针对自己感兴趣的进行配置。配置完成后，下面进行 Web 项目的创建。在 Package Explorer 视图面板中，鼠标单击工具栏内的 File→New→Web Project，弹出创建 Web 项目的窗口。在 Project name 文本框中输入项目的名字，这里输入"WebDemo"，其他保持不变，如图 2-31 所示。

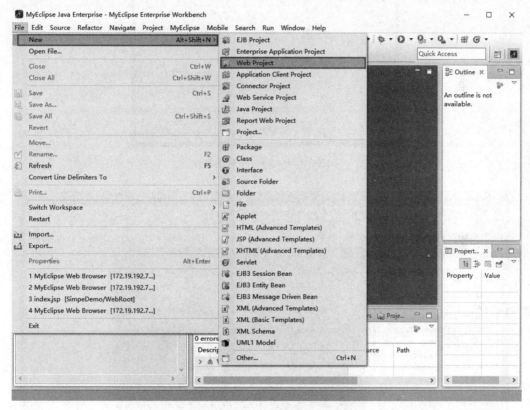

图 2-31（a）　新建 Web 项目

点击"Next"，进入到 Java 设置窗口，这里一切保持不变，再次点击"Next"，进入到 Web Module 设置。在"Context root:"中指定 Web 应用的名字，例如 http://localhost:8080/WebDemo/index.html，这里的 WebDemo 就是本地 Tomcat 容器中部署的应用之一。这里保持 WebDemo 不变；"Generate web.xml deployment descriptor"复选框即是否要创建 web.xml，因为在 Servlet 3.0 中，web.xml 文件已经变成可选的了，这里保持复选框为空，点击"Finish"。这样一个 Web 项目就在 Eclipse 中创建完成了。可以在 Package Explorer 视图中看到如图 2-32 所示的项目结构。

图 2-31（b） 新建 Web 项目

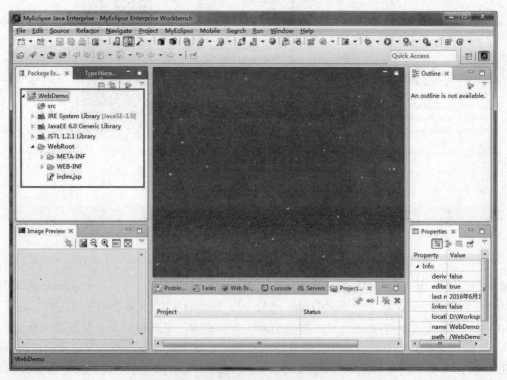

图 2-32　完成创建

其中，src 用于存放 Java 类，WebRoot 目录下存放页面文件（HTML 文件、JSP 文件、JS 脚本、静态图片等）。

2.2.2 编写 JSP 文件

打开 MyEclipse，新建项目 WebDemo 的目录结构如图 2-33 所示。

图 2-33　新建项目的目录结构

点击"index.jsp"，进入如图 2-34 所示界面。

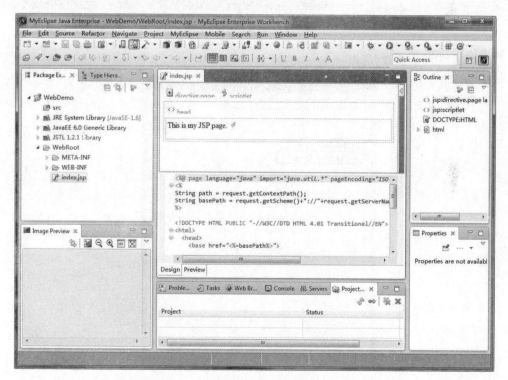

图 2-34　index.jsp

第一个 JSP 工程就建立完成了。

2.2.3 运行 JSP 文件

首先选中 JSP 工程，单击鼠标右键，选择 Run As→MyEclipse Server Application，如图 2-35 所示。

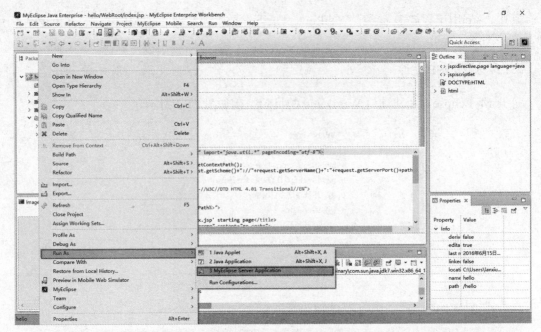

图 2-35　运行 JSP 文件

弹出如图 2-36 所示窗口。

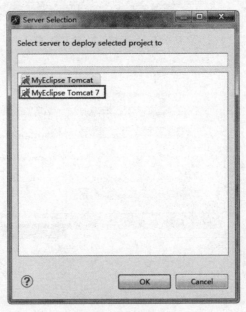

图 2-36　正在运行

出现如图 2-37 所示界面，标示运行成功，服务器已成功开启。

打开浏览器，在浏览器中输入 http://localhost:8080/MyJsp.jsp，按下回车键，出现如图 2-38 所示界面。

在移动终端访问 JSP 程序需在浏览器中输入 http://172.19.192.74:8080/MyJsp.jsp（此为运行计算机的 IP 地址），打开如图 2-39 所示界面。

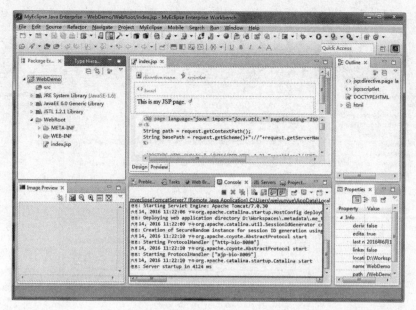

图 2-37　成功开启服务器

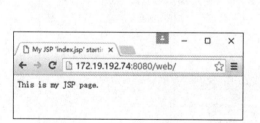

图 2-38　第一个 JSP 程序

图 2-39　用移动终端访问 JSP 程序

至此，第一个 JSP 程序运行成功。

任务实施：

2.3　创建服务器

　　方法一：打开 MyEclipse，在 Servers 选项卡中选择需要开启的服务器，单击鼠标右键，选择 Run Server 运行服务器，出现如图 2-40 所示界面表示服务器运行成功。

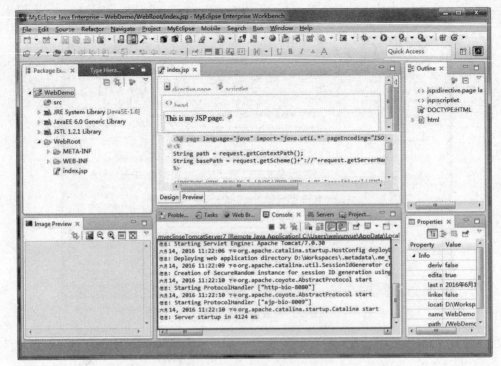

图 2-40 创建服务器

点击红色按钮可以直接关闭服务器，如图 2-4 所示。

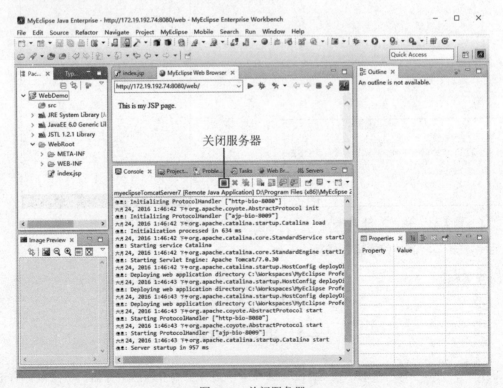

图 2-41 关闭服务器

方法二：在 Tomcat 目录下的 bin 目录中，双击运行 startup.bat 即可开启 Tomcat 服务器，出现如图 2-42 所示界面表示开启成功。

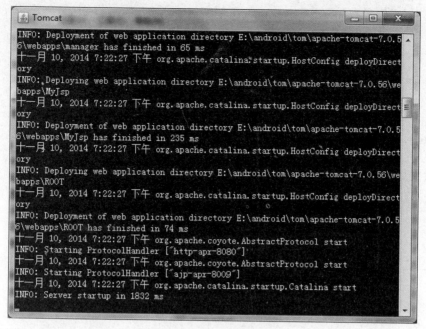

图 2-42　开启 Tomcat 服务器

通过 http://localhost:8080/即可访问。

2.4　计算 1+2+3+···+100 的和并输出当时的日期和时间

新建 JSP 项目，项目名为 SimpeDemo，在 index.jsp 中写入如下代码：

```jsp
<%@ page language="java" import="java.util.*" pageEncoding="utf-8"%>
<%
    String path = request.getContextPath();
    String basePath = request.getScheme() + "://"
            + request.getServerName() + ":" + request.getServerPort()
            + path + "/";
%>

<!DOCTYPE HTML PUBLIC"-//W3C//DTD HTML 4.01 Transitional//EN">
<html>
    <head>
    <title>My JSP 'index.jsp' starting page</title>
    </head>
    <body>
        <%
            int i, sum = 0;
            for (i = 0; i <= 100; i++) {
```

```
                    sum = sum + i;
               }
        %>
        <h4>
              1 到 100 的连续和是:<%=sum%>
        </h4>
        <h4>
              当前时间为:
              <%=new Date()%>
        </h4>
    </body>
</html>
```

运行效果如图 2-43 所示。

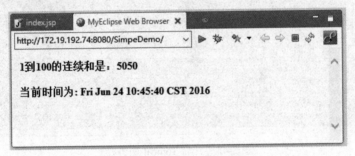

图 2-43　1 到 100 的连续和

通过移动终端访问如图 2-44 所示。

图 2-44　通过移动终端访问 1 到 100 的连续和

习题二

简答题

1. 为什么要为 JDK 设置环境变量？
2. Tomcat 和 JDK 是什么关系？
3. 什么是 B/S 模式？
4. 集成开发环境能为程序员做什么？

第三章　JSP 语法基础

知识目标：

本章主要学习 JSP 的基础，包括语法、注释和标签。同时学习书写 JSP 程序，并完成课后习题和任务。

教学目标：

1. 完成第一个 JSP 程序"Hello World!"；
2. 学习 JSP 的各种语法。

内容框架：

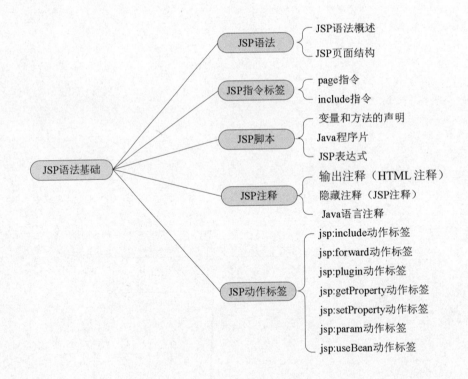

知识准备：

3.1　JSP 语法

有了前面的基础后，本章开始学习 JSP 语法。JSP 页面主要由 JSP 元素和 HTML 代码构成，其中 JSP 代码完成相应的动态功能。JSP 基础语法包括注释、指令、脚本以及动作元素，此外，JSP 还提供了一些由容器实现和管理的内置对象。本章完整介绍了 JSP 的基本语法，并以实例加深理解。

1. JSP 语法概述

在 JSP 页面中，可分为 JSP 程序代码和其他程序代码两部分。JSP 程序代码全部写在<%和%>之间，其他代码部分（如 JavaScript 和 HTML 代码）按常规方式写入。换句话说，在常规页面中插入 JSP 元素，即构成了 JSP 页面。

2. JSP 页面结构

JSP 程序的成分主要有如下四种：注释（Comment）、指令（Directive）、脚本元素（Scripting Element）、动作（Action）。JSP 指令用来从整体上控制 Servlet 的结构；脚本元素用来嵌入 Java 代码，这些 Java 代码将成为转换得到的 Servlet 的一部分；动作用来引入现有的组件或者控制 JSP 引擎的行为。为了简化脚本元素，JSP 定义了一组由容器实现和管理的对象（内置对象）。这些内置对象在 JSP 页面中可以直接使用，不需要 JSP 页面编写者实例化。通过存取这些内置对象，可以实现与 JSP 页面 Servlet 环境的互访。JSP 页面构成如图 3-1 所示。

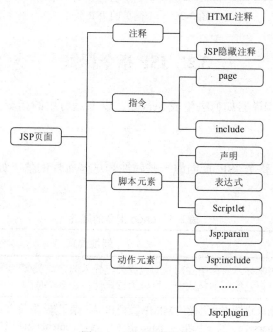

图 3-1　JSP 页面构成

【例 3-1】一个简单的 JSP 页面。

工程名：Exp3_1

文件名：index.jsp

```
<!-- JSP 指令-->
<%@ page contentType="text/html; charset=GB2312" language="java" import="java.sql.*" errorPage="" %>
<html>
  <head>
    <meta http-equiv="Content-Type" content="text/html; charset=GB2312" />
```

```
        <title>无标题文档</title>
    </head>
    <body>
        <!--下面代码为脚本元素，其中 out 为内置对象，直接引用即可，不需要实例化，其作用为输出字节
流-->
        <% out.println("This is my JSP page.");%>
    </body>
</html>
```

在 IE 浏览器内，上述代码运行结果是输出"This is my JSP page."，如图 3-2 所示。

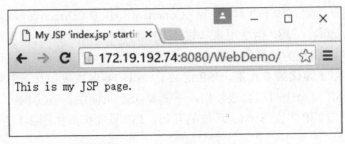

图 3-2　一个简单的 JSP 页面

3.2　JSP 指令标签

JSP 指令控制 JSP 编译器如何去生成 Servlet，以下是可用的指令。

3.2.1　page 指令

page 指令用来定义整个 JSP 页面的一些属性和这些属性的值，如表 3-1 所示，page 指令有以下几种属性：

表 3-1　page 指令的属性

表格属性	属性含义
import	该属性用来导入页面中要用到的包或类，导入的包或类可以是 Java 环境的核心类，也可以是用户自己编写的包或类。可以为该属性指定多个值
contentType	该属性用来设置 JSP 页面的 MIME 类型和字符编码集。取值格式为"MIME 类型"或"MIME 类型；charset=字符编码集"。page 指令只能为 contentType 属性设定一个值
errorPage	处理 HTTP 请求时，如果出现异常则显示该错误提示信息页面
isErrorPage	如果设置为 TRUE，则表示当前文件是一个错误提示页面
isThreadSafe	该属性用来设置是否可以多线程访问，当设置为 true 时，可以允许多个客户同时访问一个页面，页面的成员变量在客户线程之间共享；设置为 false 时，某一时刻只能有一个用户访问页面，其他用户只能排队等待，该属性默认值为 true

page 指令的格式：
<%@ page 属性 1="属性 1 的值" 属性 2="属性 2 的值" ...%>
属性值总是用单引号或双引号括起来；如果为一个属性指定多个值，这些值用逗号分隔，

例如：

<%@ page contentType="text/html;charset=GB2312" import="java.util.*" %>

在一个 JSP 页面中，也可以使用多个 page 指令来指定属性及其值，但除了 import 可以定义为多个值外，其他属性不允许重复定义，例如：

<%@ page contentType="text/html;charset=GB2312" %>
<%@ page import="java.util.*" %>
<%@ page import="java.util.*", "java.awt.*" %>

注意，下列用法是错误的：

<%@ page contentType="text/html;charset=GB2312" %>
<%@ page contentType="text/html;charset=GB2312" %>

尽管指定的属性值相同，也不允许两次使用 page 给 contentType 属性指定属性值。

1. language 属性

定义 JSP 页面使用的脚本语言，该属性的值目前只能取 "java"。为 language 属性指定值的格式：

<%@ page language="java" %>

language 属性的默认值是 "java"，即如果在 JSP 页面中没有使用 page 指令指定该属性的值，那么，JSP 页面默认有如下 page 指令：

<%@ page language="java" %>

2. import 属性

该属性的作用是为 JSP 页面引入 Java 核心包中的类，这样就可以在 JSP 页面的程序片部分、变量及函数声明部分、表达式部分使用包中的类。该属性的值可以是 Java 某包中的所有类或一个具体的类，JSP 页面默认 import 属性已经有如下的值："java.lang.*" "javax.servlet.*" "javax.servlet.jsp.*" "javax.servlet.http.*"。

可以为该属性指定多个值，例如：

<%@ page import="java.util.*" ,"java.io.*" , "java.awt.*" %>

当为 import 指定多个属性值时，JSP 引擎把 JSP 页面转译成的 java 文件中会有如下的 import 语句：

- import java.util.*
- import java.io.*
- import java.awt.*

3. contentType 属性

定义 JSP 页面响应的 MIME（Multipurpose Internet Mail Extention）类型和 JSP 页面字符的编码。属性值的一般形式是："MIME 类型" 或 "MIME 类型;charset=编码"，如：

<%@ page contentType="text/html;charset=GB2312" %>

contentType 属性的默认值是"text/html;charset=ISO8859-1"。

4. session 属性

session 属性用于设置是否需要使用内置的 session 对象。session 的属性值可以是 "true" 或 "false"，session 属性默认的属性值是 "true"。

5. buffer 属性

内置输出流对象 out 负责将服务器的某些信息或运行结果发送到客户端显示，buffer 属性用来指定 out 设置的缓冲区的大小或不使用缓冲区。buffer 属性可以取值"none"，设置 out 不使用缓冲区。Buffer 属性的默认值是 8kb。例如：

```
<%@ page buffer= "24kb" %>
```

6. autoFlush 属性

autoFlush 属性用来指定 out 的缓冲区被填满时，缓冲区是否自动刷新。autoFlush 可以取值"true"或"false"。autoFlush 属性的默认值是"true"。当 autoFlush 属性取值"false"时，如果 out 的缓冲区填满时，就会出现缓存溢出异常；当 buffer 的值是"none"时，autoFlush 的值就不能设置成"false"。

7. isThreadSafe 属性

isThreadSafe 属性用来设置 JSP 页面是否可多线程访问。isThreadSafe 的属性值取"true"或"false"。当 isThreadSafe 属性值设置为"true"时，JSP 页面能同时响应多个客户的请求；当 isThreadSafe 属性值设置成"false"时，JSP 页面同一时刻只能处理响应一个客户的请求，其他客户需排队等待。isThreadSafe 属性的默认值是"true"。

8. info 属性

该属性为 JSP 页面准备一个字符串，属性值为某个字符串。例如：

```
<%@ page info= "we are students" %>
```

可以在 JSP 页面中使用 getServletInfo()方法获取 info 属性的属性值。

【例 3-2】使用 getServletInfo()方法获取 info 的属性值。

工程名：Exp3_2

文件名：index.jsp

```
<%@ page language="java" import="java.util.*" pageEncoding="utf-8"%>
<%
    String path = request.getContextPath();
    String basePath = request.getScheme() + "://"
            + request.getServerName() + ":" + request.getServerPort()
            + path + "/";
%>
<%@ page info="谢谢，不用。"%>
<!DOCTYPE HTML PUBLIC "-//W3C//DTD HTML 4.01 Transitional//EN">
<html>
  <head>
        <base href="<%=basePath%>">
        <title>My JSP 'index.jsp' starting page</title>
        <meta http-equiv="pragma" content="no-cache">
        <meta http-equiv="cache-control" content="no-cache">
        <meta http-equiv="expires" content="0">
        <meta http-equiv="keywords" content="keyword1,keyword2,keyword3">
        <meta http-equiv="description" content="This is my page">
        <!--
        <link rel="stylesheet" type="text/css" href="styles.css">
        -->
  </head>
  <body bgcolor=cyan>
```

```
    <font Size=4>
        <p>
            您好！请问有什么可以帮您
            <%
            String s = getServletInfo();
            out.print("<BR>" + s);
        %>
    </font>
  </body>
</html>
```

运行结果如图 3-3 所示。

图 3-3   使用 getServletInfo()方法获取 info 的属性值

3.2.2   include 指令

include 指令用于通知 JSP 编译器把另外一个文件完全包含入当前文件中。效果就好像被包含文件的内容直接被粘贴到当前文件中一样。该指令标签语法如下：

```
<%@ include file= "文件的名字" %>
```

该指令标签的作用是在 JSP 页面出现该指令的位置处，静态插入一个文件。被插入的文件必须是可访问和可使用的，即该文件必须和当前 JSP 页面在同一 Web 服务目录中。所谓静态插入，就是当前 JSP 页面和插入的部分合并成一个新的 JSP 页面，然后 JSP 引擎再将这个新的 JSP 页面转译成 Java 类文件。因此，插入文件后，必须保证新合并成的 JSP 页面符合 JSP 语法规则，即能够成为一个 JSP 页面文件。比如，如果一个 JSP 页面使用 include 指令插入另一个 JSP 文件，被插入的这个 JSP 页面中有一个设置页面 contentType 属性的 page 指令：<%@ page contentType="text/html;charset=GB2312"%>，而当前 JSP 页面已经使用 page 指令设置了 contentType 的属性值，那么新合并的 JSP 页面就出现了语法错误，当转译合并的 JSP 页面到 Java 文件时就会失败。例 3-3 在 JSP 页面静态插入一个文本文件：Hello.txt，该文本文件的内容是"重庆电子工程职业学院欢迎您！"，该文本文件必须和当前 JSP 页面在同一 Web 服务目录中，运行结果如图 3-4 所示。

【例 3-3】在 JSP 页面静态插入一个文本文件：Hello.txt。

工程名：Exp3_3

文件名：index.jsp

```
<%@ page contentType="text/html;charset=GB2312"%>
<html>
  <body bgcolor=cyan>
    <h3>
```

```
            <jsp:include page="Hello.txt"></jsp:include>
        </h3>
    </body>
</html>
```

文件名：Hello.txt

文件内容：重庆电子工程职业学院欢迎您！

程序运行后，在浏览器内显示"重庆电子工程职业学院欢迎您！"，如图3-4所示。

图3-4　使用 include 指令加载文本文件

需要注意的是，在例3-3被转译成Java文件后，如果对插入的文件Hello.txt进行了修改，那么必须要重新将例3-3转译成java文件（重新保存页面，然后再访问该页面即可），否则只能看到修改前的Hello.txt的内容。

【例3-4】试一试：任意输入一个数，求这个数的平方根。

工程名：Exp3_4

文件名：index.jsp

```
<%@ page language="java" import="java.util.*" pageEncoding="utf-8"%>

<!DOCTYPE HTML PUBLIC "-//W3C//DTD HTML 4.01 Transitional//EN">
<html>
    <body Bgcolor=cyan>
        <font size=4>
            <p> ；请输入一个正数，点击按钮求这个数的平方根。
            <center>
                <form action="" method="post" name="form" style="height: 94px; ">
                    <input type="text" name="ok" style="height: 25px; width: 294px">
                    <br>
                    <br>
                    <input type="submit" value="计算" name="submit"
                        style="width: 89px; height: 37px">
                </form>
                <%
                String a = request.getParameter("ok");
                if (a == null) {
                    a = "0";
                }
                try {
                    double number = Integer.parseInt(a);
                    out.print("<br>" + Math.sqrt(number));
```

```
                    } catch (NumberFormatException e) {
                        out.print("<br>" + "请输入数字字符");
                    }
            %>


        </center>
    </body>
</html>
```

程序运行后，结果如图 3-5 所示，在浏览器内的文本框中输入"2"，然后点击"计算"，结果如图 3-5 所示，浏览器的下方显示计算出的平方根为 1.4142135623730951。

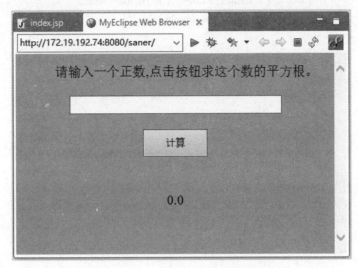

图 3-5 求一个数的平方根的页面显示

图 3-6 求取平方根

注：程序中的<%@ include file="Computer.jsp"%>语句包含了 Computer.jsp 文件，该文件的源代码为：

```
<%@ page language="java" import="java.util.*" pageEncoding="utf-8"%>
<!DOCTYPE HTML PUBLIC "-//W3C//DTD HTML 4.01 Transitional//EN">
```

```
<html>
  <body bgcolor=cyan>
    <font size=4>
          <p>请输入一个正数，点击按钮求这个数的平方根。
          <center>
              <form action="" method="post" name="form" style="height: 94px; ">
                  <input type="text" name="ok" style="height: 25px; width: 294px">
                  <br>
                  <br>
                  <input type="submit" value="计算" name="submit"
                        style="width: 89px; height: 37px">
              </form>
              <%
                  String a = request.getParameter("ok");
                  if (a == null) {
                      a = "0";
                  }
                  try {
                      double number = Integer.parseInt(a);
                      out.print("<BR>" + Math.sqrt(number));
                  } catch (NumberFormatException e) {
                      out.print("<BR>" + "请输入数字字符");
                  }
              %>
          </center>
      <fomt>
    </body>
</html>
```

所以，例 3-4 等同于以下 JSP 文件，运行结果与图 3-5 一致。

```
<form action="" method=post name=form style="height: 94px; ">
    <input type="text" name="ok" style="height: 25px; width: 294px">
    <br>
    <br>
    <input type="submit" value="计算" name="submit"
          style="width: 89px; height: 37px">
</form>
<%
    String a = request.getParameter("ok");
    if (a == null) {
        a = "0";
    }
    try {
        double number = Integer.parseInt(a);
        out.print("<BR>" + Math.sqrt(number));
    } catch (NumberFormatException e) {
```

```
        out.print("<BR>" + "请输入数字字符");
    }
%>
```

程序运行后，在浏览器内的文本框中输入"2"，然后点击"计算"按钮，结果如图 3-7 所示，浏览器的下方显示计算出的平方根为 1.4142135623730951。

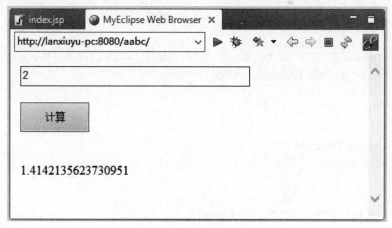

图 3-7　计算数字的平方根

3.3　JSP 脚本

JSP 脚本即 Scriptlet，也就是 JSP 中的代码部分；是 Java 程序中的一段代码，几乎可以使用任何的 Java 语法，它是在请求时期执行的，它可以使用 JSP 页面定义的变量、方法、表达式和 JavaBean。永远可用的脚本变量如表 3-2 所示。

表 3-2　永远可用的脚本变量

脚本变量	作用
out	JSPWriter 用来写入响应流的数据
page	Servlet 自身
pageContext	一个 PageContext 实例包括和整个页面相联系的数据，一个给定的 HTML 页面可以在多个 JSP 之间传递
request	HTTP request 对象
response	HTTP response 对象
session	脚本元素

有三个基本的脚本元素，作用是使 Java 代码可以直接插入 Servlet。

（1）声明标签，在 Java Servlet 的类体中放入一个变量的定义，静态的数据成员也可以如此定义。

```
<%! int serverInstanceVariable = 1;%>
```

（2）脚本标签，在 Java Servlet 的类的_jspService()方法中放入所包含的语句。

```
<%
    int localStackBasedVariable = 1;
    out.println(localStackBasedVariable);
%>
```

（3）表达式标签，在 Java Servlet 的类中放入待赋值的表达式，表达式注意不能以分号结尾。

```
<%= "expanded inline data" + 1 %>
```

如下例子：

```
<!--下面代码为脚本元素，其中 out 为内置对象，直接引用即可，不需要实例化，其作用为输出字节流。-->
<%@ page contentType="text/html;charset=GB2312" %>
<html>
  <body>
      <%
          out.println("Hello World!");
      %>
  </body>
</html>
```

上述代码的运行结果是输出"Hello World!"。

3.3.1　变量和方法的声明

在"<%!"和"%>"标记符号之间声明变量和方法，声明变量和方法的语法和格式同 Java 语言。声明的语法格式如下：

```
<% declarations %>
```

1. 声明变量

在"<%!"和"%>"标记符之间声明变量，即在"<%!"和"%>"之间放置 Java 的变量声明语句，变量的类型可以是 Java 语言允许的任何数据类型，将"<%!"和"%>"之间声明的这些变量称为 JSP 页面成员变量。程序如下：

```
<%!
    int a,b=10,c;
    String tom=null,jerry="love JSP";
    Date date;
%>
```

"<%!"和"%>"之间声明的变量在整个 JSP 页面内都有效，与标记符号"<%!""%>"所在的位置无关，但习惯将标记符号"<%!""%>"写在 Java 程序片的前面。因为 JSP 引擎将 JSP 页面转译成 Java 文件时，将"<%!"和"%>"之间声明的这些变量作为类的成员变量。这些变量的内存空间直到服务器关闭才释放。当多个客户请求一个 JSP 页面时，JSP 引擎为每个客户启动一个线程，这些线程由 JSP 引擎服务器来管理，这些线程共享 JSP 页面的成员变量，因此任何一个用户对 JSP 页面成员变量操作的结果，都会影响到其他用户。

【例 3-5】利用成员变量被所有用户共享这一性质，实现一个简单的计数器。

工程名：Exp3_5

文件名：index.jsp

```
<%@ page contentType="text/html;charset=GB2312"%>
```

```
<html>
  <body>
    <%! int i=0;%>
    <% i++; %>
    <p>
      <body bgcolor=cyan><font Size=8>
      您是第<%=i%>个访问本站的用户。
    </p>
  </body>
</html>
```

程序运行结果如图 3-8 所示，在浏览器内显示"您是第 1 个访问本站的用户"。

图 3-8　一个简单的计数器

在处理多线程问题时，必须注意这样一个问题：当两个或多个线程同时访问同一个共享的变量，并且一个线程需要修改这个变量时，应对这样的问题作出处理，否则可能发生混乱。在上面的例 3-5 中，可能发生两个客户同时请求 jsp3-5.jsp 页面的情况。在 Java 语言中已经知道，在处理线程同步时，可以将线程共享的变量放入 synchronized 块，或将修改该变量的方法用 synchronized 来修饰。这样，当一个客户用 synchronized 块或 synchronized 方法操作一个共享变量时，其他线程就必须等待，直到该线程执行完该方法或同步块。下面的例 3-6 对例 3-5 进行了改进。

【例 3-6】一个简单的计数器——改进版。

工程名：Exp3_6

文件名：index.jsp

```
<%@ page contentType="text/html;charset=GB2312"%>
<html>
  <body>
    <%!Integer number = new Integer(0);%>
    <%
        synchronized (number) {
            int i = number.intValue();
            i++;
            number = new Integer(i);
        }
    %>
    <p>
        您是第<%=number.intValue()%>个访问本站的客户。
```

```
    </body>
</html>
```
程序运行后结果如图 3-9 所示，在浏览器内显示"您是第 2 个访问本站的用户"。

图 3-9　使用线程的计数器

2. 声明方法

在"<%!"和"%>"之间声明方法，该方法在整个 JSP 页面有效（与标记符号"<%!"
"%>"所在的位置无关），但该方法内定义的变量只在该方法内有效。这些方法将在 Java
程序片中被调用，当方法被调用时，方法内定义的变量被分配内存，调用完毕即可释放所占
的内存。当多个客户同时请求一个 JSP 页面时，他们可能使用方法操作成员变量，对这种情
况应给予注意。

【例 3-7】通过 synchronized 方法操作一个成员变量来实现一个计数器。

工程名：Exp3_7

文件名：index.jsp

```
<%@ page contentType="text/html;charset=GB2312"%>
<html>
  <body>
    <%! int number=0;
       synchronized void countPeople()
       { number++;
       }
    %>
    <% countPeople();%> // 在程序片中调用方法。
       <p>您是第<%=number%>个访问本站的用户。
  </body>
</html>
```
程序运行后结果如图 3-10 所示，在浏览器内显示"您是第 3 个访问本站的用户"。

图 3-10　通过 synchronized 方法操作成员变量来实现计数器

在例 3-7 中，如果 Tomcat 服务器重新启动就会刷新计数器，因此计数又从 0 开始。在例 3-8 中，使用 Java 的输入输出流技术，将计数保存到文件。当客户访问该 JSP 页面时，就去读取这个文件，将服务器重新启动之前的计数读入，并在此基础上增 1，然后将新的计数写入到文件；如果这个文件不存在（服务器没有作过重新启动），就将计数增 1，并创建一个文件，然后将计数写入到这个文件。

【例 3-8】使用 Java 的输入输出流技术，将计数保存到文件。

工程名：Exp3_8

文件名：index.jsp

```jsp
<%@ page contentType="text/html;charset=GB2312"%>
<%@ page import="java.io.*"%>
<html>
  <body bgcolor=cyan>
    <font size=1><%!int number = 0;

    synchronized void countPeople()          // 计算访问次数的同步方法
    {
        if (number == 0) {
            try {
                FileInputStream in = new FileInputStream("count.txt");
                DataInputStream dataIn = new DataInputStream(in);
                number = dataIn.readInt();
                number++;
                in.close();
                dataIn.close();
            } catch (FileNotFoundException e) {
                number++;
                try {
                    FileOutputStream out = new FileOutputStream("count.txt");
                    DataOutputStream dataOut = new DataOutputStream(out);
                    dataOut.writeInt(number);
                    out.close();
                    dataOut.close();
                } catch (IOException ee) {
                }
            } catch (IOException ee) {
            }
        } else {
            number++;
            try {
                FileOutputStream out = new FileOutputStream("count.txt");
                DataOutputStream dataOut = new DataOutputStream(out);
                dataOut.writeInt(number);
                out.close();
                dataOut.close();
            } catch (FileNotFoundException e) {
```

```
            } catch (IOException e) {
            }
        }
    }%><%
    countPeople();
%>
        <P>
        <P>
            您是第<%=number%>个访问本站的用户。
    </body>
</html>
```

程序运行后结果如图 3-11 所示，在浏览器内显示"您是第 15 个访问本站的用户"。

图 3-11　用文件保存计数

在声明变量和方法时，需要注意以下几点：

（1）声明必须以;结尾。

（2）可以直接使用在<%@page%>中被包含进来的已经声明的变量和方法，不需要对它们重新进行声明。

（3）一个声明仅在一个页面中有效。如果想每个页面都用到一些声明，最好把它们写成一个单独的文件，然后用<%@include%>或<jsp:include>元素包含进来。

3.3.2　Java 程序片（Scriptlet）

在"<%!"和"%>"标记之间放置的 Java 代码称为 Java 程序段。一般来说，使用 Java 程序片可实现逻辑计算。Java 程序片有三种形式：实体定义、表达式和 Java 代码块。使用实体前，首先要定义实体。下面是 Java 程序片的定义和使用的语法格式。

1. 实体定义

实体定义包括：变量定义、方法定义、类定义。

（1）变量定义。

可以在"<%!"和"%>"标记符之间定义变量，在这种标记符之间定义的变量，通过 JSP 引擎转译为 Java 文件时，成为某个类的成员变量，即全局变量。变量的类型可以是 java 语言允许的任何数据类型。这些变量在所定义的 JSP 页面内有效，即在本 JSP 页面中，任何 Java 程序片中都可以使用这些变量。

例如：

```
<%!
    int x,y=120,z;
```

```
    String str="我是中国人";
    Date date;
%>
```

在"<%!"和"%>"标记符之间定义了5个变量,这5个变量都是全局变量。

(2)方法定义。

在"<%!"和"%>"标记符之间定义方法。这些方法在所定义的 JSP 页面内有效,即在本 JSP 页面内,任何 Java 程序片都可以调用这些方法。例如,定义一个方法,求 n!。

```
<%!
    long jicheng(int n)
    {
      long zhi=1;
      for (int i=1;i<=n;i++)
      zhi=zhi*i;
      return zhi;
    }
%>
```

(3)类定义。

在"<%!"和"%>"标记符之间定义类。这些类在所定义的 JSP 页面内有效,即在本 JSP 页面内,任何 Java 程序片都可以使用这些类创建对象。例如,定义一个圆类,求圆的面积和周长。

```
<%!
    public class Circle
    {
     double r;
     Circle(double r)
      {
        this.r=r;
      }
     double area()
      {
        return Math.PI*r*r;
      }
     double zhou()
      {
        return Math.PI*2*r;
      }
    }
%>
```

2. 表达式

在"<%="和"%>"标记符之间放置 Java 表达式,这个表达式可以直接输出 Java 表达式的值(注意:"<%="是一个完整的符号,"<%"和"="之间不能有空格)。表达式的值由服务器负责计算,并将计算结果以字符串的形式发送到客户端显示。表达式在 JSP 编程中较常用,特别是在与 HTML 标记混合编写时使用较多。例如:求 x=a+b+c 的值。

```
<%!
    int a=30;
    int b=40;
    int c=50;
%>
<%= a+b+c %>
```

表达式"<%= a+b+c %>"的作用，相当于先计算"a+b+c"的值，然后把结果输出到客户端。

3. Java 代码块

可以在"<%"和"%>"标记符之间包含多个 Java 语句，构成 Java 代码块。一个 JSP 页面可以有许多 Java 代码块，JSP 引擎按顺序执行这些 Java 代码块。在 Java 代码块中定义的变量通过 JSP 引擎转译为 Java 文件时，这些变量称为某个方法的变量，即局部变量。局部变量在本 JSP 页面内的所有 Java 代码块中起作用（JSP 页面转译为 Servlet 源代码时，JSP 页面内的所有 Java 代码块合并到同一方法中）。

【例 3-9】计算并输出表达式的值。

工程名：Exp3_9

文件名：index.jsp

```
<%@ page contentType="text/html;charset=GB2312" %>
<html>
    <body>
        <font size="4">
            <%!int d;%>              //定义全局变量 d
            <%int a=30;%>            //定义局部变量 a
            <%int b=30;              //定义局部变量 b
              int c=40;              //定义局部变量 c
              d=a+b+c;               //计算表达式的值
              out.print(d);          //输出 d 的值
            %>
        </font>
    </body>
</html>
```

程序运行后结果如图 3-12 所示，在浏览器内显示"100"。

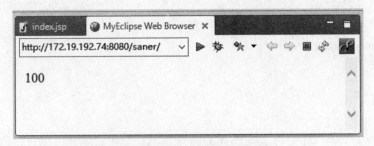

图 3-12　计算并输出表达式的值

本程序有两个 Java 代码块。变量 d 是全局变量，在整个 JSP 页面内有效，a、b、c 是局部变量，在本 JSP 页面内的所有 Java 代码块中有效。本程序运行后输出"100"。

3.3.3 JSP 表达式

可以在"<%="和"%>"之间插入一个表达式，例如：<%=x+y %>，不可以在"<%="和"%>"之间插入语句，例如：<%=x=100;%>是错误的。需要特别注意的是，"<%="是一个完整的符号，"<%"和"="之间不要有空格。表达式的值由服务器负责计算，并将计算结果以字符形式发送至用户端显示。如果表达式无法求值，Tomcat 引擎将给出编译错误，且表达式在编程中较常用，特别是在与 HTML 标记混合编写时使用较多。

3.4   JSP 注释

JSP 程序中的注释分为 3 种类型：输出注释（HTML 注释）、隐藏注释和 Java 语言注释，下面分别介绍这 3 种注释方法。

3.4.1   输出注释（HTML 注释）

语法：在标记符号"<!--"和"-->"之间加入注释内容，即：
<!--注释内容-->
注释说明：能在客户端显示的一个注释，标记内的所有 JSP 脚本元素、指令和动作正常执行，也就是说编译器会扫描注释内的代码。

例如：<!--这段注释显示在客户端的浏览器页面中-->，在客户端的 HTML 源代码中产生和上面一样的数据。

可以在注释中使用任何有效的 JSP 表达式。表达式是动态的，当用户第一次调用该页面或该页面后来被重新调用时，该表达式将被重新赋值。JSP 引擎对 HTML 注释中的表达式执行完后，其执行的结果将代替 JSP 语句。然后该结果和 HTML 注释中的其他内容一起输出到客户端。在客户端的浏览器中，浏览者可通过查看源文件的方法看到该注释。

3.4.2   隐藏注释（JSP 注释）

语法：在标记符号"<%--"和"--%>"之间加入注释内容，即：
<%--注释内容--%>
注释说明：用隐藏注释标记的字符会在 JSP 编译时被忽略掉，标记的所有 JSP 脚本元素、指令和动作都将不起作用。也就是说，JSP 编译器不会对注释符之间的任何语句进行编译，其中的任何代码都不会显示在客户端浏览器的任何位置。

JSP 引擎对 JSP 注释不作任何处理。JSP 注释既不发送到客户端，也不在客户端的 JSP 页面中显示。在客户端查看源文件时也看不到。因此，如果只想在 JSP 页面源程序中写文档说明时，JSP 注释是很有用的。

3.4.3   Java 语言注释

在 JSP 程序中，也可以遵循 Java 语言本身的注释规则对代码进行注释，这样的注释和隐藏注释相似，在发布网页时被完全忽略，在浏览器的源文件窗口中看不到这种注释。其语法格式为：

```
<%/*注释内容*/%>
```
　　注：Java 语言注释不被显示在源文件窗口中。

3.5　JSP 动作标签

　　动作标签是一种特殊的标签，它影响 JSP 运行时的功能，JSP 动作利用 XML 语法格式的标记来控制 Servlet 引擎的行为，利用 JSP 动作可以动态地插入文件，重用 JavaBean 组件把用户重定向到另外的页面，为 Java 插件生成 HTML 代码。动作标签是一系列可以调用内建于网络服务器中的功能的 XML 标签。JSP 提供了以下动作，如表 3-3 所示。

表 3-3　JSP 动作标签

动作标签	作用
jsp:include	在页面被请求的时候引入一个文件
jsp:forward	把请求转到一个新的页面
jsp:plugin	根据浏览器类型为 Java 插件生成 OBJECT 或 EMBED 标记
jsp:getProperty	输出某个 JavaBean 的属性
jsp:setProperty	设置 JavaBean 的属性
jsp:param	在加载文件的过程中向该文件提供信息
jsp:useBean	寻找或者实例化一个 JavaBean

3.5.1　<jsp:include>动作标签

　　<jsp:include>动作用来把指定文件插入正在生成的页面。其语法如下：

```
<jsp:include page="relative URL" flush="true"/>
```

其中，属性 page="relative URL"参数为一相对路径，或者是代表相对路径的表达式；属性 flush 必须设为 true。

　　<jsp:include>动作允许包含静态文件和动态文件，这两种包含文件的结果是不同的。如果文件仅是静态文件，那么这种包含仅仅是把包含文件的内容加到 jsp 文件中去，这个文件不会被 JSP 编译器执行；如果这个文件是动态的，那么这个被包含文件也会被 JSP 编译器执行。<jsp: include>能够同时处理静态和动态两种文件，因此需要使用这个动作指令包含文件时，需要判断此文件是动态的还是静态的。如果这个文件是动态的，那么还可以用<jsp:param>传递参数名和参数值。

　　注：include 动作标签与静态插入文件的 include 指令标签有很大的不同，动作标签是在执行时才对包含的文件进行处理，因此 JSP 页面和它所包含的文件在逻辑和语法上是独立的；如果对包含的文件进行了修改，那么运行时看到所包含文件修改后的结果，而静态 include 指令包含的文件如果发生了变化，必须要重新将 JSP 页面转译成 Java 文件（可将该JSP 页面重新保存，然后再访问，就可产生新的转译 Java 文件），否则只能看到所包含的修改前的文件内容。

　　书写 include 动作标签<jsp:include page.../>时要注意："jsp"":""include"三者之间不要有空格。下面的例 3-10 包含两个动态文件：image.html 和 Hello.txt。把 jsp3-11.jsp 页面保存到 Tomcat\Jakarta-tomcat-4.0\webapps\root，在 root 下又新建立了一个文件夹 Myfile，Hello.txt 存

放在 MyFile 文件夹中，image.html 存放在 root 下。

文本文件 Hello.txt 格式为：

`<h4>好好学习，天天向上！</h4>`

图片文件 image.html 格式为：

`<image src="tom1.jpg">`

【例 3-10】加载文本文件与图片文件。

工程名：Exp3_10

文件名：index.jsp

```
<%@ page language="java" import="java.util.*" pageEncoding="utf-8"%>
<!DOCTYPE HTML PUBLIC "-//W3C//DTD HTML 4.01 Transitional//EN">
<html>
  <body>
    <p>
        加载的文件：
        <jsp:include page="Myfile/Hello"></jsp:include>
    <p>
        加载的图像：<br>
        <jsp:include page="image.html"></jsp:include>
  </body>
</html>
```

程序运行后，在浏览器内显示结果如图 3-13 所示。

图 3-13　图片的加载

由于动作指令 include 是动态地包含一个文件，因此客户可以通过 HTML 表单提交需要包含的文件的名字。在下面的例 3-11 中，客户通过表单，提交要加载的文件的全名，以实现加载文件。

【例 3-11】加载工程内的资源文件。

工程名：Exp3_11

文件名：index.jsp

```
<%@ page language="java" contentType="text/html;charset=utf-8" pageEncoding="utf-8"%>
<!DOCTYPE html PUBLIC"-//W3C//DTD HTML 4.01 Transitional//EN" "http://www.w3.org/TR/html4/loose.dtd">
<html>
  <head>
        <meta http-equiv="Content-Type" content="text/html;charset=utf-8">
        <title>Insert title here</title>
  </head>
  <body>
    <center>

        <%@ include file="cqcet.jsp"%>
        <h1>重庆电子工程职业学院</h1>
    </center>
  </body>
</html>
```

文件名：cqcqt.jsp

```
<%@ page language="java" contentType="text/html;charset=utf-8" pageEncoding="utf-8"%>
<!DOCTYPE html PUBLIC"-//W3C//DTD HTML 4.01 Transitional//EN" "http://www.w3.org/TR/html4/loose.dtd">
<html>
  <head>
        <meta http-equiv="Content-Type" content="text/html; charset=utf-8">
        <title>Insert title here</title>
  </head>
  <body>
    <imgsrc="images/photo.jpg"/>
  </body>
</html>
```

程序运行结果如图 3-14 所示。

图 3-14　JSP 文件加载

3.5.2 <jsp:forward>动作标签

<jsp:forward>用于引导客户端的请求到另一个页面或者是另一个 Servlet 中去，其语法格式为：

<jsp:forward page={"relativeURL" "<%=expression%>"}>

<jsp:forward>标签从一个 JSP 文件向另一个文件传递一个包含用户请求的 request 对象。<jsp:forward>标签以下的代码不能执行，但是可以向目标文件传送参数和值。

<jsp:forward page="要转向的页面"></jsp:forward>

该指令的作用是：从该指令处停止当前页面的继续执行，而转向其他的 JSP 页面。

【例 3-11】在 JSP 页面中，首先随机获取一个数，如果该数大于 0.5 就转向 come.jsp 页面；否则转向 tom.jsp 页面。

工程名：Exp3_13

文件名：index.jsp

```
<%@ page contentType="text/html;charset=GB2312"%>
<html>
  <body>
    <% double i=Math.random();
      if(i>0.5)
    {
    %>
      <jsp:forward page="come.jsp">
      </jsp:forward>
    <%
    }
      else
    {
    %>
      <jsp:forward page="tom.jsp">
      </jsp:forward>
    <%
    }
    %>
  </body>
</html>
```

该指令也可以结合 param 指令，向要转到的页面传送信息。

文件名：come.jsp

```
<%@ page contentType="text/html;charset=GB2312"%>
<html>
  <body bgcolor=cyan>
    <font Size=1>
        <%String str=request.getParameter("number");
        double n=Double.parseDouble(str);
        %>
        <P>您传过来的数值是:<BR>
```

```
        <%=n%>
      </font>
    </body>
</html>
```

文件名：tom.jsp

```
<%@ page contentType="text/html;charset=GB2312"%>
<html>
  <body>
    <% double i=Math.random();
    %>
    <jsp:forward page="come.jsp">
    <jsp:param name="number" value="<%=i%>" />
    </jsp:forward>
  </body>
</html>
```

程序运行后，根据随机数自动跳转到 come.jsp 或者 tom.jsp 页面，如图 3-15 所示。

图 3-15　跳转页面显示

3.5.3　<jsp:plugin>动作标签

<jsp:plugin>动作为 Web 开发人员提供了一种在 JSP 文件中嵌入客户端运行的 Java 程序(如 Applet、JavaBean)的方法。在 JSP 处理这个动作的时候，根据浏览器的不同，JSP 在执行以后将分别输出 OBJECT 或 EMBED 这两个不同的 HTML 元素。

3.5.4　<jsp:getProperty>动作标签

<jsp:getProperty>动作用来提取指定 bean 属性的值，转换成字符串，然后输出。其语法格式为：

<jsp:getProperty name="beanInstanceName" property="peopertyName"/>

<jsp:getProperty>元素可以获取 bean 的属性值，并可以将其使用或显示在 JSP 页面中。在使用<jsp:getProperty>之前，必须用<jsp:useBean>来创建它。另外<jsp:getProperty>元素有一些限制：不能使用<jsp:getProperty>来检索一个已经被索引了的属性；可以和 JavaBean 组件一起使用<jsp:getProperty>，但是不能与 Enterprise bean 一起使用。

3.5.5　<jsp:setProperty>动作标签

获得 bean 实例之后，可以利用<jsp:setProperty>动作设置、修改 bean 中的属性值。其语法格式为：

```
<jsp:setProperty
    Name="beanInstanceName"
    {
        Property="*"|
        Property="propertyName" [param="parameterName"]|
        Property="propertyName" value="{string|<%expression%>}"
    }
/>
```

其中，各个属性的含义为：

Name="beanInstanceName"表示已经在<jsp:useBean>中创建的 bean 实例的名字。

Property="*"：储存用户在 JSP 页面中输入的所有值，用于匹配 bean 中的属性。在 bean 中的属性的名字必须和 request 对象的参数名一致。从客户端传到服务器上的参数值一般都是字符类型，这些字符串为了能够在 bean 中匹配就必须转换成其他的类型。

Property="propertyName" [param="parameterName"]：使用 request 中的一个参数值来指定 bean 中的一个属性值。在这个语法中，Property 指定 bean 的属性名，param 指定 request 中的参数名。如果 Bean 属性和 request 参数的名字不同，那么就必须得指定 Property 和 param，如果它们同名，那么只需要指明 Property 就行了。如查参数值为空（或未初始化），对应的 bean 属性不被设定。

3.5.6 <jsp:param>动作标签

param 标签以"名字—值"对的形式为其他标签提供附加信息，这个标签与 jsp:include、jsp:forward、jsp:plugin 标签一起使用。param 动作标签的格式为：

```
<jsp:param name="名字" value="指定给 param 的值">
```

当该标签与 jsp:include 标签一起使用时，可以将 param 标签中的值传递到 include 指令要加载的文件中去，因此 include 动作标签如果结合 param 标签，可以在加载文件的过程中向该文件提供信息。

下面例 3-13 动态包含文件，当该文件被加载时获取 param 标签中 computer 的值（获取 computer 的值由 JSP 的内置对象 request 调用 getParameter 方法完成）。

【例 3-13】实现计算 1+2+3+…+300 的和，工程包含两个文件 tom.jsp 和 index.jsp。

工程名：Exp3_13

文件名：tom.jsp

```
<%@ page contentType="text/html;charset=utf-8"%>
<html>
  <body>
    <% String str=request.getParameter("computer");        // 获取值
    int n=Integer.parseInt(str);
    int sum=0;
    for(int i=1;i<=n;i++)
    { sum=sum+i;
    }
    %>
    <p>
```

```
        从 1 到<%=n%>的连续和是：<br>
        <%=sum%>
  </body>
</html>
```

文件名：index.jsp

```
<%@ page contentType="text/html;charset=utf-8"%>
<html>
  <body>
    <p>
        加载文件效果：
        <jsp:include page="tom.jsp">
        <jsp:param name="computer" value="300" />
        </jsp:include>
  </body>
</html>
```

程序运行后，在浏览器内显示从 1 到 300 的和，效果如图 3-16 所示。

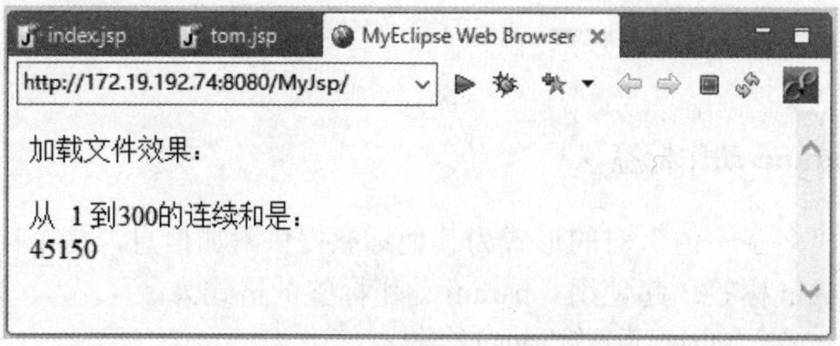

图 3-16   加载计算出的数据值页面

3.5.7   <jsp:useBean>动作标签

<jsp:useBean>动作用来转载一个将在 JSP 页面中使用的 JavaBean。这个功能非常有用，因为它既可以发挥 Java 组件重用的优势，同时也避免损失 JSP 区别于 Servlet 的方便性。其语法格式为：

```
<jsp:useBean id="beanInstanceName"
    scope="page|request|session|application" {
Class="package.class"|
    Type="package.class"| Class="package.class" Type="package.class"|
    beanName="{package.class| <%=expression%>}" Type="package.class" }
{
/>| >other elements</jsp:useBean>
}
```

其各个属性的含义如下：

（1）id="beanInstanceName"

beanInstanceName 为 bean 变量的名称，此属性用来在所定义的范围中确认 bean 的变量，可以在后面的程序中使用此变量名来分辨不同的 bean。这个变量名对大小写敏感，必须符合所使用的脚本语言的规定，在 Java programming Language 中，这个规定在 Java Language 规范中已经写明。如果这个 bean 已经在别的<jsp:useBean>创建，那么这个 id 的值必须与原来的那个 id 值一致。

（2）scope="page|request|session|application"

设置 bean 存在的范围以及 id 变量名的有效范围。缺省值是 page。以下是详细说明：

page：可以在包含<jsp:useBean>元素的 JSP 文件以及此文件中所有静态包含文件中使用 bean，直到页面执行完毕向客户端发出响应或转到另一个文件为止。

request：在任何执行相同请求的 JSP 文件中使用 bean，直到页面执行完毕向客户端发出响应或转到另一个文件为止。可以用 request 对象访问 bean，比如，用 request 对象 erequest 访问 bean，代码为：erequest.getAttribute（beanInstanceName）。

session：从创建 bean 开始，就可以在任何使用 session 的 JSP 文件中使用 bean。这个 bean 存在于整个 session 生存周期内，任何分享此 session 的 JSP 文件都能使用同一 bean。注意，在创建 bean 的 JSP 文件中，<%@page%>指令必须指定 session=true。

application：从创建 bean 开始，就可以在任何使用相同 application 的 JSP 文件中使用 bean。这个 bean 存在于整个 application 生存周期内，任何分享此 application 的 JSP 文件都能使用同一 bean。

（3）beanName="{package.class|<%=expression%>}" Type="package.class"

使用 java.beans.Beans.instantiate 方法从一个 class 或连续模板中示例一个 bean，同时指定 bean 的类型。Beanname 可以是 package 和 class，也可以是表达式，需要注意 package 和 class 名字区分大小写。

<jsp:useBean>用于寻找或实例化一个 Javabean 组件。<jsp:useBean>首先会试图定位一个 bean 实例，如果这个 bean 不存在，那么<jsp:useBean>就会从一个 class 或模板进行示例。为了寻找或示例一个 bean，<jsp:useBean>会进行以下步骤，顺序如下：

（1）通过给定名字和范围试图定位一个 bean。

（2）对这个 bean 对象引用变量以指定名字命名。

（3）如果发现了这个 bean，将会在这个变量中储存这个引用。如果也指定了类型，那么这个 bean 也设置为相应的类型。

（4）如果没有发现这个 bean，将会从用户指定的 class 中示例，并将此引用储存到一个新的变量中去，如果这个 class 的名字代表的是一个模板，那么这个 bean 被 java.beans.Beans.instantiate 实例化。如果<jsp:useBean>已经实例化（不是定位）了 bean，同时<jsp:useBean>和</jsp:useBean>中有元素，那么将会执行其中的代码。

<jsp:useBean>元素的主体通常包含<jsp:setProperty>元素，用于设置 bean 的属性值。正如上面所说的，<jsp:useBean>的主体仅仅只有在<jsp:useBean>示例 bean 时才会被执行，如果这个 bean 已经存在，<jsp:useBean>能够定位它，那么主体的内容将不会起作用，但可以在<jsp:useBean>元素外，用<jsp:setProperty>元素设定 JavaBean 的属性。

<jsp:useBean>动作最简单的语法为：

<jsp:useBean id="name"class="package.calss"/>

这行代码的含义是创建一个由 class 属性指定的类的示例，然后将它绑定到其名字由 id 属性给出的变量上。这种语法格式很简单，但是如果定义一个 scope 属性可以让 bean 关联到更多的页面。

任务实施：

3.6 判断三角形

根据输入的三个边长判断是否能够构成一个三角形，在判断出能够构成一个三角形后计算其面积，不能构成则显示"您输入的三边不能构成一个三角形"。

工程名：Exp3_14

文件名：index.jsp

```jsp
<%@ page contentType="text/html;charset=GB2312"%>
<html>
  <body>
    <p>
            请输入三角形的三个边 a,b,c 的长度: <br>
            <!--以下是 HTML 表单，向服务器发送三角形的三个边的长度-->
    <form>
        <p>
            请输入三角形边 a 的长度: <input type="text" name="a"><br>
        <p>
            请输入三角形边 b 的长度: <input type="text" name="b"><br>
        <p>
            请输入三角形边 c 的长度: <input type="text" name="c"><br><input
                type="submit" value="计算" name=submit>
    </form>
    <%--获取客户提交的数据--%>
    <%
        String string_a = request.getParameter("a"), string_b = request
                .getParameter("b"), string_c = request.getParameter("c");
        double a = 0, b = 0, c = 0;
    %>
    <%--判断字符串是否是空对象，如果是空对象就初始化--%>
    <%
        if (string_a == null) {
            string_a = "0";
            string_b = "0";
            string_c = "0";
        }
    %>
    <%--求出边长，并计算面积--%>
    <%
        try {
            a = Double.valueOf(string_a).doubleValue();
            b = Double.valueOf(string_b).doubleValue();
            c = Double.valueOf(string_c).doubleValue();
            if (a + b > c && a + c > b && b + c > a) {
```

```
                double p = (a + b + c) / 2.0;
                double mianji = Math.sqrt(p * (p - a) * (p - b) * (p - c));
                out.print("<BR>" + "三角形面积： " + mianji);
            } else {
                out.print("<BR>" + "您输入的三边不能构成一个三角形");
            }
        } catch (NumberFormatException e) {
            out.print("<BR>" + "请输入数字字符");
        }
    %>
  </body>
</html>
```

程序运行后结果如图 3-17 所示，在浏览器内输入三角形的 a、b、c 三边的长度分别为 3、4、5，然后点击"计算"按钮开始计算三角形的面积，结果如图 3-18 所示，在浏览器内显示计算出的面积是 6。

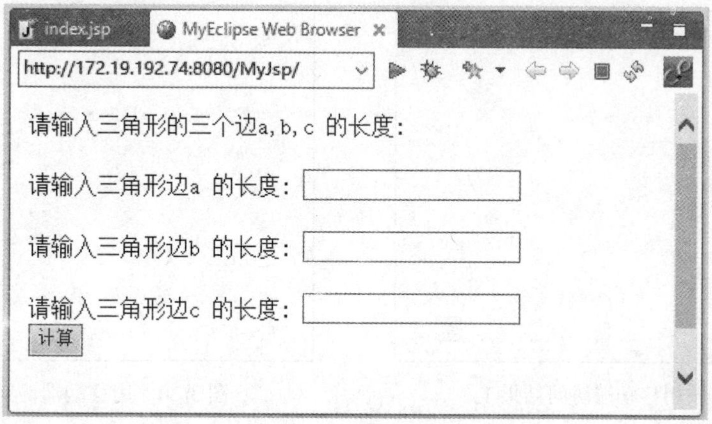

图 3-17　输入三角形三个边的数值

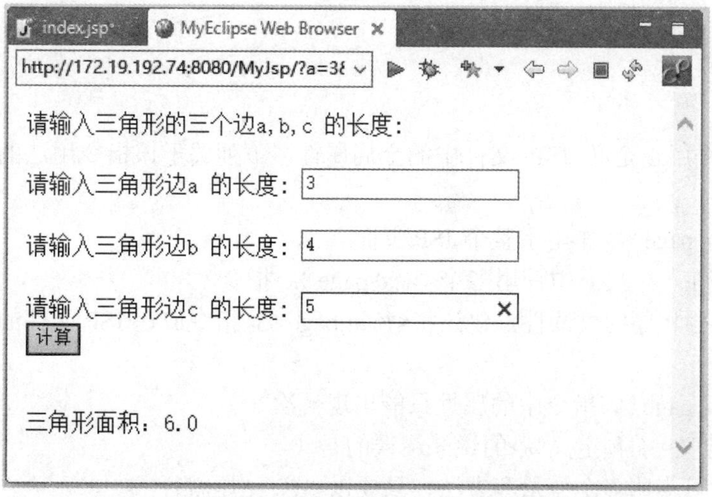

图 3-18　判断是否能构成三角形

通过移动端访问结果如图 3-19 和图 3-20 所示。

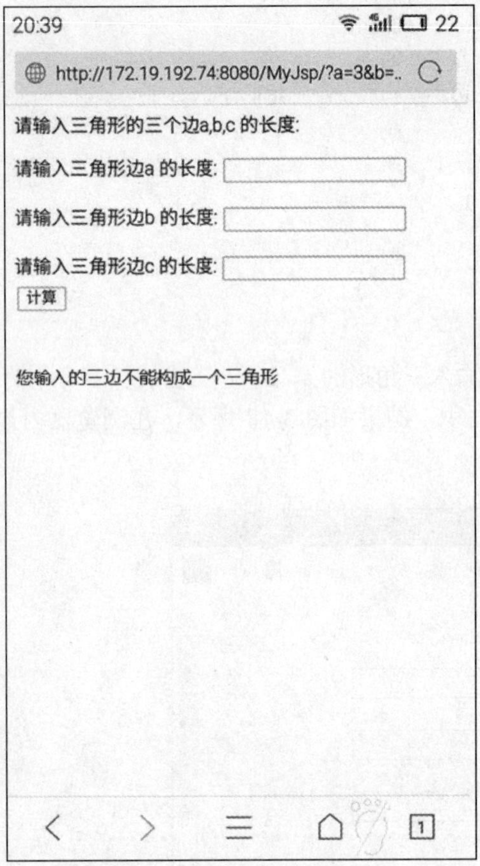

图 3-19　用移动端访问结果 1

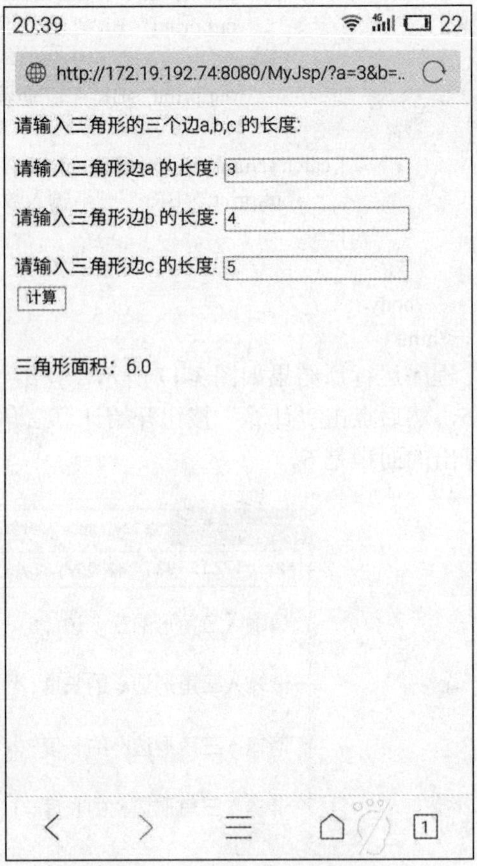

图 3-20　用移动端访问结果 2

习题三

一、选择题

1. page 指令用于定义 JSP 文件中的全局属性，下列关于该指令用法的描述不正确的是（　　）。

 A. <%@ page %>作用于整个 JSP 页面

 B. 可以在一个页面中使用多个<%@ page %>指令

 C. 为增强程序的可读性，建议将<%@ page %>指令放在 JSP 文件的开头，但不是必需的

 D. <%@ page %>指令中的属性只能出现一次

2. 对于预定义<%!预定义%>的说法错误的是（　　）。

 A. 一次可声明多个变量和方法，只要以 “;” 结尾就行

 B. 一个声明仅在一个页面中有效

C．声明的变量将作为局部变量

D．在预定义中声明的变量将在 JSP 页面初始化时初始化

3．page 指令的（　　）属性用于引用需要的包或类。

A．extends　　　　　B．import　　　　　C．isErrorPage　　　D．language

4．在 myjsp.jsp 中，存在如下的代码：

<%@ page language="java" import="java.util.*" errorPage="error.jsp" isErrorPage="false"%>

下列说法错误的是（　　）。

A．该页面可以使用 exception 对象

B．该页面发生异常会转向 error.jsp

C．存在 errorPage 属性时，isErrorPage 是必需的属性值且一定为 false

D．error.jsp 页面一定要有 isErrorPage 属性且值为 true

5．下列标签使用正确的是（　　）。（多选）

A．<jsp:forward page="XXX.jsp">

　　<jsp:param name="xxx" value="xxx"/></jsp:forward>

B．<jsp:forward page="XXX.jsp">

　　</jsp:forward>

C．<jsp:forward page="XXX.jsp"/>

D．<jsp:forward page="XXX.jsp"/>

　　<jsp:param name="xxx" value="xxx"/></jsp:forward>

6．在 input.jsp 中存在如下的代码：

<input type="text" name="stuid" value="1001"/>

则在 display.jsp 中可以使用（　　）语句获取 stuid 的值。（多选）

A．<%=request.getPramater("stuid")%>　　B．${param.stuid}

C．${param[stuid]}　　　　　　　　　　　D．${param["stuid"]}

7．标签文件的扩展名是（　　）。

A．tld　　　　　　　B．tag　　　　　　　C．dtd　　　　　　　D．xml

8．对于<jsp:param>动作，描述正确的是（　　）。（多选）

A．< jsp:param >是<jsp:include>、<jsp:forward>标记的子标记

B．如果有 aa.jsp 代码：<jsp:forward page="next.jsp">

　　<jsp:param name="name" value="jb-aptech"/></jsp:forward>

　　则在 next.jsp 中可以使用 request.getParameter("name");把属性 name 的值取出来

C．如果有 aa.jsp 代码：<jsp:forward page="next.jsp">

　　<jsp:param name="name" value="jb-aptech"/></jsp:forward>

　　则在 next.jsp 中可以使用 request.getAttribute("name");把属性 name 的值取出来

D．如果<jsp:param>标记不放在<jsp:forward>标记内，也就是不作为<jsp:forward>的子标记，则使用浏览器查看时会显示错误页面

9．JSP 页面由静态内容、注释、表达式、声明和（　　）组成。（多选）

A．指令　　　　　　B．EL 语言　　　　　C．Scriptlet　　　　　D．动作

10．JSP 指令包括（　　）。（多选）

A．page 指令　　　　B．taglib 指令　　　C．import 指令　　　D．include 指令

二、填空题

1. 在 JSP 规范中，可以使用两种格式的注释：一种是_____；另一种是_____。

2. JSP 的语法元素主要包括：_____、_____、_____、_____和_____。

3. 指令元素分为三种，它们分别是_____、_____和_____。

4. JSP 规范中描述了 3 种脚本元素：_____、_____和_____。

5. _____是指在客户端显示的注释；而_____在客户端不会输出。

6. <!--注释内容-->是_____，<%--注释内容-->是_____。

7. 可以通过选择"查看"|"源文件"显示出来的注释是_____；不能显示出来的注释是_____。

8. JSP 程序中要用到的变量或方法必须首先_____。

9. _____是一段在客户端请求时需要先被服务器执行的 Java 代码，它可以产生输出，并把输出发送到客户的输出流，同时也可以是一段流控制语句。

10. 在 JSP 三种指令中，用来定义与页面相关属性的指令是_____；用于在 JSP 页面中包含另一个文件的指令是_____；用来定义一个标签库以及其自定义标签前缀的指令是_____。

11. JSP 中标准的动作元素包括：_____、_____、_____、_____、_____、_____和_____。

12. _____动作元素允许在页面被请求的时候包含一些其他的资源，如一个静态的 HTML 文件或动态的 JSP 文件。

13. 动作元素允许将请求转发到其他的 HTML 文件、JSP 文件或者一个程序段。

14. _____动作元素被用来以"name=value"的形式为其他元素提供附加信息。

15. _____动作元素被用来在页面中插入 Applet 或者 JavaBean。

三、简答题

1. 请说出<%@ page include%>、<%@ include%>、<jsp:include>三者的区别。

2. JSP 中包含哪五个编译器？

3. 使用预定义标识符，需要注意哪几点？

4. 使用标识符<%%>可以进行哪几个方面的应用？

第四章　JSP 内建对象

知识目标：

1. 了解 HTTP 协议的请求消息结构、响应消息结构以及请求响应模型；
2. 了解表单验证的知识；
3. 掌握 request 对象获得表单数据的方法，out 输出各种格式数据的方法；response 对象响应等方法，session 对象的生命周期和保存、获取数据的方法；
4. 掌握 application 对象数据的保存与获取方法。

教学目标：

1. 知识、理论方面要了解 JSP 基本语法，理解标准语法，懂得 JSP 的指令类语法，掌握注释、声明、表达式和程序段等；
2. 能力、技能培养方面要分层了解 JSP 程序结构，初步掌握 JSP 编程方法，掌握 JSP 指令类语法和 JSP 基本语法。

内容框架：

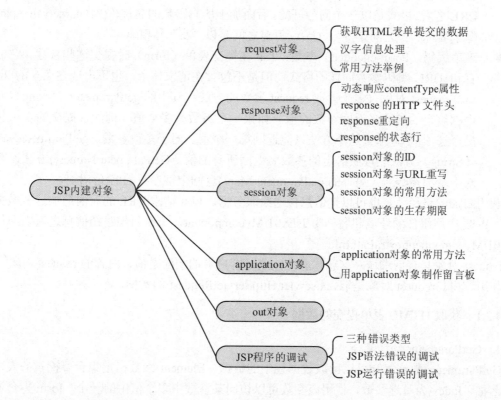

知识准备：

4.1   内建对象概述

JSP 内建对象是指 JSP 页面系统中已经默认设置的 Java 对象，这些对象无需显示声明，直接就可以在 Java 程序段和表达式中使用。JSP 的内置对象有 request、response、session、application、out、config、exception、page 和 pageContext 对象，这些对象分别完成不同的任务。request、response、session、application 和 out 对象是 Web 程序中常用的对象。下面来分析这些常用的对象。

4.2   request 对象

request 对象是 javax.servlet.HttpServletRequest 类型的对象。该对象代表了客户端的请求信息，主要用于接受通过 HTTP 协议传送到服务器的数据（包括头信息、系统信息、请求方式以及请求参数等）。request 对象的作用域为一次请求。

JSP 页面是对 HTTP 请求做出响应和处理的 Web 组件。request 内置对象表示的就是 HTTP 的请求。利用 request 对象能够访问 HTTP 的协议头部、请求的参数和请求的其他信息。实际最常用的是通过 request 对象读取请求的参数。

当浏览器向服务器提交一个请求时，它以某种 request 参数的格式发送请求信息。request 参数有以下两种格式：

- URL 编码（URL-encoded）参数：由所有参数组成一个查询字符串，追加在请求的 URL 之后。格式是以一个问号开始，后面加上所有参数的名称/值对（name/value pair），每个名称和值之间是等号（=），每对之间是以"&"号相隔。
- 表单编码（Form-encoded）参数：JSP 在提交表单（form）时提交这些参数。它们具有和 URL 编码参数同样的格式，但是不包含在请求体中，也不出现在请求的 URL 里。request 对象有多个读取 request 参数的方法：其中的 getParameter（String）方法根据给定的参数名返回参数的值。如果一个参数有多个值（例如，提交的表单包含多个选项值），那么这个方法只能返回第一个值。对于多值参数，getParameterValues（String）方法能按照给定的参数名返回所有的值。GetParameterNames()方法返回请求中全部参数名。另外的 getParameterMap()返回全部参数的名/值对。

利用附加的路径信息也可以把信息传递给服务器，可在请求 URL 的后面追加这些数据，比如，Web 应用组件的环境和名称为/JsEx01/Mycomponent，那么附加路径信息之后则类似于/JsEx01/Mycomponent/extraPathInfo。

request 对象具有请求域，这意味着在完成对客户端的响应之前，内置的 request 对象一直在此作用域内。request 对象是 javax.servlet.HttpServletRequest 的实例。

4.2.1   获取 HTML 表单提交的数据

1. GetParameter 数据集合

GetParameter 数据集合可以读取数据包中的数据。Element 参数指定集合要检索的表格元素的名称。Index 为可选参数，使用该参数可以访问某参数中多个值中的一个。form 集合通过使用 Post 方法的表格检索并发送到 HTTP 所请求的正文表格中的元素值，也就是说用户在一个 form（表单）中以 Post 方法发送数据时，form 中的数据被当做一个数据包，通过 HTTP 协议发送到服务器。

2. 按请求正文中参数的名称来索引

request.GetParameter(element) 的值是请求正文中所有 element 值的数组。通过调用 request.GetParameter (element). Count 来确定参数中值的个数。如果参数未关联多个值，则计数为 1。如果找不到参数，计数为 0。要引用有多个值的表格元素中的单个值，必须指定 index 值。index 参数可以是从 1 到 request.GetParameter (element). Count 中的任意数字。如果引用多个表格参数中的一个，而未指定 index 的值，返回的数据将是以逗号分隔的字符串。

在使用 request.GetParameter 参数时，Web 服务器将分析 HTTP 请求正文并返回指定的数据。如果应用程序需要未分析的表格数据，可以通过调用不带参数的 request.GetParameter 访问该数据。

3. GetParameter 集合的提交方式

GetParameter 集合是 JSP 所提供的用于得到客户端用户提交数据的集合之一，但 form 集合只能读取用户用 post 方式提交的数据，如果客户端表单中提交的某个元素其值不止一个而是多个时，就需要用到 GetParameter 集合中的 index 和 count。GetParameter 集合引用的一般格式为：

request.GetParameter (element)[(index)|.Count]

注意：这里的 index 并不是 GetParameter 集合中的属性，只是引用的一个变量名，而 Count 是 GetParameter 集合中的属性。

下面将举例说明，用户在使用网站前进行注册，通过 form 方法提交。在建立 com.htm 表单时，用 post 方法提交，文件内容如下：

【例 4-1】采用 post 方法提交 GetParameter 集合。

文件名：index.jsp，代码：

```
<%@ page contentType="text/html;charset=utf-8"%>
<html>
   <body bgcolor=cyan>
      <h3>欢迎光临本网站</h3>
      <form action="Login.jsp" method="post">
          姓名<input type="text" name="user">
          学校名称<input type="text" name="company">
          <input type="submit" value="提交" name="submit" style="height: 25px; ">
          <inputtype="reset" value="取消" name="reset" style="height: 25px; ">
      </form>
   </body>
</html>
```

上面 com.htm 文件的执行结果如图 4-1 所示。请注意这里面 form 的 method="post"，也就是说，Text 文本框里的内容在 Submit 按钮点击确认之后再发送到服务器端，由于 form 的内容将作为 HTTP 请求的部分，ASP 的 request 对象特别指定了一个 form 集合来进行相关处理。

form 集合的每一个键都对应于 HTML form 的输入内容。例如 com.htm 里面只有两个键：name 和 company，分别对应两个文本框。若单独取出一个键值，其方法请参照下面的 login.asp 文件。

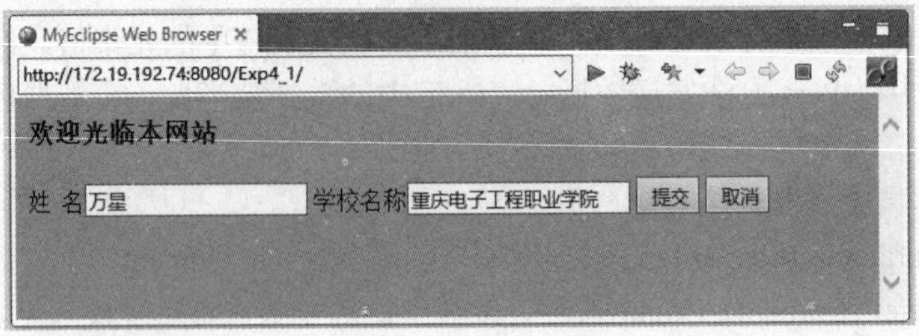

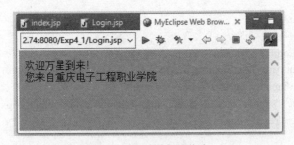

图 4-1　输入需要提交的信息

login.jsp 文件用于获取客户提交的数据：

```
<%@ page contentType="text/html;charset=utf-8"%>
<html>
    <body bgcolor=cyan>
        <font size=6>
            <%
    String name = new String(request.getParameter("user").getBytes("ISO8859-1"), "UTF-8");
            %>
            <%
                String company = new String(request.getParameter("company")
                        .getBytes("ISO8859-1"), "UTF-8");
            %>
            欢迎<%=name%>到来！<br>您来自<company%>
        </font>
    </body>
</html>
```

在如图 4-1 所示的界面上运行 index.jsp，在姓名栏输入"万星"，学校名称栏输入"重庆电子工程职业学院"。然后单击"提交"按钮，就会执行 login.jsp 文件，该文件的执行结果如图 4-2 所示。

图 4-2　显示提交的信息

执行 login.jsp 的时候，注册用户和学校名称就会显示在浏览器上，要注意对应 com.htm 文件中 form 的 action 必须是指向该 JSP 脚本的文件（login.jsp）。必须提醒的一点是，HTML 在 form 中的文本如果为空，则脚本执行就会发生错误，对这种情况的判断和相应附加约束也很简单，在正式制作时应尽量避免出现对 form 中某些为空的情况没有加以约束或判断。

4.2.2　汉字信息处理

当用 request 对象获取客户提交的汉字字符时，会出现乱码问题，所以对含有汉字字符的信息必须进行特殊的处理。首先，将获取的字符串用 ISO8859-1 进行编码，并将编码存放到一个字节数组中，然后再将这个数组转化为字符串对象即可。如下所示：

```
String str=request.getParameter("girl");
byte b[]=str.getBytes("ISO8859-1");
str=new String(b);
```

通过上述过程，提交的任何信息（无论是汉字字符或西文字符）都能正确地显示。

【例 4-2】汉字信息处理。输入"重庆电子工程职业学院"，然后提交给 tree1.jsp。

工程名：Exp4_2

文件名：index.jsp

```
<%@ page contentType="text/html;charset=GB2312"%>
<html>
    <body bgcolor=cyan>
        <form action="tree1.jsp" method="post" name="form">
            <input type="text" name="boy">
            <input type="submit" value="提交" name="submit">
        </form>
    </body>
</html>
```

程序运行结果如图 4-3 所示，在界面内输入"重庆电子工程职业学院"，点击"提交"按钮，然后提交给 tree1.jsp，执行结果如图 4-4 所示。

图 4-3　输入需要提交的信息

图 4-4　获取并显示文本框提交的信息

文件名：Tree.jsp

```
<%@ page contentType="text/html;charset=GB2312"%>
<html>
    <body>
        <p>
            获取文本框提交的信息：
```

```
<%
String textContent = request.getParameter("boy");
byte b[] = textContent.getBytes("ISO8859-1");
textContent = new String(b);
%>
<br>
<%=textContent%>
<p>
获取按钮的名字：
<%
String buttonName = request.getParameter("submit");
byte c[] = buttonName.getBytes("ISO8859-1");
buttonName = new String(c);
%>
<br>
<%=buttonName%>
</body>
</html>
```

4.2.3　常用方法举例

当用户访问一个页面时，会提交一个 HTTP 请求给服务器的 JSP 引擎。可以使用 JSP 引擎的内置对象 request 对象来获取用户提交的信息。

request 对象的主要方法：

（1）setAttribute(String name,Java.lang.Object o)：设置名字为 name 的 request 的参数值，由 Object 类型的 o 指定。

（2）getAttribute(String name)：返回由 name 指定的属性值，若不存在指定的属性，就返回 null。

（3）getAttributeNames()：返回 request 对象所有属性的名字，结果是一个枚举的实例。

（4）getCookies()：返回客户端的 Cookie 对象，结果是一个 Cookie 数组。

（5）getCharacterEncoding()：返回请求中的字符编码方式。

（6）getContentLength()：返回请求的 Body 的长度。

（7）getHeader(String name)：获得 HTTP 协议定义的文件头信息。

（8）getHeaders(String name)：返回指定名字的 request Header 的所有值，结果是一个枚举类的实例。

（9）getHeaderNames()：返回所有 request Header 的名字，结果是一个枚举的实例。得到名称后就可以使用 getHeader、getDateHeader、getIntHeight 等得到具体的头信息。

（10）getInputStream()：以二进制的形式将客户端的请求以一个 ServletInputStream 的形式返回。使用此方法可以获得客户端的 multipart/form-data 数据，可以实现文件上传。

（11）getMethod()：获得客户端向服务器端传送数据的方法。一般方法有 GET、POST、PUT 等类型。

（12）getParameter(String name)：以字符串的形式返回客户端传来的某一个请求参数的值，该参数名由 name 指定。当传递给此方法的参数名没有实际参数与之对应时返回 null。另外，当一个参数含有多个值时最好不要使用这个方法。

（13）getParameterNames()：返回客户端传送给服务器端的所有参数的名字，结果是一个枚举的实例。当传递给此方法的参数名没有实际参数与之对应时，返回 null。

（14）getParameterValues(String name)：以字符串数组的形式返回指定的参数的所有值。

（15）getProtocol()：获取客户端向服务器端传送数据所依据的协议名称。

（16）getQueryString()：返回查询字符串，该字符串由客户端以 GET 方法向服务器端传送。查询字符串出现在页面请求的"?"后面。

（17）getRequestURI()：获取发出请求字符串的客户端地址。

（18）getRemoteAddr()：获取客户端的 IP 地址。

（19）getRemoteHost()：获取客户端主机的名字，若失败，则返回客户端计算机的 IP 地址。

（20）getSession(Boolean create)：返回和当前客户端请求相关联的 HttpSession 对象，如果当前客户端请求没有和任何 HttpSession 对象关联，那么 create 变量为 true 时，创建一个 HttpSession 对象并返回；反之，返回 null。

（21）getServerName()：获得服务器的名字，如果没有设定服务器名，则返回服务器 IP 地址。

（22）getServletPath()：获得客户端所请求的脚本文件的文件路径。

（23）getServerPort()：获得服务器的端口号。

（24）getContentLength()：以字节为单位返回客户端请求的大小。如果无法得到该请求的大小，则返回-1。

（25）getContentType()：获取客户端请求的 MIME 类型。如果无法得到该请求的 MIME 类型，那么返回-1。

（26）isSecure()：如果客户机是通过一个安全的访问方式访问的，则返回 true；反之，返回 false。

（27）getDateHeader()：返回一个 long 类型的数据，表示客户端发送到服务器的头信息中的时间信息。

（28）getIntHeader()：获取客户端发送到服务器端头信息中的某一个特定的信息，并转换为 int 类型。

（29）getContextPath()：返回环境路径。对于 JSP 来说，一般是当前 Web 应用程序的根目录。

（30）isRequestedSessionIdValid()：返回一个指定客户端请求发送 Session ID 是否仍然有效的布尔值。

（31）isRequestedSessionIdFromCookie()：返回一个指定客户端请求发送 Session ID 是否存在 Cookie 中的布尔值。

（32）isRequestedSessionIdFromURL()：返回一个指定客户端请求发送 Session ID 是否存在于 URL 中的布尔值。

下面的例子使用了 request 的一些常用方法。

【例 4-3】request 常用方法测试。

工程名：Exp4_3

文件名：index.jsp

```
<%@ page contentType="text/html;charset=GB2312"%>
<html>
```

```
    <body bgcolor=cyan>
        <form action="tree.jsp" method="post" name="form">
            <input type="text" name="boy">
            <input type="submit" value="enter" name="submit">
        </form>
    </body>
</html>
```

文件名：tree.jsp

```
<%@ page contentType="text/html;charset=GB2312"%>
<%@ page import="java.util.*"%>
<html>
    <body bgcolor=cyan>
        <font size=1>
            <br>客户使用的协议是：<%
            String protocol = request.getProtocol();
            out.println(protocol);
            %>
            <br>获取接受客户提交信息的页面：<%
            String path = request.getServletPath();
            out.println(path);
            %>
            <br>接受客户提交信息的长度：<%
            int length = request.getContentLength();
            out.println(length);
            %>
            <br>客户提交信息的方式：<%
            String method = request.getMethod();
            out.println(method);
            %>
            <br>获取 HTTP 头文件中 User-Agent 的值：<%
            String header1 = request.getHeader("User-Agent");
            out.println(header1);
            %>
            <br>获取 HTTP 头文件中 accept 的值：<%
            String header2 = request.getHeader("accept");
            out.println(header2);
            %>
            <br>获取 HTTP 头文件中 Host 的值：<%
            String header3 = request.getHeader("Host");
            out.println(header3);
            %>
            <br>获取 HTTP 头文件中 accept-encoding 的值：<%
            String header4 = request.getHeader("accept-encoding");
            out.println(header4);
            %>
            <br>获取客户的 IP 地址：<%
            String IP = request.getRemoteAddr();
```

```
            out.println(IP);
            %>
            <br>获取客户机的名称：<%
            String clientName = request.getRemoteHost();
            out.println(clientName);
            %>
            <br>获取服务器的名称：<%
            String serverName = request.getServerName();
            out.println(serverName);
            %>
            <br>获取服务器的端口号：<%
            int serverPort = request.getServerPort();
            out.println(serverPort);
            %>
            <br>获取客户端提交的所有参数的名字：<%
            Enumeration enu = request.getParameterNames();
            while (enu.hasMoreElements()) {
                String s = (String) enu.nextElement();
                out.println(s);
            }
            %>
            <br>获取头名字的一个枚举：<%
            Enumeration enum_headed = request.getHeaderNames();
            while (enum_headed.hasMoreElements()) {
                String s = (String) enum_headed.nextElement();
                out.println(s);
            }
            %>
            <br>获取头文件中指定头名字的全部值的一个枚举：<%
            Enumeration enum_headedValues = request.getHeaders("cookie");
            while (enum_headedValues.hasMoreElements()) {
                String s = (String) enum_headedValues.nextElement();
                out.println(s);
            }
            %>
            <br>文本框 text 提交的信息：<%
            String str = request.getParameter("boy");
            byte b[] = str.getBytes("ISO-8859-1");
            str = new String(b);
            %>
            <br><%=str%><BR>按钮的名字：<%
            String buttonName = request.getParameter("submit");
            byte c[] = buttonName.getBytes("ISO8859-1");
            buttonName = new String(c);
            %>
            <br><%=buttonName%>
        </Font>
    </body>
</html>
```

程序运行结果如图 4-5 所示，在界面内输入"你好，我在学习 request"，然后点击"enter"按钮，执行结果如图 4-6 所示，显示 request 对象获取到的数据信息。

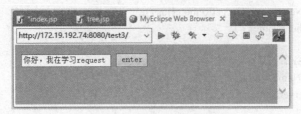

图 4-5　输入需要提交的信息

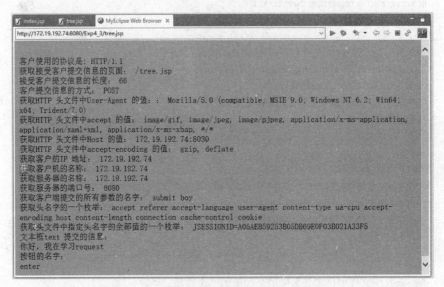

图 4-6　详细显示提交的信息

4.3　response 对象

response 的常用方法：

（1）setHeader()：是一个通用的标头设定方法，可以用它来设定任何"名称/值"的标头。

（2）setIntHeader()：是专门用来设定整数值标头的版本。

（3）setDateHeader()：是 setHeader()的 Date 设定版本，第二个参数是设定 Date 的 Long 数值，0 表示 GMT 1970/1/1 00:00。

（4）Note：以上 3 个函数用来设置 HTTP 协议的表头，必须对 HTTP 协议有些了解才能正确使用。

（5）setStatus()：是用来设定回应的状态码，例如 404 Not Found、HttpServletResponse 类中提供了一些助忆常数设定；例如 SC_NOT_FOUND 就是表示 404 状态码（可以在 Servlet API 文件中查询相关的助忆常数）。

（6）sendError()：会根据服务器的预设错误网页回报方式显示错误讯息。

（7）sendRedirect()：设置重定向页面。

（8）getWriter()：取得 PrintWriter 对象，由它来写出响应至服务器的本体信息。

4.3.1 动态响应 contentType 属性

当一个客户请求访问一个 JSP 页面时，如果该页面用 page 指令设置页面的 contentType 属性的值是 text/html，那么 JSP 引擎将按这种属性值作出响应，将页面的静态部分返回给客户。由于 page 指令只能为 contentType 指定一个值，来决定响应的 MIME 类型，如果想动态地改变这个属性的值来响应客户，就需要使用 response 对象的 setContentType(String s)方法来改变 contentType 的属性值：public void setContentType(String s)，该方法动态设置响应的 MIME 类型，参数 s 可取 text/html、text/plain application/x-msexcel、application/msword 等。

当服务器用 setContentType 方法动态改变了 contentType 的属性值，即响应的 MIME 类型，并将 JSP 页面的输出结果按新的 MIME 类型返回给客户时，客户端要保证支持这种新的 MIME 类型。客户如果想知道自己的浏览器能支持哪些 MIME 类型，可以点击资源管理器→工具→文件夹选项→文件类型，进行查看。

在下面的例子中，当客户点击按钮，选择将当前页面保存为一个 Word 文档时，JSP 页面动态地改变 contentType 的属性值为 application/msword。这时，客户的浏览器会提示客户用 MSWord 格式来显示当前页面。

【例 4-4】动态响应 contentType 属性。

工程名：Exp4_4

文件名：index.jsp

```jsp
<%@ page contentType="text/html;charset=GB2312"%>
<html>
  <body bgcolor=cyan>
      我正在学习 response 对象的
      <br>setContentType 方法 将当前页面保存为 word 文档吗？
      <form action="" method="get" name="form">
          <input type="submit" value="yes" name="submit">
      </form>
      <%
          String str = request.getParameter("submit");
          if (str == null) {
              str = "";
          }
          if (str.equals("yes")) {
              response.setContentType("application/msword; charset=GB2312");
              String fileName = "test.doc";
              response.setHeader("Content-disposition",
                          "attachment; filename=" + (fileName));
          }
      %>
  </body>
</html>
```

程序运行后，在浏览器内的显示效果如图 4-7 所示。确定保存则点击"yes"按钮。

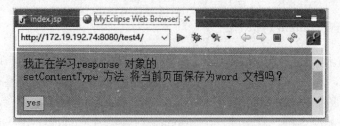

图 4-7　保存为 Word 文档

在下面的例子中，当客户选择用 Excel 表格显示 JSP 页面中的一个 A.txt 文件时，用 response 对象将 contentType 的属性值设为 "application/x-msexcel"。需要注意的是：在编辑文本文件 A.txt 时，回车要用
来表示，输入空格时要将输入法切换到全角（因为半角输入的多个空格被浏览器认为是一个空格）。为了能用 Excel 显示该文件，数据列之间要有 4 个空格（必须在全角状态下编辑空格）。A.txt 和 JSP 页面保存在同一目录中。

【例 4-5】文件采用 Excel 或 Word 显示方式。

工程名：Exp4_5

文件 A.txt 的内容：

```
34 79 51 99<BR>
40 89 92 99<BR>
64 99 30 99<BR>
74 56 80 99<BR>
87 97 88 99<BR>
74 65 56 99<BR>
67 75 67 66<BR>
89 77 88 99<BR>
```

文件名：index.jsp

```jsp
<%@ page contentType="text/html;charset=GB2312"%>
<html>
    <body bgcolor=cyan>
        您想使用什么方式查看文本文件 A.txt?
    <form action="tree.jsp" method="post" name=form>
        <input type="submit" value="word" name="submit1">
        <input type="submit" value="excel" name="submit2">
    </form>
    </body>
</html>
```

文件名为：tree.jsp

```jsp
<%@ page contentType="text/html;charset=GB2312"%>
<html>
    <body>
        <%
            String str1 = request.getParameter("submit1");
            String str2 = request.getParameter("submit2");
            if (str1 == null) {
                str1 = "";
            }
```

```
            if (str2 == null) {
                 str2 = "";
            }
            if (str1.startsWith("word")) {
                 response.setContentType("application/msword; charset=GB2312");
                 String fileName = "test.doc";
                 response.setHeader("Content-disposition",
                               "attachment; filename=" + (fileName));
            }
            if (str2.startsWith("excel")) {
                 response.setContentType("application/x-msexcel;charset=GB2312");
            }
      %>
          <jsp:include page="A.txt"/>
      </body>
   </html>
```

当把 contentType 的属性值设为 text/plait（纯文本）时，如果客户使用的是 Netscape 浏览器，那么 HTML 标记将不被解释，客户以纯文本的形式观看当前网页的输出结果，Microsoft 的 Internet Explorer 将解释 HTML 标记，如图 4-8 所示。

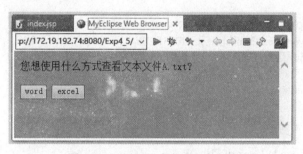

图 4-8　以不同形式查看文本文件

在如图 4-8 所示浏览器显示的界面中点击"word"按钮，操作系统将显示如图 4-9 所示的提示页面，选择"打开"，将会调用系统内的 Word 程序打开 test.txt 文档，如图 4-10 所示。

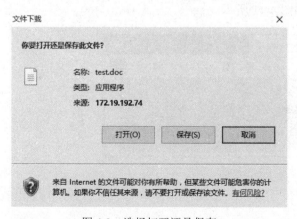

图 4-9　选择打开还是保存

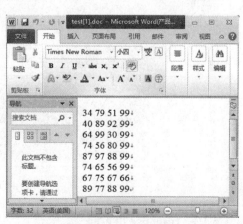

图 4-10　Word 打开 test.txt 文档

4.3.2 response 的 HTTP 文件头

当客户访问一个页面时，会提交一个 HTTP 头给服务器，这个请求包括一个请求行、http 头和信息体，如下所示：

```
post/tree3.jsp/HTTP.1.1
host: localhost:8080
accept-encoding:gzip, deflate
```

第 2、3 行分别是两个头，称 host、accept-encoding 是头名字，而 localhost:8080 以及 gzip、deflate 分别是它们的值。这里规定了 host 的值是 tree3.jsp 的地址。上面的请求有 2 个头：host 和 accept-encoding，一个典型的请求通常包含很多的头，有些头是标准的，有些和特定的浏览器有关。同样，响应也包括一些头。response 对象可以使用方法 addHeader(String head,String value)或方法 setHeader(String head ,String value)动态添加新的响应头和头的值，将这些头发送给客户的浏览器。如果添加的头已经存在，则先前的头被覆盖。在下面的例 4-6 中，response 对象添加一个响应头 "refresh"，其头值是 "5"。那么客户收到这个头之后，5 秒钟后将再次刷新该页面，导致该网页每 5 秒刷新一次。

【例 4-6】显示当前时间。

工程名：Exp4_6

文件名：index.jsp

```jsp
<%@ page contentType="text/html;charset=GB2312"%>
<%@ page import="java.util.*"%>
<html>
  <body bgcolor=cyan>
    <p>
        现在的时间是：<br>
        <%
            out.println("" + new Date());
            response.setHeader("Refresh", "5");
        %>
    </body>
</html>
```

程序运行后，在浏览器内的显示效果如图 4-11 所示。

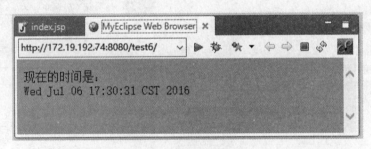

图 4-11　显示当前时间

4.3.3 response 重定向

在某些情况下，当服务器响应客户端请求时，需要将客户端请求重新引导至另一个页面，称之为重定向。例如，如果客户输入的表单信息不完整，就会再次被引导到该表单的输入页面。可以使用 response 的 sendRedirect(URL url)方法实现客户的重定向。

在下面的例 4-7 中，客户在 index.jsp 页面填写表单提交给 tree.jsp 页面，如果填写的表单不完整就会重新定向到 index.jsp 页面。

【例 4-7】response 实现客户的重定向。

工程名：Exp4_7

文件名：index.jsp

```
<%@ page contentType="text/html;charset=GB2312"%>
<html>
  <body>
    <p>
        填写姓名：<br>
    <form action="tree.jsp" method="get" name="form">
        <input type="text" name="boy">
        <input type="submit" value="Enter">
    </form>
  </body>
</html>
```

文件名：tree.jsp

```
<%@ page contentType="text/html;charset=GB2312"%>
<html>
  <body>
    <font size="4"><%
    String str = null;
    str = request.getParameter("boy");
    if (str == null) {
        str = "";
    }
    byte b[] = str.getBytes("ISO8859-1");
    str = new String(b);
    if (str.equals("")) {
        response.sendRedirect("index.jsp");
    } else {
        out.print("欢迎您来到本网页！");
        out.print(str);
    }
%>
    </font>
  </body>
</html>
```

程序运行后，在浏览器内的显示效果如图 4-12 所示。在输入框内输入名字"万星"后，点击"Enter"按钮，系统自动跳转到如图 4-13 所示的界面。

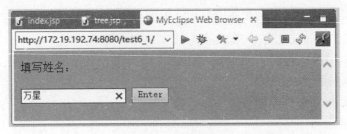

图 4-12　输入信息

图 4-13　显示输入的信息

4.3.4　response 的状态行

当服务器对客户请求进行响应时，它发送的首行被称做状态行。状态行包括 3 位数字的状态代码和对状态代码的描述（称作原因短语）。下面列出了对 5 类状态行代码的大概描述。

- 1yy（1 开头的 3 位数）：主要是实验性质。
- 2yy：用来表明请求成功。例如，状态代码 200 可以表明已成功取得了请求的页面。
- 3yy：用来表明在请求满足之前应采取进一步的行动。
- 4yy：当浏览器作出无法满足的请求时，返回该状态行代码，例如 404 表示请求的页面不存在。
- 5yy：用来表示服务器出现的问题。例如，500 说明服务器内部发生错误。

一般不需要修改状态行，在出现问题时，服务器会自动响应，发送相应的状态代码。也可以使用 response 对象 setStatus(int n)方法来增加状态行的内容。

【例 4-8】使用 setStatus(int n)方法设置响应的状态行。

工程名：Exp4_8

文件名：index.jsp

```
<%@ page contentType="text/html;charset=GB2312"%>
<html>
  <body bgcolor=cyan>
    点击下面的超链接：
    <br>
    <a href="bird1.jsp"> bird1: 欢迎你！ </a>
    <br>
    <a href="bird2.jsp"> bird2: 欢迎你！ </a>
    <br>
    <a href="bird3.jsp"> bird3: 欢迎你！ </a>
```

```
    </body>
</html>
```

文件名：bird1.jsp

```
<%@ page contentType="text/html;charset=GB2312"%>
<html>
  <body>
    <%
          response.setStatus(200);
          out.println("ok，this is bird1.jsp");
    %>
  </body>
</html>
```

文件名：bird2.jsp

```
<%@ page contentType="text/html;charset=GB2312"%>
<html>
  <body>
    <%
          response.setStatus(200);
          out.println("ok，this is bird2.jsp");
    %>
  </body>
</html>
```

文件名：bird3.jsp

```
<%@ page contentType="text/html;charset=GB2312"%>
<html>
  <body>
    <%
          response.setStatus(200);
          out.println("ok，this is bird3.jsp");
    %>
  </body>
</html>
```

程序运行后，在浏览器内显示如图 4-14 所示页面。依次点击页面内的三个超链接，服务器响应后分别显示如图 4-15、图 4-16、图 4-17 所示的界面。

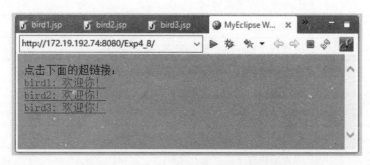

图 4-14　显示 bird1、bird2 和 bird3 超链接

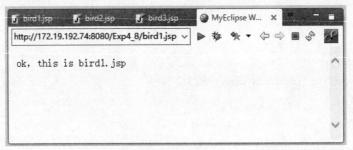

图 4-15　bird1 页面

图 4-16　bird2 页面

图 4-17　bird3 页面

常用状态代码表如表 4-1 所示。

表 4-1　常用状态代码表

状态代码	代码说明
100	客户可以继续
101	服务器正在升级协议
200	请求成功
201	请求成功且在服务器上创建了新的资源
202	请求已被接受但还没有处理完毕
203	客户端给出的元信息不是发自服务器的
204	请求成功,但没有新信息
205	客户必须重置文档视图
206	服务器执行了部分 get 请求

代码 \ 状态	代码说明
300	请求的资源有多种表示法
301	资源已经被永久移动到新位置
302	资源已经被临时移动到新位置
303	应答可以在另外一个 URL 中找到
304	Get 方式请求不可用
305	请求必须通过代理来访问
400	请求有语法错误
401	请求需要 HTTP 认证
403	取得了请求但拒绝服务
404	请求的资源不可用
405	请求所用的方法是不允许的
406	请求的资源只能用请求不能接受的内容特性来响应
407	客户必须得到认证
408	请求超时
409	发生冲突，请求不能完成
410	请求的资源已经不可用
411	请求需要一个定义的内容长度才能处理
413	请求太大，被拒绝
414	请求的 URL 太大
415	请求的格式被拒绝
500	服务器发生内部错误，不能服务
501	不支持请求的部分功能
502	从代理和网关接受了不合法的字符
503	HTTP 服务暂时不可用
504	服务器在等待代理服务器应答时发生超时
505	不支持请求的 HTTP 版本

4.4　session 对象

　　HTTP 协议是一种无状态协议。一个客户向服务器发出请求（request）然后服务器返回响应（response），连接就被关闭了。在服务器端不保留连接的有关信息，因此当下一次连接时，服务器已没有以前的连接信息了，无法判断这一次连接和以前的连接是否属于同一客户。因此，必须使用会话记录有关连接的信息。从一个客户打开浏览器连接到服务器，到客户关闭浏览器离开这个服务器称作一个会话。当一个客户访问一个服务器时，可能会在这个服务器的几个页面反复连接、反复刷新一个页面或不断地向一个页面提交信息等，服务器应当通过某种办法知道这是同一个客户，这就需要 session（会话）对象。

4.4.1 session 对象的 ID

当一个客户首次访问服务器上的一个 JSP 页面时，JSP 引擎产生一个 session 对象，这个 session 对象调用相应的方法可以存储客户在访问各个页面期间提交的各种信息，比如，姓名、号码等信息。这个 session 对象被分配了一个 String 类型的 ID 号，JSP 引擎同时将这个 ID 号发送到客户端，存放在客户的 Cookie 中。这样，session 对象和客户之间就建立起一一对应的关系，即每个客户都对应着一个 session 对象（该客户的会话），这些 session 对象互不相同，具有不同的 ID 号码。已经知道，JSP 引擎为每个客户启动一个线程，也就是说，JSP 为每个线程分配不同的 session 对象。当客户再访问连接该服务器的其他页面时，或从该服务器连接到其他服务器再回到该服务器时，JSP 引擎不再分配给客户新的 session 对象，而是使用完全相同的一个，直到客户关闭浏览器后，服务器端该客户的 session 对象被取消，和客户的会话对应关系消失。当客户重新打开浏览器再连接到该服务器时，服务器为该客户再创建一个新的 session 对象。

在下面的例 4-9 中，客户在服务器的三个页面之间进行连接，只要不关闭浏览器，三个页面的 session 对象是完全相同的。客户首先访问 session.jsp 页面，从这个页面再连接到 tom.jsp 页面，然后从 tom.jsp 再连接到 jerry.jsp 页面。

【例 4-9】获取 session 对象的 ID 号。

工程名：Exp4_9

文件名：session.jsp

```
<%@ page contentType="text/html;charset=GB2312"%>
<html>
  <body>
    <p>
        <%
              String s = session.getId();
        %>
    <p>
        您的 session 对象的 ID 是：<br>
        <%=s%>
    <p>输入你的姓名连接到 tom.jsp
    <form action="tom.jsp" method="post" name="form">
        <input type="text" name="boy">
        <input type="submit" value="送出" name="submit">
    </form>
  </body>
</html>
```

文件名：tom.jsp

```
<%@ page contentType="text/html;charset=GB2312"%>
<html>
  <body>
```

```
<p>
    我是 Tom 页面
    <%
    String s = session.getId();
%>
<p>
    您的在 Tom 页面中的 session 对象的 ID 是：
    <%=s%>
<p>
    点击超链接，连接到 Jerry 的页面。
<a href="jerry.jsp">
<br>欢迎到 Jerry 屋来！
    </a>
  </body>
</html>
```

文件名：jerry.jsp

```
<%@ page contentType="text/html;charset=GB2312"%>
<html>
  <body>
    <p>
        我是 Jerry 页面
        <%
        String s = session.getId();
%>
    <p>
        您在 Jerry 页面中的 session 对象的 ID 是：
        <%=s%>
    <p>
        点击超链接，连接到 session 的页面。
    <a href="session.jsp">
    <br>欢迎到 session
            屋来！
        </a>
  </body>
</html>
```

程序运行后，在浏览器内显示效果如图 4-18 所示。

图 4-18　session.jsp 页面

在图 4-18 所示界面的输入框中输入名字，点击"发送"按钮，自动跳转到如图 4-19 所示界面。

图 4-19   tom.jsp 页面

点击图 4-19 中的"欢迎到 Jerry 屋来"的超链接，就会跳转到如图 4-20 所示界面。

图 4-20   jerry.jsp 页面

4.4.2 session 对象与 URL 重写

session 对象能和客户建立起一一对应的关系依赖于客户的浏览器是否支持 Cookie。如果客户端不支持 Cookie，那么客户在不同网页之间的 session 对象可能是互不相同的，因为服务器无法将 ID 存放到客户端，就不能建立 session 对象和客户的一一对应关系。将浏览器的 Cookie 设置为禁止后（选择浏览器菜单→工具→Internet 选项→安全→Internet 和本地 Intranet→自定义级别→Cookie，将全部选项设置成禁止），运行上述例子会得到不同的结果。也就是说，"同一客户"对应了多个 session 对象，这样服务器就无法知道在这些页面上访问的实际上是同一个客户。如果客户的浏览器不支持 Cookie，可以通过 URL 重写来实现 session 对象的唯一性。

所谓 URL 重写，就是当客户从一个页面重新连接到一个页面时，通过向这个新的 URL 添加参数，把 session 对象的 ID 传带过去，这样就可以保障客户在该网站各个页面中的 session 对象是完全相同的。可以使用 response 对象调用 encodeURL()或 encodeRedirectURL()方法实现 URL 重写，比如，如果从 tom.jsp 页面连接到 jerry.jsp 页面，首先应实现 URL 重写：String str=response.encodeRedirectURL("jerry.jsp");，然后将连接目标写成<%=str%>，如果客户不支持 Cookie，在下面的例子中将 session.jsp、tom.jsp 和 jerry.jsp 实行 URL 重写。

【例 4-10】session 对象与 URL 重写。

工程名：Exp4_10

文件名：session.jsp

文件源代码：

```
<%@ page contentType="text/html;charset=GB2312"%>
<html>
<body bgcolor=cyan>
    <p>
        您的 session  对象的 ID  是：
        <%
        String s = session.getId();
        String str = response.encodeURL("tom.jsp");
    %>
    <p>
        <%=s%>
        <br>
    <p>
        您向 URL:http://localhost:8080/tom.jsp 写入的信息是：
        <%=str%>
<form action="<%=str%>" method="post" name="form">
        <input type="text" name="boy">
        <input type="submit" value="发送" name="submit">
    </form>
  </body>
</html>
```

程序运行后，在浏览器内显示效果如图 4-21 所示。

图 4-21　session.jsp 页面

文件名：tom.jsp

```
<%@ page contentType="text/html;charset=GB2312"%>
<html>
  <body bgcolor=cyan>
    <p>
        我是 Tom 页面
        <%
        String s = session.getId();
        String str = response.encodeRedirectURL("jerry.jsp");
    %>

    <p>
```

您在 Tom 页面中的 session 对象的 ID 是：
<%=s%>
<p>
您向 URL:http://localhost:8080/jerry.jsp 写入的信息是：
<%=str%>
<p>
点击超链接，连接到 Jerry 的页面。
<a href="<%=str%>">

欢迎到 Jerry 屋来！
</a>
</body>
</html>

程序运行后，在浏览器内显示效果如图 4-22 所示。

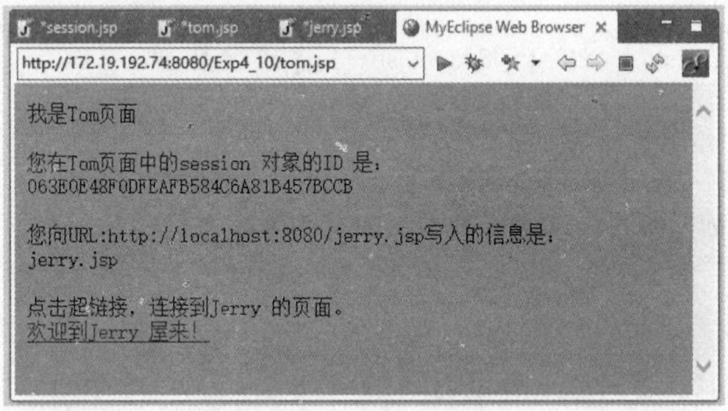

图 4-22　tom.jsp 页面

文件名：jerry.jsp

```jsp
<%@ page contentType="text/html;charset=GB2312"%>
<html>
  <body bgcolor=cyan>
    <p>
        我是 jerry 页面
        <%
        String s = session.getId();
        String str = response.encodeRedirectURL("session.jsp");
        %>

    <p>
        您在 jerry 页面中的 session 对象的 ID 是：
        <%=s%>
    <p>
        您向 URL:http://localhost:8080/session.jsp 写入的信息是：<BR>
        <%=str%>
    <p>
        点击超链接，连接到 session 的页面。
    <a href="<%=str%>">
    <br>欢迎到 session 屋来！
        </a>
  </body>
</html>
```

程序运行后，在浏览器内显示效果如图 4-23 所示。

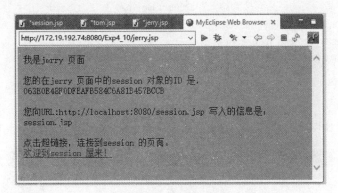

图 4-23   jerry.jsp 页面

4.4.3   session 对象的常用方法

（1）public void setAttribute(String key ,Object obj)session：该对象类似于散列表，session 对象可以调用该方法将参数 Object 指定的对象 obj 添加到 session 对象中，并为添加的对象指定一个索引关键字，如果添加的两个对象的关键字相同，则先前添加的对象被清除。

（2）public Object getAttibue(String key)：获取 session 对象含有的关键字是 key 的对象。由于任何对象都可以添加到 session 对象中，因此用该方法取回对象时，应强制转化为原来的类型。

（3）public Enumeration getAttributeName()：session 对象调用该方法产生一个枚举对象，该枚举对象使用 nextElements() 遍历 session 对象所含有的全部对象。

（4）public long getCreationTime()：session 对象调用该方法可以获取该对象创建的时间，单位是毫秒（从 1970 年 7 月 1 日午夜起至该对象创建时刻所走过的毫秒数）。

（5）public long getLastAccessedTime()：获取当前 session 对象最后一次被操作的时间，单位是毫秒。

（6）public int getMaxInactiveIterval()：获取 session 对象的生存时间。

（7）public void setMaxInactiveIterval(int n)：设置 session 对象的生存时间（单位是秒）。

（8）public void removeAttribue(String key)：从当前 session 对象中删除关键字是 key 的对象。

（9）public String getId()：获取 session 对象的编号。

（10）invalidate：使得 session 无效。

【例 4-11】session 对象的常用方法应用。

工程名：Exp4_11

文件名：first.jsp

```
<%@ page contentType="text/html;charset=GB2312"%>
<html>
  <body bgcolor=cyan>
    <%
        String s = request.getParameter("boy");
        session.setAttribute("name", s);
    %>
```

```
        <p>这里是第一百货</p>
        <p>输入你想购买的商品连接到结账：account.jsp</p>
        <form action="account.jsp" method="post" name="form">
            <input type="text" name="buy">
            <input type="submit" value="发送" name="submit">
        </form>
    </body>
</html>
```

程序运行结果如图 4-24 所示，在该页面输入框中输入"苹果"。

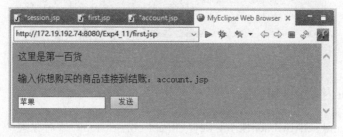

图 4-24　first 页面输入"苹果"

文件名：session.jsp

```
<%@ page contentType="text/html;charset=GB2312"%>
<html>
    <body bgcolor=cyan>
        <%
            session.setAttribute("customer", "顾客");
        %>
        <p>输入你的姓名连接到第一百货：first.jsp
        <form action="first.jsp" method="post" name="form">
            <input type="text" name="boy">
            <input type="submit" value="发送" name="submit">
        </form>
    </body>
</html>
```

程序运行结果如图 4-25 所示，在该页面输入框中输入"Tom"。

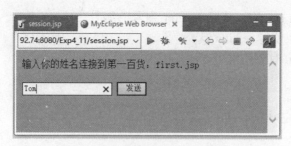

图 4-25　session 页面内输入"Tom"

文件名：account.jsp

```
<%@ page contentType="text/html;charset=GB2312"%>
<%!//处理字符串的方法：
```

```
        public String getString(String s) {
            if (s == null) {
                s = "";
            }
            try {
                byte b[] = s.getBytes("ISO8859-1");
                s = new String(b);
            } catch (Exception e) {
            }
            return s;
        }%>
<html>
    <body bgcolor=cyan>
        <%
            String s = request.getParameter("buy");
            session.setAttribute("goods", s);
        %>
        <br>
        <%
            String 顾客 = (String) session.getAttribute("customer");
            String 姓名 = (String) session.getAttribute("name");
            String 商品 = (String) session.getAttribute("goods");
            姓名 = getString(姓名);
            商品 = getString(商品);
        %>
        <p>这里是结账处
        <p>顾客的姓名是:
            <%=姓名%>
        <p>
            您选择购买的商品是:
            <%=商品%>
    </body>
</html>
```

在图 4-25 内输入 "Tom" 后，点击 "发送"，系统跳转到如图 4-26 所示的 "结账信息显示页面"。

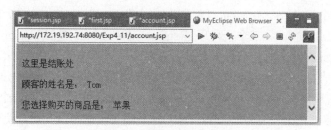

图 4-26 结账信息显示页面

4.4.4 session 对象的生存期限

【例 4-12】测试 session 对象的生存期限。

工程名：Exp4_12

文件名：global.asa

```
<Script Language="VBScript" Runat="server">
Sub application_OnStart application.Lock application
("all")=0 application
("online")=0 application.unlock end sub
Sub session_onstart application.lock
application("all")=application("all")+1application("online")=application("online")+1application.unlock end sub
sub session_onend application.lock
application("online")=application("online")-1application.unlock end sub
</script>
```

第二个程序，outputresult.asp，用于输出在线人数和访问总人数，代码如下：

```
<html>
  <body>
    <%session.timeout=5%>
    <p>在线人数：<%=application("online")%>，访问总人数：<%=application("all")%>
  </body>
</html>
```

为了测试的方便性，在本页面中将 session.timeout 设置为 5min。来看看 3 种情况下的显示结果。

第一种情况，依次在 3 个浏览器窗口打开 outputresult.asp 程序，显示的结果分别是：在线人数 1，访问总人数 1；在线人数 2，访问总人数 2；在线人数 3，访问总人数 3。第二种情况，在 5min 之内，关掉其中两个页面，刷新剩下的一个页面，显示结果为：在线人数 3，访问总人数 3。第三种情况（不考虑第二种情况，在第一种情况的基础上实施），5min 之后，不关任何页面，刷新其中一个页面，显示结果为：在线人数 1，访问总人数 4。对第一种情况，比较容易理解，但对第二种情况和第三种情况，很多编程者就很茫然了。

以上问题的本质其实就是一个 session 对象生存期的问题。下面来分析一下出现以上 3 种结果的原因，把这 3 种情况的结果理解了，session 对象的生存期问题就一目了然了。

在 global.asa 程序中，实现统计在线人数和访问总人数功能的是 3 个子程序。第一个子程序 sub application_onstart，是对 application 对象的 onstart 事件编程。application 对象的 onstart 事件发生于 Web 服务器启动之时，即在 Web 服务器启动之时将在线人数和访问总人数两个计数器初始值置为 0。第二个子程序 sub session_onstart，是对 session 对象的 onstart 事件编程。session 对象的 onstart 事件发生于每一个 session 对象产生时，即每一个 session 对象产生时，将在线人数和访问总人数计数器累加 1。第三个子程序是 sub session_onend，是对 session 对象的 onend 事件编程，即每一个 session 结束时将在线人数计数器减 1。由第二个子程序到第三个子程序，即一个 session 对象的生存期。从 outputresult.asp 的反馈结果看，每开一个新的窗口，在线人数和访问总人数便加 1，说明此时运行的是 sub session_onstart 子程序，即每开一个新窗口，便有一个 session 对象产生，也就是说每当有一个客户端对服务器请求服务成功时，便有一个 session 对象产生。已经解决了 session 对象的产生时机问题，那么，session 对象什么时候结束呢？接着来看第二种情况，当在 5min 内关闭两个页面，而刷新剩下的一个页面时，在线人数和访问总人数都仍为 3，说明此时既没有运行 sub session_onstart 子程序，也没有运行 sub session_onend 子程序，也就是说关闭客户端，并不能结束 session 对象，在一定的时间内刷新客户端也不能产生新的 session 对象。再来看第三种情况，5min 之后，不关闭任何页面，而刷新其中一个页面，在线人数为 1，访问总人数为 4，说明此时既运行了 sub session_onstart 子程序，也运行了 sub session_onend 子程序。从 1 和 4 两个值可以判断，sub session_onstart 运行了一次，而 sub session_onend 运行了 3 次。那就说明，5min 后，有一个新的 session 产生了，而结束了 3 个旧的 session。看来，跟这个 5min 关系密切，为什么？因为在 outputresult.asp 中将 session 的 timeout 属性设为 5，也就是说，5min 后不管是否关闭客户端，该客户端所有的 session 对象都自动结束，而刷新动作即是客户端对服务器的一个新的请求，所以在线人数为 1。

session 对象产生于任一客户端向服务器提出请求时，在 timeout 属性所设定或默认的生存期内，与该 session 对象相关的所有属性和变量都存于服务器中，该客户端可以在任一页面存取这些数据。在生存期内，即使客户端关闭所有页面，这些数据仍然在服务器中，但却无法再存取这些数据了，因为如果重新向服务器提出请求的话，得到的将是新的 session 对象，所以有些书籍上也说，session 对象在客户端关闭页面之后到期，实际上，此时 session 并未到期，只是无法存取，也就相当于到期。反过来说，session 仅在 timeout 设定的或默认的时间后才真正从服务器中丢弃，才到期。当然，如果页面代码中用到了 session 对象的 abandon 方法，也可以让 session 对象立即到期。

4.5　application 对象

当一个客户第一次访问服务器上的一个 JSP 页面时，JSP 引擎创建一个和该客户相对应的 session 对象，当客户在所访问的网站的各个页面之间浏览时，这个 session 对象都是同一个，直到客户关闭浏览器，这个 session 对象才被取消；而且不同客户的 session 对象是互不相同的。与 session 对象不同的是 application 对象。服务器启动后，就产生了这个 application 对象。当一个客户访问服务器上的一个 JSP 页面时，JSP 引擎为该客户分配这个 application 对象，当客户在所访问的网站的各个页面之间浏览时，这个 application 对象都是同一个，直到服务器关闭，这个 application 对象才被取消。与 session 对象不同的是，所有客户的 application 对象是相同的一个，即所有的客户共享这个内置的 application 对象。已经知道，JSP 引擎为每个客户启动一个线程，也就是说，这些线程共享这个 application 对象。

4.5.1　application 对象的常用方法

1. setAttribute(String name,Object obj)
application 对象可以调用该方法将参数 Object 指定的对象 obj 添加到 application 对象中，并为添加的对象指定了一个索引关键字，如果添加的两个对象的关键字相同，则先前添加对象被清除。

2. getAttribue(String name)
返回由 name 指定名字的 application 对象属性的值，这是个 Object 对象，如果没有，就返回 null。

3. public Enumeration getAttributeNames()
application 对象调用该方法产生一个枚举对象，该枚举对象使 nextElements() 遍历 application 对象所含有的全部对象。

4. public void removeAttribute(String key)
从当前 application 对象中删除关键字是 key 的对象。

5．public String getServletInfo()

获取 Servlet 编译器的当前版本的信息。由于 application 对象对所有的客户都是相同的，任何客户对该对象中存储的数据的改变都会影响到其他客户，因此，在某些情况下，对该对象的操作需要实现同步处理。

4.5.2　用 application 制作留言板

客户可以通过 submit.jsp 向 messagePane.jsp 页面提交姓名、留言标题和留言内容，messagePane.jsp 页面获取这些内容后，用同步方法将这些内容添加到一个向量中，然后将这个向量再添加到 application 对象中。当用户点击查看留言板时，showMessage.jsp 负责显示所有客户的留言内容，即从 application 对象中取出向量，然后遍历向量中存储的信息。在这里使用了向量这种数据结构，Java 的 java.util 包中的 Vector 类负责创建一个向量对象。如果已经学会使用数组，那么很容易就会使用向量。当创建一个向量时不用像数组那样必须要给出数组的大小。向量创建后，例如，Vector a=new Vector()；a 可以使用 add(object o)把任何对象添加到向量的末尾，向量的大小会自动增加。可以使用 add(int index,object o)把一个对象追加到该向量的指定位置。向量 a 可以使用 elementAt(int index)获取指定索引处的向量的元素（索引初始位置是 0）；a 可以使用方法 size()获取向量所含有的元素的个数。另外，与数组不同的是向量的元素类型不要求一致。需要注意的是，虽然可以把任何一种 Java 的对象放入一个向量，但是，当从向量中取出一个元素时，必须使用强制类型转化运算符将其转化为原来的类型。

【例 4-13】application 制作的留言板。

工程名：Exp4_13

文件名：submit.jsp

```
<%@ page contentType="text/html;charset=GB2312"%>
<html>
  <body>
    <form action="messagePane.jsp" method="post" name="form">
        <p>
            输入您的名字：<input type="text" name="peopleName"><br>
        <p>
            输入您的留言标题：<input type="text" name="Title"><br>
        <p>
            输入您的留言：<br>
            <textarea name="messages" rows="10" cols="36" wrap="physical">
            </textarea>
            <br><input type="submit" value="提交信息" name="submit">
    </form>
    <form action="showMessage.jsp" method="post" name="form1">
        <input type="submit" value="查看留言板" name="look">
    </form>
  </body>
</html>
```

文件名：messagePane.jsp

```
<%@ page contentType="text/html;charset=GB2312"%>
<%@ page import="java.util.*"%>
<html>
```

```
<body>
    <%!Vector v = newVector();
    int i = 0;
    ServletContext application;
    synchronizedvoid sendMessage(String s) {
        application = getServletContext();
        i++;
        v.add("No." + i + "," + s);
        application.setAttribute("Mess",v);
    }%>
    <%
        String name = request.getParameter("peopleName");
        String title = request.getParameter("Title");
        String messages = request.getParameter("messages");
        if (name == null) {
            name = "guest" + (int) (Math.random() * 10000);
        }
        if (title == null) {
            title = "无标题";
        }
        if (messages == null) {
            messages = "无信息";
        }
        String s = "Name:" + name + "#" + "Title:" + title + "#"
                + "Content:" + "<BR>" + messages;
        sendMessage(s);
        out.print("您的信息已经提交！ ");
    %>
    <a href="submit.jsp">返回</a>
</body>
</html>
```

文件名：showMessage.jsp
```
<%@ page contentType="text/html;charset=GB2312"%>
<%@ page import="java.util.*"%>
<html>
    <body>
        <%
            Vector v = (Vector) application.getAttribute("Mess");
            for (int i = 0; i < v.size(); i++) {
                String message = (String) v.elementAt(i);
                StringTokenizer fenxi = new StringTokenizer(message, "#");
                while (fenxi.hasMoreTokens()) {
                    String str = fenxi.nextToken();
                    byte a[] = str.getBytes("ISO8859-1");
                    str = new String(a);
                    out.print("<br>" + str);
                }
            }
        %>
    </body>
</html>
```

　　程序运行结果如图 4-27 所示，在浏览器内输入姓名、标题和留言内容。点击"提交信息"，跳转到如图 4-28 所示页面。点击"查看留言板"，页面跳转到如图 4-29 所示页面，显示留言板内容。

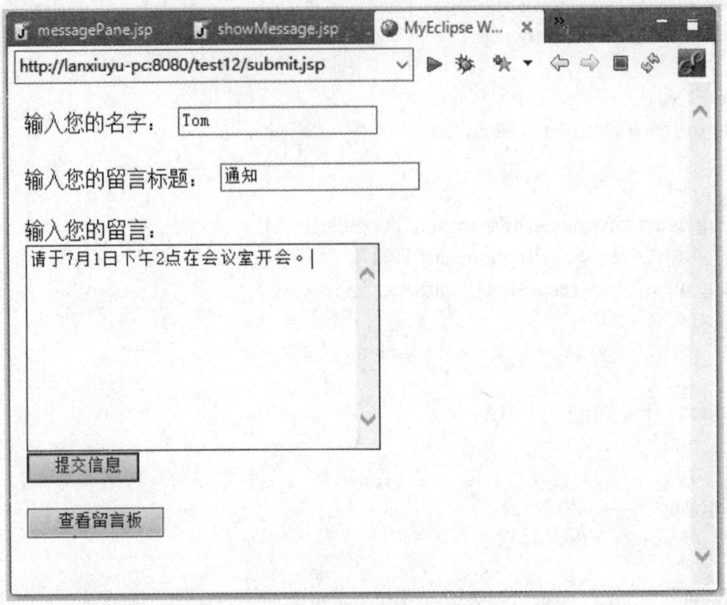

图 4-27　输入信息

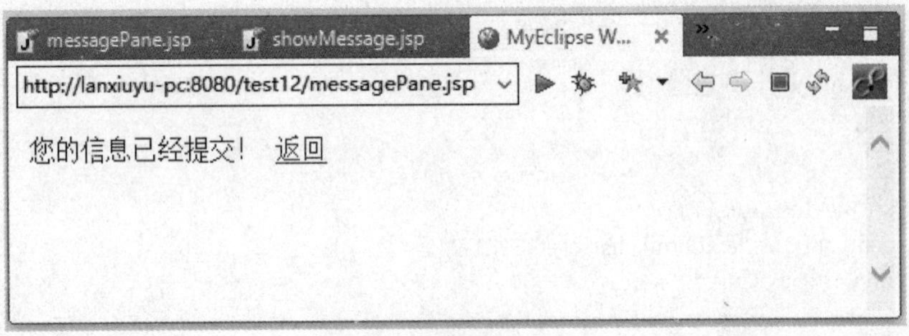

图 4-28　信息已提交

图 4-29　信息显示

4.6　out 对象

out 对象是一个输出流，用来向客户端输出数据。在前面的许多例子里曾多次使用 out 对象进行数据的输出。out 对象可调用如下的方法用于各种数据的输出，例如：

（1）out.print(Boolean)，out.println(boolean)：输出一个布尔值。

（2）out.print(char)，out.println(char)：输出一个字符。

（3）out.print(double)，out.println(double)：输出一个双精度的浮点数。

（4）out.print(float)，out.println(float)：输出一个单精度的浮点数。

（5）out.print(long)，out.println(long)：输出一个长整型数据。

（6）out.print(String)，out.println(String)：输出一个字符串对象的内容。

（7）out.newLine()：输出一个换行符。

（8）out.flush()：输出缓冲区里的内容。

（9）out.close()：关闭流。

下面的例 4-14 使用 out 对象向客户输出包括表格等内容的信息。

【例 4-14】out 对象向客户输出信息。

工程名：Exp4_14

文件名：index.jsp

```jsp
<%@ page contentType="text/html;charset=GB2312"%>
<%@ page import="java.util.*"%>
<html>
  <body>
    <%
        int a = 100;
        long b = 300;
        boolean c = true;

        out.println(a);
        out.println(b);
        out.println(c);
    %>

    <p align="center">
        <font size=2>以下是一个表格</font>
    </p>
    <%
        out.print("<font face=隶书  size=2 >");
        out.println("<Table Border >");
        out.println("<tr >");
        out.println("<th width=80>" + "姓名" + "</th>");
        out.println("<th width=60>" + "性别" + "</th>");
        out.println("<th width=200>" + "出生日期" + "</th>");
        out.println("</tr>");
        out.println("<tr >");
        out.println("<td >" + "刘甲一" + "</td>");
```

```
                out.println("<td >" + "男" + "</td>");
                out.println("<td >" + "1978 年 5 月" + "</td>");
                out.println("</tr>");
                out.println("<tr>");
                out.println("<td >" + "林霞" + "</td>");
                out.println("<td >" + "女" + "</td>");
                out.println("<td >" + "1979 年 8 月" + "</td>");
                out.println("<td width=100>" + "这是表格" + "</td>");
                out.println("</tr>");
                out.println("</table>");
                out.print("</font>");
            %>
        </body>
    </html>
```

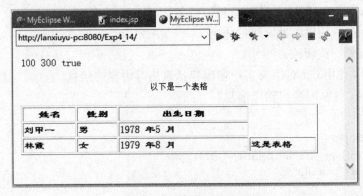

图 4-30　信息的输出格式

4.7　JSP 程序的调试

1．JSP 程序的调试

（1）增加输出语句，打印、查看期望结果。

（2）跟踪执行过程，debug 模式下，JSP 也是 Java 程序，和 Java 下的 debug 一样。如果要调试 JS 文件，推荐 firebug 工具，该工具是调试 JS 文件的好工具。

（3）显示状态。

2．页面转向的实现

（1）request.getRequestDispatcher().forward(urlb)是请求转发，跳转到 urlb，当前页的地址是不变的。前后页面共享一个 request，同样 request 中包装的值也可以共享。

（2）response.sendredirect(urla)是地址重定向，就是把当前页转到 urla，即：页面跳转后产生了新的 request，response.和跳转前的不一样了。

3．Web 页面编程中的范围及含义

（1）page：代表与一个页面相关的对象和属性。一个页面由一个编译好的 Java Servlet 类（可以带有任何的 include 指令，但是没有 include 动作）表示。这既包括 Servlet 又包括被编译成 Servlet 的 JSP 页面。

（2）request：代表与 Web 客户机发出的一个请求相关的对象和属性。一个请求可能跨越多个页面，涉及多个 Web 组件（由于 forward 指令和 include 动作的关系）。

（3）session：代表与用于某个 Web 客户机的一个用户体验相关的对象和属性。一个 Web 会话可以也经常会跨越多个客户机请求。

（4）application：代表与整个 Web 应用程序相关的对象和属性。这实质上是跨越整个 Web 应用程序，包括多个页面、请求和会话的一个全局作用。

4.7.1　三种错误类型

三种错误类型分别为：

（1）语法错误

（2）运行错误

（3）逻辑错误

4.7.2　JSP 语法错误

关键字、类名、内置对象名写错是最常见的语法错误，注意在书写的时候要严格区分大小写，其他的常见语法错误可以归纳为以下几类。

1. 变量

（1）没有定义

（2）重复定义

（3）没有初始化

（4）名字写错

2. 方法

（1）名字错误

（2）参数错误

（3）没有定义返回值

（4）类型不匹配

（5）多数是因为没有进行类型转换

（6）需要的类没有导入，文件名和类名不一致

3. 结构性错误及应注意的问题

（1）缺少"}"

（2）缺少")"

（3）缺少"%>"

（4）缺少";"

（5）标签、指令错误或不完整，字符错误等

（6）异常没有处理

（7）括号混用

（8）[]定义数组和访问数组时使用

（9）方法定义和方法调用应该使用"()"

（10）循环语句、判断语句、方法体、类题、应该使用"{}"

（11）出现中文标记符号

（12）字符串常量格式不对

4.7.3 JSP 运行错误

1. 请求的资源不可用

（1）资源（文件、数据库、驱动程序、包）本身不存在

（2）没有导入需要的资源

（3）书写不正确，路径不正确

2. NullpointerException

（1）无法获取表单的值

（2）变量名字不正确

（3）from 范围不正确

3. 点击提交按钮不起作用

（1）按钮是 Button 而不是 submit

（2）action 属性值本身有问题

任务实施：

4.8 网站用户注册和登录

1. 注册页面

工程名：Exp4_15

文件名：Login1.jsp

```
<%@ page contentType="text/html;charset=GB2312"%>
<html>
  <body bgcolor=cyan>
    <form action="Login2.jsp" method="post">
        <p>
            输入你的姓名: <input type="text" name="name" value=""><BR>
        </p>
        <p>
            输入你的密码: <input type="password" name="password" value=""><BR>
        </p>
        <p>
            输入你的 e-mail 地址: <input type="text" name="address" value="">
        </p>
        <p>
            点击按钮注册：<br><input type="submit" value="注册" name="submit">
        </p>
    </form>
  </body>
</html>
```

文件名：Login2.jsp

```jsp
<%@ page contentType="text/html;charset=GB2312"%>
<%@ page import="java.util.*"%>
<html>
  <body bgcolor=cyan>
    <%!Hashtable hashtable = newHashtable();

    Public synchronized void putString(String s) {
        hashtable.put(s, s);
    }%>
    <%
        String name = request.getParameter("name");
        String password = request.getParameter("password");
        session.setAttribute("name", name);
        session.setAttribute("password", password);
        String s_name = (String) session.getAttribute("name");
        String s_password = (String) session.getAttribute("password");
        String person_name = request.getParameter("name"), name_found = null;
        if (person_name == null) {
            person_name = "";
        }
        byte b[] = person_name.getBytes("ISO8859-1");
        person_name = new String(b);
        name_found = (String) hashtable.get(person_name);
        if (name_found == null) {
            String person_e-mail = request.getParameter("address");
            if (person_e-mail == null) {
                person_e-mail = "";
            }
            StringTokenizer fenxi = new StringTokenizer(person_email, "@");
            int n = fenxi.countTokens();
            if (n >= 3) {
                out.print("<BR>" + "你输入的 e-mail 有不合法字符");
            } else {
                putString(person_name);
                out.print("<BR>" + "您已经注册成功");
                out.print("<BR>" + "您注册的名字是" + s_name);
                out.print("<BR>" + "您注册的密码是" + s_password);
            }
        } else {
            out.print("<BR>" + "该名字已经存在，请您换个名字");
        }
    %>
  </body>
</html>
```

程序运行后，效果如图 4-31 所示。在浏览器内的输入框中输入姓名、E-mail 地址后，点击"注册"按钮，效果如图 4-32 所示，显示注册成功。

图 4-31 注册页面

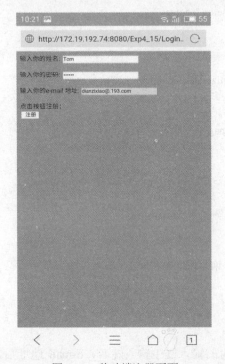

图 4-32 已成功注册

用移动端访问效果如图 4-33 和图 4-34 所示。

图 4-33 移动端注册页面   图 4-34 移动端成功注册页面

2. 登录页面

文件名：Landed.jsp

```
<%@ page contentType="text/html;charset=GB2312"%>
<html>
  <body>
    <p>输入用户名和密码：</P>
    <form action="check.jsp" method="post">
        <br>登录名称<input type="text" name="logname" style="width: 154px;">
        <br>输入密码<input type="password" name="password" style="width: 154px; ">
        <br><input type="submit" name="g" value="提交">
    </form>
  </body>
</html>
```

3. 验证账户

文件名：check.jsp

```
<%@ page contentType="text/html;charset=GB2312"%>
<!DOCTYPE html PUBLIC"-//W3C//DTD HTML 4.01 Transitional//EN""http://www.w3.org/TR/html4/loose.dtd">
<html>
  <head>
    <meta http-equiv="Content-Type" content="text/html; charset=GB2312">
    <title>Insert title here</title>
  </head>
  <body>
<%
    // 提交信息后，验证信息是否正确:
    String username = (String)session.getAttribute("name");
    String userpwd = (String)session.getAttribute("password");
    String message = "", logname = "", password = "" ,g="" ;
        logname = request.getParameter("logname");
        password = request.getParameter("password");
        g = request.getParameter("g");
        if(logname.equals(username)&& password.equals(userpwd)) {
                out.print("<BR>" + "登录成功:");
                out.print("<BR>" + "您注册的名字是" + logname);
            }else{
                out.print("<BR>" + "登录失败:");
                out.print("<BR>" + "三秒后跳到注册页面");
                response.setHeader("refresh", "3;url=Login1.jsp");
            }
%>
  </body>
</html>
```

程序运行结果如图 4-35 所示，在浏览器内输入已经注册过的登录名和密码。登录成功的页面如图 4-36 所示。

图 4-35　登录页面

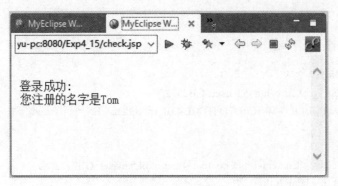

图 4-36　登录成功

用移动端访问效果如图 4-37 和图 4-38 所示。

图 4-37　移动终端登录界面　　　　　　图 4-38　移动终端登录成功界面

习题四

一、选择题

1. 下面不属于 JSP 内置对象的是（　　　）。

   A．out 对象　　　　B．response 对象　　　C．application 对象 D．page 对象

2. 能在浏览器的地址栏中看到提交数据的表单提交方式是（　　　）

   A．submit　　　　　B．puts　　　　　　C．post　　　　　　　D．out

3. out 对象是一个输出流，其输出换行的方法是（　　　）

   A．out.print　　　　B．out.newLine　　　C．out.println　　　D．out.write

4. 正则表达式中，表示任意一个除换行以外的字符的元字符是（　　　）

   A．.　　　　　　　B．l　　　　　　　C．[]　　　　　　　D．{}

二、填空题

1. out 对象的_____方法，功能是输出缓冲的内容。

2. JSP 的_____对象用来保存单个用户访问时的一些信息。

3. 当客户端请求一个 JSP 页面时，JSP 容器会将请求信息包装在_____对象中。

4. 表单的提交方法包括_____和_____方法。

三、判断题

1. out 对象是一个输出流，它实现了 javax.servlet.JspWriter 接口，用来向客户端输出数据。

   （　　　）

2. response 对象主要用于向客户端发送数据。　　　　　　　　　　　　（　　　）

3. 表单信息的验证只能放在服务器端执行。　　　　　　　　　　　　　（　　　）

4. 网页中只要使用 GB2312 编码就不会出现中文乱码。　　　　　　　　（　　　）

5. session 对象可以用来保存用户会话期间需要保存的数据信息。　　　　（　　　）

6. application 对象可以用来保存数据。　　　　　　　　　　　　　　　（　　　）

四、简答题

1. 简述 JSP 的执行过程。

2. JSP 中动态 include 与静态 include 的区别有哪些？

3. 简述 Eclipse 软件的特点。

4. JSP 有哪些动作？它们的作用分别是什么？

第五章　Servlet 的使用

知识目标：

1. Get 和 Post 请求、Servlet 中处理请求;
2. request/response 对象使用;
3. servletContext 对象使用;
4. servletConfig 对象使用。

教学目标：

让同学们了解 Servlet 的运行环境和熟悉 Servlet 的相关知识点，熟练地运用 Servlet。

内容框架：

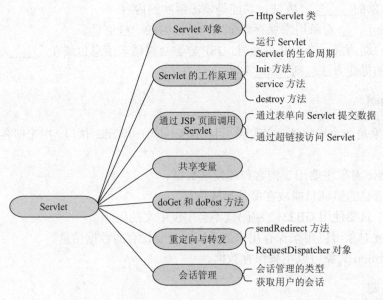

知识准备：

5.1　Servlet 对象

Servlet 技术是 Sun 公司提供的一种实现动态网页的解决方案，它是基于 Java 编程语言的 Web 服务器端编程技术，主要用于在 Web 服务器端获得客户端的访问请求信息和动态生成对客户端的响应消息。同时，Servlet 技术也是 JSP 技术的基础。

Servlet 是服务器端的 Java 小程序，可以被用来通过多种方法扩充一个 Web 服务器的功能。Servlet 可以对客户端的请求进行响应，在默认情况下，Servlet 采用一种无状态的请求-响应处理方式。Servlet 代码的主要作用是为了增强 Java 服务器端的功能。一个 Servlet 程序就是一个实现了特殊接口的 Java 类，它由支持 Servlet 的 Web 服务器（具有 Servlet 引擎）调用和启动运行。一个 Servlet 程序负责处理它所对应的一个或一组 URL 地址的访问请求，并用于接收客户端发出的访问请求信息和产生响应的内容。

1. Servlet 程序可以完成的任务

（1）获取客户端通过 HTML 的 FORM 表单递交的数据和 URL 后面的参数信息。

（2）创建对客户端的响应消息内容。

（3）访问服务器端的文件系统。

（4）连接数据库并开发基于数据库的应用。

（5）调用其他的 Java 类。

2. Servlet 的基本流程

（1）客户端通过 HTTP 提出请求。

（2）Web 服务器接收该请求交给 Servlet 容器，然后再调用 Servlet 中的方法来处理。如果这个 Servlet 尚未被加载，Servlet 容器将把它加载到 Java 虚拟机并且执行它。

（3）Servlet 将接收该 HTTP 请求并用特定的方法进行处理：可能会访问数据库、调用 Web 服务、调用 EJB 或直接给出结果，并生成一个响应。

（4）这个响应由 Servlet 容器返回给 Web 服务器。

（5）Web 服务器包装这个响应，以 HTTP 响应的方式发送给 Web 浏览器。

Servlet 的基本流程如图 5-1 所示。

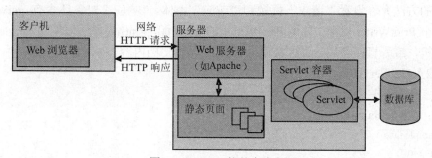

图 5-1　Servlet 的基本流程图

3. JSP 与 Servlet 的关系

JSP 与 Servlet 的关系，如图 5-2 所示。

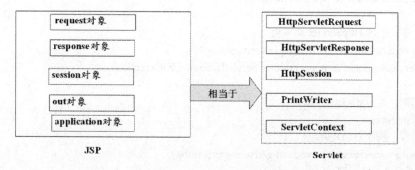

图 5-2　JSP 与 Servlet 的关系

（1）Servlet 是服务器端运行的一种 Java 应用程序。当浏览器端有请求则将其结果传递给浏览器。

（2）在 JSP 中使用到的所有对象都将被转换为 Servlet 或者非 Servlet 的 Java 对象，然后被执行，所以执行 JSP 实际上与执行 Servlet 是一样的。

5.1.1　HttpServlet 类

HttpServlet 类能够根据客户发出的 HTTP 请求，生成相应的 HTTP 响应结果。要创建 HttpServlet 类编写 Servlet 就一定要继承 HttpServlet 类，因为 HttpServlet 类是一个抽象类。开发者可以把要响应给客户的数据封装到 HttpServletResponse 对象中。

创建一个 HttpServlet，通常包括下列 4 个步骤：

（1）扩展 HttpServlet 抽象类。

（2）重载适当的方法。如覆盖（或称为重写）doGet()或 doPost()方法。

（3）如果有 HTTP 请求信息，获取该信息。用 HttpServletRequest 对象来检索 HTML 表格所提交的数据或 URL 上的查询字符串。"请求"对象含有特定的方法检索客户机提供的信息，有 3 个可用的方法：

- getParameterNames()
- getParameter()
- getParameterValues()

（4）生成 HTTP 响应。HttpServletResponse 对象生成响应，并将它返回到发出请求的客户机上。它的方法允许设置"请求"标题和"响应"主体。"响应"对象还含有 getWriter()方法以返回一个 PrintWriter 对象。使用 PrintWriter 的 print()和 println()方法以编写 Servlet 响应来返回给客户机，或者直接使用 out 对象输出有关 HTML 文档内容。

【例 5-1】HttpServlet 示例。

工程名：Exp5_1

文件名：ServletSample

```
ServletSample.java
import java.io.*;
import java.util.*;
import javax.servlet.*;
import javax.servlet.http.*;
public class ServletSample extends HttpServlet
{
    //第一步：扩展 HttpServlet 抽象类
    public void doGet(HttpServletRequest request,
    HttpServletResponse response) throws ServletException,IOException
{
    //第二步：重写 doGet()方法
    String myName="";
    //第三步：获取 HTTP 请求信息
    java.util.Enumeration keys=request.getParameterNames();
    while(keys.hasMoreElements());
```

```
    {
        key=(String)keys.nextElement();
        if(key.equalsIgnoreCase("myName"))
        myName=request.getParameter(key);
    }
        if(myName=="")
        myName="Hello";
        //第四步：生成 HTTP 响应
        response.setContentType("text/html");
        response.setHeader("Pragma","No-cache");
        response.setDateHeader("Expires",0);
        response.setHeader("Cache-Control","no-cache");
        out.println("<head><title>Just a basic servlet</title></head>");
        out.println("<body>");
        out.println("<h1>Just a basic servlet</h1>");
        out.println("<p>"+myName+",this is a very basic
        servlet that writes an HTML page.");
        out.println("<p>For instructions on running those
        samples on your WebSphere 应用服务器,"+"open the page： ");
        out.println("<pre>http//<em>your.server.name</em>/
        IBMWebAs/samples/index.aspl</pre>");
        out.println("where<em>your.server.name</em>is the
        hostname of your WebSphere 应用服务器.");
        out.println("</body></html>");
        out.flush();
    }
}
```

上述 ServletSample 类扩展 HttpServlet 抽象类、重写 doGet()方法。在重写的 doGet()方法中，获取 HTTP 请求中一个任选的参数（myName），该参数可作为调用的 URL 上的查询参数传递到 Servlet。

5.1.2 运行 Servlet

1. Servlet 的运行环境

为了运行 Servlet，首先需要一个 JVM 来提供对 Java 的基本支持，一般需要安装 JRE（Java Runtime Environment）或 JDK（Java Develop Kit，JRE 是其一个子集）。其次需要 Servlet API 的支持，一般的 Servlet 引擎都自带 Servlet API，只要安装 Servlet 引擎，或直接安装支持 Servlet 的 Web 服务器之后便会自动安装上 Servlet 相关的程序包。

典型的 Servlet 运行环境有 JSWDK、Tomcat、Resin 等，这几个都是免费的软件，适合用来学习 Servlet 和 JSP。它们都自带一个简单的 HTTP Server，只需简单配置即可使用，也可以把它们绑定到常用的 Web 服务器上（如 Apache、IIS 等），提供小规模的 Web 服务。还有一些商业的大中型的支持 Servlet 和 JSP 的 Web 服务器（如 JRun、WebSphere、WebLogic 等），配置比较复杂，并不适合初学者，但是功能较为强大，有条件的读者可以尝试。后面章节会讲解如何配置简单的支持 Servlet 和 JSP 的 Web 服务器。

2．用 Servlet Runner 运行 Servlet

在真正开始编写 Servlet 之前，先介绍一个简单的 Servlet 引擎——Resin。目前支持 Servlet 的 Web 服务器不下数十种，Resin 是一个简单易用的 Servlet 运行器（Servlet Runner），很适合初学者。由于各个厂家的 Servlet 引擎各不相同，配置方法也是千差万别，在这里不可能一概而论，但是 Servlet 的编写方法却是一样的，所以读者不必太在意服务器的配置方法，只要知道如何让自己的 Servlet 正常运行就可以了，把更多的注意力放在 Servlet 的编写上。

Resin 自带一个 Servlet Runner 和 HTTP Server，因此要构建一个简单的 Web 环境，有 Resin 已经足够了，不需要额外的支持软件。Resin 不需要安装，解压之后即可使用。

Resin 目录下有几个子目录，bin 目录存放的是可执行文件，要启动 HTTP Server 和 Servlet Runner 只需要分别点击其中的 httpd.exe 和 srun.exe 即可，启动后会出现四个窗口，分别对应 HTTP Server 的标准输出、启/停控制和 Servlet Runner 的标准输出、启/停控制。conf 目录下存放的是 Resin Servlet Runner 的配置文件，这是配置整个 Web 环境的关键，包括 Servlet 的配置和后面要用到的 JSP 的配置。doc 目录是默认的发布目录，即 Resin 自带的 HTTP Server 是以这个目录为根目录的。

标签中添加<load-on-startup>1</load-on-startup>标签。初始化 init(ServletConfig config)，一旦 Servlet 实例被创建，将会调用 Servlet 的 init 方法，同时传入 ServletConfig 实例，传入 Servlet 的相关配置信息，init 方法在整个 Servlet 生命周期中只会调用一次。服务 services() 为了提高效率，Servlet 规范要求一个 Servlet 实例必须能够同时服务于多个客户端请求，即 service()方法运行在多线程的环境下，Servlet 开发者必须保证该方法的线程安全性。当 Servlet 容器将决定结束某个 Servlet 时，将会调用 destory()方法，在 destory 方法中进行资源释放，一旦 destory 方法被调用，Servlet 容器将不会再发送任何请求给这个实例，若 Servlet 容器再次使用该 Servlet，需要重新再实例化该 Servlet 实例。

3．Servlet 执行流程

Web 服务器接收到一个 http 请求后，会将请求移交给 Servlet 容器，Servlet 容器首先对所请求的 URL 进行解析并根据 web.xml 配置文件找到相应的处理 Servlet，同时将 request、response 对象传递给它，Servlet 通过 request 对象可知道客户端的请求者、请求信息以及其他的信息等，Servlet 在处理完请求后会把所有需要返回的信息放入 response 对象中并返回到客户端，Servlet 一旦处理完请求，Servlet 容器就会刷新 response 对象，并把控制权重新返回给 Web 服务器。

4．与其他技术的比较

与其他服务相比，Servlet 有以下的一些优点：

（1）运行速度上比 CGI 快，因为使用了多线程。

（2）Servlet 使用了标准的 API，可被许多 Web 服务支持。

（3）与系统无关性，一次编译多次使用。

5.2　Servlet 的工作原理

Servlet 由支持 Servlet 的服务器——Servlet 引擎，负责管理运行。当多个客户请求一个 Servlet 时，引擎为每个客户启动一个线程而不是启动一个进程，这些线程由 Servlet 引擎服务器来管理，与传统的 CGI 为每个客户启动一个进程相比较，效率要高得多。

5.2.1 Servlet 的生命周期

学习过 Java 语言的人对 Java Applet（Java 小应用程序）都很熟悉，一个 Java Applet 是 java.applet.Applet 类的子类，该子类的对象由客户端的浏览器负责初始化和运行。Servlet 的运行机制和 Applet 类似，只不过它运行在服务器端。一个 Servlet 是 javax.servlet 包中 HttpServlet 类的子类，由支持 Servlet 的服务器完成该子类的对象，即 Servlet 的初始化。

Servlet 的生命周期主要由下列三个过程组成：

（1）初始化 Servlet。

Servlet 第一次被客户端请求加载时，服务器初始化这个 Servlet，即创建一个 Servlet 对象，该对象调用 init 方法完成必要的初始化工作。

（2）服务器诞生的 Servlet 对象再调用 service 方法响应客户的请求。

（3）当服务器关闭时，调用 destroy 方法，消灭 Servlet 对象。

init 方法只被调用一次，即在 Servlet 第一次被请求加载时调用该方法。当后续的客户请求 Servlet 服务时，Web 服务将启动一个新的线程，在该线程中，servlet 调用 service 方法响应客户的请求，也就是说，每个客户的每次请求都导致 service 方法被调用执行。

Servlet 生命周期如图 5-3 所示。

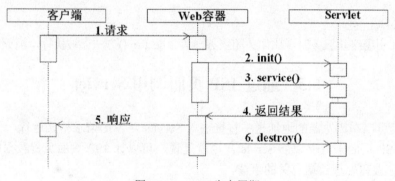

图 5-3　Servlet 生命周期

5.2.2 init 方法

init 方法是 HttpServlet 类中的方法，可以在 Servlet 中重写这个方法。

方法描述：

public void init(ServletConfig config) throws ServletException

Servlet 对象第一次被请求加载时，服务器初始化一个 Servlet，即创建一个 Servlet 对象，这个对象调用 init 方法完成必要的初始化工作。该方法在执行时，Servlet 引擎会把一个 ServletConfig 类型的对象传递给 init() 方法，这个对象就被保存在 Servlet 对象中，直到 Servlet 对象被消灭，这个 ServletConfig 对象负责向 Servlet 传递服务设置信息，如果传递失败就会发生 ServeletException，Servlet 就不能正常工作。已经知道，当多个客户请求一个 Servlet 时，引擎为每个客户启动一个线程，那么 Servlet 类的成员变量被所有的线程共享。

5.2.3 service 方法

service 方法是 HttpServlet 类中的方法,可以在 Servlet 中直接继承该方法或重写这个方法。方法描述:

public void service(HttpServletRequest request HttpServletResponse response)

Throw ServletException,IOException

当 Servlet 成功创建和初始化之后, 就调用 service 方法来处理用户的请求并返回响应。Servlet 引擎将两个参数传递给该方法, 一个 HttpServletRequest 类型的对象,该对象封装了用户的请求信息,此对象调用相应的方法可以获取封装的信息,即使用这个对象可以获取用户提交的信息。另外一个参数对象是 HttpServletResponse 类型的对象,该对象用来响应用户的请求。和 init 方法不同的是, init 方法只被调用一次,而 service 方法可能被多次调用,已经知道,当后续的客户请求 Servlet 服务时, Servlet 引擎将启动一个新的线程,在该线程中, Servlet 调用 service 方法响应客户的请求,也就是说,每个客户的每次请求都导致 service 方法被调用执行,调用过程运行在不同的线程中, 互不干扰。

5.2.4 destroy 方法

destroy 方法是 HttpServlet 类中的方法。Servlet 可直接继承这个方法, 一般不需要重写。声明格式为:

public destroy()

当 Servlet 引擎终止服务时, 比如关闭服务器等, destroy()方法会被执行, 消灭 Servlet 对象。

5.3 通过 JSP 页面调用 Servlet

用户除了可以在浏览器的地址栏中直接输入 Servlet 对象的请求格式运行一个 Servlet 外,也可以通过 JSP 页面来请求一个 Servlet。也就是说, 可以让 JSP 页面负责数据的显示, 而让一个 Servlet 去做和处理数据有关的事情。

5.3.1 通过表单向 Servlet 提交数据

任何一个 Web 服务目录下的 JSP 页面都可以通过表单或超链接访问某个 Servlet。通过 JSP 页面访问 Servlet 的好处是, JSP 页面可以负责页面的静态信息处理,动态信息处理交给 Servlet 去完成。

在下面的例子中, JSP 页面通过表单向 Servlet 提交一个正实数, Servlet 负责计算这个数的平方根返回给客户。为了方便地调试 Servlet,本书中, Servlet 的字节码文件存放在 D:\Tomcat\jakarta-tomcat-4.0\webapps\example\Web-inf\classes 中,那么在JSP 页面中调用 Servlet 时, Servlet 的 URL 是: /examples/servlet/servletName。

在下面的例子中, JSP 页面通过表单提交一个正数, Servlet 负责计算这个数的平方根。

【例 5-2】表单向 Servlet 提交数据。

工程名:Exp5_2

文件名:userinfo.jsp

```jsp
<%@ page language="java" import="java.util.*,java.text.*"
    contentType="text/html; charset=utf-8"%>
<%
    String path = request.getContextPath();
    String basePath = request.getScheme() + "://"
            + request.getServerName() + ":" + request.getServerPort()
            + path + "/";
%>
<!DOCTYPE HTML PUBLIC "-//W3C//DTD HTML 4.01 Transitional//EN">
<html>
  <head>
    <base href="<%=basePath%>">
    <title>My JSP 'userinfo.jsp' starting page</title>
    <meta http-equiv="pragma" content="no-cache">
    <meta http-equiv="cache-control" content="no-cache">
    <meta http-equiv="expires" content="0">
    <meta http-equiv="keywords" content="keyword1,keyword2,keyword3">
    <meta http-equiv="description" content="This is my page">

    <style type="text/css">
    .title {
        width: 30%;
        background-color: #CCC;
        font-weight: bold;
    }
    .content {
        width: 70%;
        background-color: #CBCFE5;
    }
    </style>
  </head>
  <body>
    <h1>用户信息</h1>
    <hr>
    <center>
        <jsp:useBean id="regUser" class="entity.Users" scope="session" />
        <table width="600" cellpadding="0" cellspacing="0" border="1">
            <tr>
                <td class="title">用户名：</td>
                <td class="content"> <jsp:getProperty name="regUser"
                        property="username" /></td>
            </tr>
            <tr>
                <td class="title">密码：</td>
                <td class="content"> <jsp:getProperty name="regUser"
                        property="mypassword" /></td>
            </tr>
            <tr>
                <td class="title">性别：</td>
                <td class="content"> <jsp:getProperty name="regUser"
```

```
                                    property="gender" /></td>
            </tr>
            <tr>
                <td class="title">E-mail：</td>
                <td class="content"> <jsp:getProperty name="regUser"
                        property="e-mail" /></td>
            </tr>
            <tr>
                <td class="title">出生日期：</td>
                <td class="content">  <%
    SimpleDateFormat sdf = newSimpleDateFormat("yyyy 年 MM 月 dd 日");
    String date = sdf.format(regUser.getBirthday());
%><%=date%>
                </td>
            </tr>
            <tr>
                <td class="title">爱好：</td>
                <td class="content">  <%
    String[] favorites = regUser.getFavorites();
    for (String f : favorites) {
%><%=f%>   <%
    }
%>
                </td>
            </tr>
            <tr>
                <td class="title">自我介绍：</td>
                <td class="content"> <jsp:getProperty name="regUser"
                        property="introduce" /></td>
            </tr>
            <tr>
                <td class="title">是否介绍协议：</td>
                <td class="content"> <jsp:getProperty name="regUser"
                        property="flag" /></td>
            </tr>
        </table>
    </center>
  </body>
</html>
```

Servlet 源文件：
文件名：RegServlet.java

```
package servlet;
import java.io.IOException;
import java.io.PrintWriter;
import java.text.SimpleDateFormat;
import java.util.Date;
import javax.servlet.ServletException;
import javax.servlet.http.HttpServlet;
import javax.servlet.http.HttpServletRequest;
import javax.servlet.http.HttpServletResponse;
```

```java
import entity.Users;
public class RegServlet extends HttpServlet {
    /**
     * Constructor of the object.
     */
    public RegServlet() {
        super();
    }
    /**
     * Destruction of the servlet. <br>
     */
    public void destroy() {
        super.destroy(); // Just puts "destroy" string in log
        // Put your code here
    }
    /**
     * The doGet method of the servlet. <br>
     *
     * This method is called when a form has its tag value method equals to get.
     *
     * @param request
     *                 the request send by the client to the server
     * @param response
     *                 the response send by the server to the client
     * @throws ServletException
     *                  if an error occurred
     * @throws IOException
     *                  if an error occurred
     */
    public void doGet(HttpServletRequest request, HttpServletResponse response)
            throws ServletException, IOException {

        doPost(request, response);
    }

    /**
     * The doPost method of the servlet. <br>
     *
     * This method is called when a form has its tag value method equals to post.
     *
     * @param request
     *                 the request send by the client to the server
     * @param response
     *                 the response send by the server to the client
     * @throws ServletException
     *                  if an error occurred
     * @throws IOException
     *                  if an error occurred
     */
    public void doPost(HttpServletRequest request, HttpServletResponse response)
```

```java
        throws ServletException, IOException {

    request.setCharacterEncoding("utf-8");

    Users u = new Users();
    String username, mypassword, gender, e-mail, introduce, isAccept;
    Date birthday;
    String[] favorites;

    SimpleDateFormat sdf = new SimpleDateFormat("yyyy-MM-dd");
    try {
        username = request.getParameter("username");
        mypassword = request.getParameter("mypassword");
        gender = request.getParameter("gender");
        e-mail = request.getParameter("email");
        introduce = request.getParameter("introduce");
        if (request.getParameterValues("isAccpet") != null) {
            isAccept = request.getParameter("isAccept");
        } else {
            isAccept = "false";
        }
        favorites = request.getParameterValues("favorite");
        u.setUsername(username);
        u.setMypassword(mypassword);
        u.setGender(gender);
        u.setE-mail(e-mail);
        u.setFavorites(favorites);
        u.setIntroduce(introduce);
        if (isAccept.equals("true")) {
            u.setFlag(true);
        } else {
            u.setFlag(false);
        }
        request.getSession().setAttribute("regUser", u);
        request.getRequestDispatcher("../userinfo.jsp").forward(request,
                response);
    } catch (Exception ex) {
        ex.printStackTrace();
    }
}
/**
 * Initialization of the servlet. <br>
 *
 * @throws ServletException
 *              if an error occurs
 */
public void init() throws ServletException {
    // Put your code here
}
}
```

文件名：Users.java

```java
package entity;
import java.util.Date;
public class Users {
    private String username;
    private String mypassword;
    private String e-mail;
    private String gender;
    private Date birthday;
    private String[] favorites;
    private String introduce;
    private boolean flag;
    public Users() {
    }
    public String getUsername() {
        return username;
    }
    public void setUsername(String username) {
        this.username = username;
    }
    public String getMypassword() {
        return mypassword;
    }
    public void setMypassword(String mypassword) {
        this.mypassword = mypassword;
    }
    public String getEmail() {
        return e-mail;
    }
    public void setEmail(String email) {
        this.e-mail = e-mail;
    }
    public String getGender() {
        return gender;
    }
    public void setGender(String gender) {
        this.gender = gender;
    }
    public Date getBirthday() {
        return birthday;
    }
    public void setBirthday(Date birthday) {
        this.birthday = birthday;
    }
    public String[] getFavorites() {
        return favorites;
    }
    public void setFavorites(String[] favorites) {
        this.favorites = favorites;
    }
    public String getIntroduce() {
```

```java
            return introduce;
        }
        public void setIntroduce(String introduce) {
            this.introduce = introduce;
        }
        public boolean isFlag() {
            return flag;
        }
        public void setFlag(boolean flag) {
            this.flag = flag;
        }
}
```

文件名：index.jsp

```jsp
<%@ page language="java" import="java.util.*"
    contentType="text/html; charset=utf-8"%>
<%
    String path = request.getContextPath();
    String basePath = request.getScheme() + "://" + request.getServerName() + ":" + request.getServerPort()
            + path + "/";
%>
<!DOCTYPE HTML PUBLIC "-//W3C//DTD HTML 4.01 Transitional//EN">
<html>
  <head>
    <base href="<%=basePath%>">
    <title>My JSP 'reg.jsp' starting page</title>
    <meta http-equiv="pragma" content="no-cache">
    <meta http-equiv="cache-control" content="no-cache">
    <meta http-equiv="expires" content="0">
    <meta http-equiv="keywords" content="keyword1,keyword2,keyword3">
    <meta http-equiv="description" content="This is my page">
    <!--
        <link rel="stylesheet" type="text/css" href="styles.css">
        -->
    <style type="text/css">
    .label {
        width: 20%
    }
    .controler {
        width: 80%
    }
    </style>
    <script type="text/javascript" src="js/Calendar3.js"></script>
  </head>
  <body>
    <h1>用户注册</h1>
    <hr>
    <form name="regForm" action="servlet/RegServlet" method="post">
        <table border="0" width="800" cellspacing="0" cellpadding="0">
            <tr>
```

```
    <td class="lalel">用户名：</td>
    <td class="controler"><input type="text" name="username" /></td>
</tr>
<tr>
    <td class="label">密码：</td>
    <td class="controler"><input type="password" name="mypassword"
        style="width: 155px; "></td>
</tr>
<tr>
    <td class="label">确认密码：</td>
    <td class="controler"><input type="password" name="confirmpass"
        style="width: 155px; "></td>
</tr>
<tr>
    <td class="label">电子邮箱：</td>
    <td class="controler"><input type="text" name="e-mail"></td>


</tr>
<tr>
    <td class="label">性别：</td>
    <td class="controler"><input type="radio" name="gender"
        checked="checked" value="Male">男<input type="radio"
        name="gender" value="Female">女</td>
</tr>
<tr>
    <td class="label">出生日期：</td>
    <td class="controler"><input name="birthday" type="text"
        id="control_date" size="10" maxlength="10"
        onclick="new Calendar().show(this);" readonly="readonly" /></td>
</tr>
<tr>
    <td class="label">爱好：</td>
    <td class="controler"><input type="checkbox" name="favorite"
        value="nba"> NBA   <input type="checkbox"
        name="favorite" value="music">音乐  <input
        type="checkbox" name="favorite" value="movie">电影  <input
        type="checkbox" name="favorite" value="internet">上网 
    </td>
</tr>
<tr>
    <td class="label">自我介绍：</td>
    <td class="controler"><textarea name="introduce" rows="10"
            cols="40"></textarea></td>
</tr>
<tr>
    <td class="label">接受协议：</td>
    <td class="controler"><input type="checkbox" name="isAccept"
        value="true">是否接受条款</td>
</tr>
<tr>
```

```
          <td colspan="2" align="center"><input type="submit" value="注册" />  
            <input type="reset" value="取消" />  </td>
      </tr>
    </table>
  </form>
</body>
</html>
```

程序运行结果如图 5-4 所示，在浏览器内显示用户注册页面。

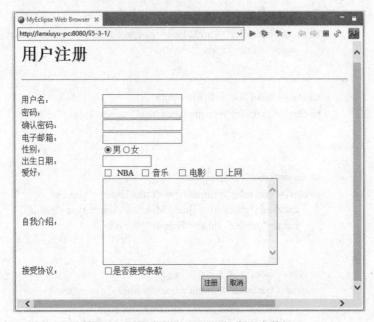

图 5-4　通过表单向 Servlet 提交用户数据

在图 5-4 内的输入框中输入用户数据，点击"注册"按钮，结果如图 5-5 所示，显示通过表单向 Servlet 提交用户注册信息。

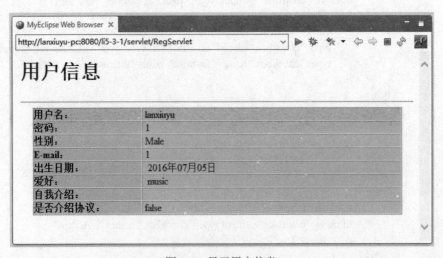

图 5-5　显示用户信息

5.3.2　通过超链接访问 Servlet

在 JSP 页面中，可以通过点击一个超链接，访问 Servlet。

【例 5-3】超链接访问 Servlet 实验。

工程名：Exp5_3

文件名：index.jsp

```jsp
<%@ page language="java" import="java.util.*"
    contentType="text/html; charset=utf-8"%>
<%
    String path = request.getContextPath();
    String basePath = request.getScheme() + "://"
            + request.getServerName() + ":" + request.getServerPort()
            + path + "/";
%>
<!DOCTYPE HTML PUBLIC "-//W3C//DTD HTML 4.01 Transitional//EN">
<html>
  <head>
    <base href="<%=basePath%>">
    <title>My JSP 'index.jsp' starting page</title>
    <meta http-equiv="pragma" content="no-cache">
    <meta http-equiv="cache-control" content="no-cache">
    <meta http-equiv="expires" content="0">
    <meta http-equiv="keywords" content="keyword1,keyword2,keyword3">
    <meta http-equiv="description" content="This is my page">
    <!--
        <link rel="stylesheet" type="text/css" href="styles.css">
        -->
  </head>

  <body>
    <form action=""Method="post">
        <h1>使用 MyEclipse 创建 Servlet 小例子</h1>
        <hr>
        <a href="servlet/HelloServlet">Get 方式请求 HelloServlet</a>
        <br>
    </form>
  </body>
</html>
```

文件名：HelloServlet.java

```java
package servlet;
import java.io.IOException;
import java.io.PrintWriter;
import javax.servlet.ServletException;
import javax.servlet.http.HttpServlet;
import javax.servlet.http.HttpServletRequest;
import javax.servlet.http.HttpServletResponse;
```

```java
public class HelloServlet extends HttpServlet {
    /**
     * Constructor of the object.
     */
    public HelloServlet() {
        super();
    }
    /**
     * Destruction of the servlet. <br>
     */
    public void destroy() {
        super.destroy(); // Just puts "destroy" string in log
        // Put your code here
    }
    /**
     * The doGet method of the servlet. <br>
     *
     * This method is called when a form has its tag value method equals to get.
     *
     * @param request
     *              the request send by the client to the server
     * @param response
     *              the response send by the server to the client
     * @throws ServletException
     *              if an error occurred
     * @throws IOException
     *              if an error occurred
     */
    public void doGet(HttpServletRequest request, HttpServletResponse response)
            throws ServletException, IOException {
        System.out.println("处理 Get 请求...");
        response.setContentType("text/html");
        PrintWriter out = response.getWriter();
        out.println("<!DOCTYPE HTML PUBLIC \"-//W3C//DTD HTML 4.01 Transitional//EN\">");
        out.println("<html>");
        out.println("<head><title>A Servlet</title></head>");
        out.println("<body>");
        out.println("<strong>Hello Servlet!</strong><br>");
        out.println("</body>");
        out.println("</html>");
        out.flush();
        out.close();
    }
    /**
     * The doPost method of the servlet. <br>
     *
     * This method is called when a form has its tag value method equals to
```

```
* post.
*
* @param request
*                 the request send by the client to the server
* @param response
*                 the response send by the server to the client
* @throws ServletException
*                 if an error occurred
* @throws IOException
*                 if an error occurred
*/
public void doPost(HttpServletRequest request, HttpServletResponse response)
        throws ServletException, IOException {
    System.out.println("处理 Post 请求...");
    response.setContentType("text/html");
    PrintWriter out = response.getWriter();
    out.println("<!DOCTYPE HTML PUBLIC \"-//W3C//DTD HTML 4.01 Transitional//EN\">");
    out.println("<HTML>");
    out.println("<HEAD><TITLE>A Servlet</TITLE></HEAD>");
    out.println("<BODY>");
    out.println("<strong>Hello Servlet!</strong><br>");
    out.println("</BODY>");
    out.println("</HTML>");
    out.flush();
    out.close();
}
/**
 * Initialization of the servlet. <br>
 *
 * @throws ServletException
 *                 if an error occurs
 */
public void init() throws ServletException {
    // Put your code here
}
}
```

程序运行结果如图 5-6 所示，在浏览器内显示 Get 方式超链接。点击超链接，显示
HelloServlet 页面内容"Hello Servlet！"，如图 5-7 所示。

图 5-6 Get 方法请求 HelloServlet

图 5-7　HelloServlet 页面内容

5.4　共享变量

在 Servlet 被加载之后，当后续的客户请求 Servlet 服务时，引擎将启动一个新的线程，在该线程中，Servlet 调用 service 方法响应客户的请求，而且 Servlet 类中定义的成员变量，被所有的客户线程共享。在下面的例 5-4 中，利用共享变量实现了一个计数器。

【例 5-4】共享变量实现一个计数器。

工程名：Exp5_4

文件名：Count.java，代码如下：

```java
package Servers;
import java.io.*;
import javax.servlet.*;
import javax.servlet.http.*;

public class Count extends HttpServlet {
    int count;

    public void init(ServletConfig config) throws ServletException {
        super.init(config);
        count = 0;
    }

    public synchronized void service(HttpServletRequest request,
            HttpServletResponse response) throws IOException {   // 获得一个向客户发送数据的输出流
        PrintWriter out = response.getWriter();
        response.setContentType("text/html;charset=GB2312");   // 设置响应的 MIME 类型
        out.println("<HTML><BODY>");
        count++;                                                // 增加计数
        out.println("you are " + count + "th" + " people");
        out.println("</body></html>");
    }
}
```

程序运行结果如图 5-8 所示。在浏览器中显示访问计数结果。

在处理多线程问题时，必须注意这样一个问题：当两个或多个线程同时访问同一个变量，并且一个线程需要修改这个变量。应对这样的问题作出处理，否则可能发生混乱，所以上述例子中的 service 方法是一个 synchronized 方法。

图 5-8   计数器

5.5   doGet 和 doPost 方法

1. doGet：处理 GET 请求

通常情况下，在开发基于 HTTP 的 Servlet 时，开发者只需要关心 doGet 和 doPost 方法，其他的方法需要开发者非常熟悉 HTTP 编程，因此这些方法被认为是高级方法。而通常情况下，实现的 Servlet 都是从 HttpServlet 扩展而来。doPut（处理 PUT 请求）和 doDelete（处理 DELETE 请求）方法允许开发者支持 HTTP/1.1 的对应特性；doHead（处理 HEAD 请求）是一个已经实现的方法，它将执行 doGet，但是仅仅向客户端返回 doGet 应该向客户端返回的头部的内容；doOptions（处理 OPTIONS 请求）方法自动返回 Servlet 所直接支持的 HTTP 方法信息；doTrace（处理 TRACE 请求）方法返回 TRACE 请求中的所有头部信息。对于那些仅仅支持 HTTP/1.0 的容器而言，只有 doGet、doHead 和 doPost 方法被使用。

【例 5-5】提交数据 get 方法。

工程名：Exp5_5

文件名：index.jsp

```jsp
<%@ page language="java" contentType="text/html;charset=GB2312"%>
<html>
  <head>
    <title>用户表单</title>
  </head>
  <body>
    <form action="aa" method="get">
        用户名:<input type="text" name="username" /><br>密码:<input
            type="password" name="password" /><br><input type="submit"
            value="提交" /><input type="reset" value="重置" />
    </form>
  </body>
</html>
```

Servlet 源文件：

DoGetDemo.java：

```java
package com.cqdz;
import java.io.IOException;
import java.io.PrintWriter;
import javax.servlet.ServletException;
```

```java
import javax.servlet.http.HttpServlet;
import javax.servlet.http.HttpServletRequest;
import javax.servlet.http.HttpServletResponse;
/**
 * Servlet implementation class Demo1
 */
public class DoGetDemo extends HttpServlet {
    private static final long serialVersionUID = 1L;
    /**
     * @see HttpServlet#HttpServlet()
     */
    public DoGetDemo() {
        super();
        // TODO Auto-generated constructor stub
    }
    /**
     * @see HttpServlet#doGet(HttpServletRequest request, HttpServletResponse
     *      response)
     */
    // protected void doGet(HttpServletRequest request, HttpServletResponse
    // response) throws ServletException, IOException {
    // // TODO Auto-generated method stub
    // response.getWriter().append("Served at: ").append(request.getContextPath());
    // }
    /**
     * @see HttpServlet#doPost(HttpServletRequest request, HttpServletResponse
     *      response)
     */
    protected void doPost(HttpServletRequest request,
            HttpServletResponse response) throws ServletException, IOException {
        response.setContentType("text/html;charset=GB2312");
        PrintWriter out = response.getWriter();
        request.setCharacterEncoding("GB2312");
        String username = request.getParameter("username");
        String password = request.getParameter("password");
        out.println("<html>");
        out.println("<body>");
        out.println("用户名:" + username + "<br>");
        out.println("密码:" + password);
        out.println("</body>");
        out.println("</html>");
    }
}
```

程序运行后, 浏览器内显示用户登录页面, 如图 5-9 所示, 在输入框内输入用户名和密码, 采用 Get 方法获得数据, 如图 5-9 所示。

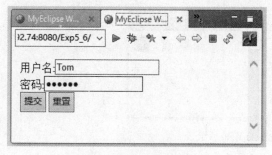

图 5-9 输入用户资料

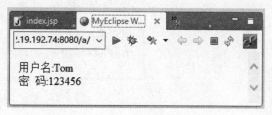

图 5-10 Get 的提交方式显示结果

2. doPost：处理 POST 请求

用于客户端把数据传送到服务器端，也会有副作用。但优点是可以隐藏传送给服务器的任何数据，适合发送大量的数据。

【例 5-6】提交数据 post 方法。

工程名：Exp5_6

文件名：index.jsp

```jsp
<%@ page language="java" contentType="text/html;charset=GB2312"%>
<html>
  <head>
    <title>用户表单</title>
  </head>
  <body>
    <form action="aa" method="post">
        用户名:<input type="text" name="username"/><br>
        密码:<input type="password" name="password"/><br>
    <input type="submit" value="提交"/>
    <input type="reset" value="重置"/>
    </form>
  </body>
</html>
```

程序运行结果如图 5-11 所示，在输入框内输入数据后，点击"提交"，显示注册信息，效果如图 5-12 所示。

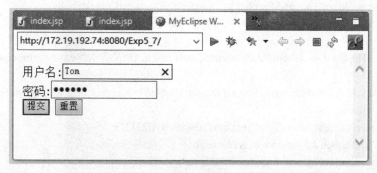

图 5-11 Post 的提交方式

图 5-12　Post 的提交方式显示结果

Servlet 的 Demo1.java 源代码：

```java
package com.cqdz;
import java.io.IOException;
import java.io.PrintWriter;
import javax.servlet.ServletException;
import javax.servlet.http.HttpServlet;
import javax.servlet.http.HttpServletRequest;
import javax.servlet.http.HttpServletResponse;
/**
 * Servlet implementation class Demo1
 */
public class Demo1 extends HttpServlet {
    private static final long serialVersionUID = 1L;
    /**
     * @see HttpServlet#HttpServlet()
     */
    public Demo1() {
        super();
        // TODO Auto-generated constructor stub
    }
    /**
     * @see HttpServlet#doGet(HttpServletRequest request, HttpServletResponse response)
     */
    protected void doGet(HttpServletRequest request, HttpServletResponse response) throws ServletException,
            IOException {
        // TODO Auto-generated method stub
    response.getWriter().append("Served at: ").append(request.getContextPath());
    }
    /**
     * @see HttpServlet#doPost(HttpServletRequest request, HttpServletResponse response)
     */
    protected void doPost(HttpServletRequest request, HttpServletResponse response) throws ServletException,
            IOException {
        response.setContentType("text/html;charset=GB2312");
        PrintWriter out = response.getWriter();
        request.setCharacterEncoding("GB2312");
        String username = request.getParameter("username");
        String password = request.getParameter("password");
```

```
            out.println("<html>");
            out.println("<body>");
            out.println("用户名:" + username + "<br>");
            out.println("密码： " + password);
            out.println("</body>");
            out.println("</html>");
        }
    }
```

5.6   重定向与转发

转发是服务器行为，重定向是客户端行为。

重定向的功能是将用户从当前页面或 Servlet 定向到另一个 JSP 页面或 Servlet；转发的功能是将用户对当前 JSP 页面或 Servlet 对象的请求转发给另一个 JSP 页面或 Servlet 对象。

1. 重定向过程

客户浏览器发送 http 请求→web 服务器接收后发送 302 状态码响应及对应新的 location 给客户浏览器→客户浏览器发现是 302 响应，则自动再发送一个新的 http 请求，请求 URL 是新的 location 地址→服务器根据此请求寻找资源并发送给客户。在这里，location 可以重定向到任意 URL，既然是浏览器重新发出了请求，就没有 request 传递的概念了。在客户浏览器路径栏显示的是其重定向的路径，客户可以观察到地址的变化。重定向行为是浏览器做了至少两次的访问请求。

重定向，其实是两次 request。第一次，客户端 request A，服务器响应，并 response 回来，告诉浏览器，应该去 B。这个时候 IE 可以看到地址变了，而且历史的回退按钮也亮了。重定向可以访问自己 Web 应用以外的资源。在重定向的过程中，传输的信息会丢失。

2. 转发过程

客户浏览器发送 http 请求→Web 服务器接收此请求→调用内部的一个方法在容器内部完成请求处理和转发动作→将目标资源发送给客户。在这里，转发的路径必须是同一个 Web 容器下的 URL，其不能转向到其他的 Web 路径上去，中间传递的是自己的容器内的 request。在客户浏览器路径栏显示的仍然是其第一次访问的路径，也就是说客户是感觉不到服务器做了转发的。转发行为是浏览器只做了一次访问请求。

例如，你去办理某个执照，你先去了 A 局，A 局看了以后，知道这个事情其实应该 B 局来管，但是他没有把你退回来，而是让你坐一会儿，自己到后面办公室联系了 B 的人，让他们办好后，送了过来。

5.6.1   sendRedirect 方法

重定向方法：void sendRedirect(String location)是 HttpServletResponse 类中的方法。当用户请求一个 Servlet 时，该 Servlet 在处理数据后，可以使用重定向方法将用户重新定义到另一个 JSP 页面或 Servlet。重定向方法仅仅是将用户从当前页面或 Servlet 定义到另一个 JSP 页面或 Servlet，但不能将用户对当前页面或 Servlet 的请求转发给所定向的资源，也就是说，重定向的目标页面或 Servlet 对象无法使用 request 获取用户提交的数据。

5.6.2 RequestDispatcher 对象

RequestDispatcher 是一个 Web 资源的包装器，可以用来把当前 request 传递到该资源，或者把新的资源包括到当前响应中。RequestDispatcher 接口中定义了两个方法：include()方法和forward()方法。

由于<jsp:include>只能指定固定的 jsp 文件名，不能动态指定 jsp 文件名，所以需要把<jsp:include>翻译为 "Java code-RequestDispatcher.include();" 的形式，具体用法如下：

<% request.getRequestDispatcher(filename).include(request, response); />

服务器端的重定向可以有两种方式：

（1）使用 HttpServletResponse 的 sendRedirect()方法。

（2）使用 RequestDispatcher 的 forward()方法。

HttpServletResponse.sendRedirect()方法将响应定向到参数 location 指定的、新的 URL。location 可以是一个绝对的 URL，如 response.sendRedirect("http://java.sun.com")也可以使用相对的 URL。如果 location 以 "/" 开头，则容器认为相对于当前 Web 应用的根，否则，容器将解析为相对于当前请求的 URL。这种重定向的方法，将导致客户端浏览器的请求 URL 跳转。从浏览器的地址栏中可以看到新的 URL 地址，作用类似于上面设置 HTTP 响应头信息的实现。

RequestDispatcher.forward()方法将当前的 request 和 response 重定向到该 RequestDispacher 指定的资源。这在实际项目中大量使用，因为完成一个业务操作往往需要跨越多个步骤，每一个步骤完成相应的处理后，转向下一个步骤。比如，通常业务处理在 Servlet 中进行，处理的结果转到一个 JSP 页面进行显示。

注意，只有在尚未向客户端输出响应时才可以调用 forword()方法，如果页面缓存不为空，在重定向之前将自动清除缓存。

RequestDispatcher 的 include()方法与 forward()方法非常类似，唯一的不同在于：利用include()方法将 HTTP 请求转送给其他 Servlet 后，被调用的 Servlet 虽然可以处理这个 HTTP请求，但是最后的主导权仍然在于原来的 Servlet。换言之，被调用的 Servlet 如果产生任何 HTTP回应，将会并入原来的 HttpResponse 对象。

有三种方法可以得到 Request Dispatcher 对象，如下所示：

（1）javax.servlet. ServletRequest 的 getRequestDispatcher(String path)方法，其中 path 可以是相对路径，但不能越出当前 Servlet 上下文。如果 path 以 "/" 开头，则解析为相对于当前上下文的根。

（2）javax.servlet. ServletContext 的 getRequestDispatcher(String path)方法，其中 path 必须以 "/" 开头，路径相对于当前的 Servlet 上下文。可以调用 ServletContext 的 getContext(String uripath)得到另一个 Servlet 上下文，并可以转向到外部上下文的一个服务器资源链接。

（3）javax.servlet.ServletContext 的 getNamedDispatcher(String name)得到名为 name 的一个 Web 资源，包括 Servlet 和 JSP 页面。这个资源的名字在 Web 应用部署描述文件 web.xml 中指定。

5.7　会话管理

在人机交互中，会话管理是保持用户的整个会话活动的互动与计算机系统的跟踪过程。Web 服务器的会话管理通常指的是 session 以及 cookie。

5.7.1 会话管理的类型

1. 桌面会话管理

桌面会话管理器是一个程序，可以保存和恢复桌面会话。桌面会话是所有正在运行的窗口和当前的内容。基于 Linux 系统的会话管理器是 X 会话管理器。在 Microsoft Windows 系统，没有会话管理器包含在系统中。会话管理是由第三方提供的类似于 twinsplay 的第三方应用程序。

2. 浏览器会话管理

会话管理是特别有用的网页浏览器时，用户可以保存所有打开的网页和设定，并在以后恢复他们的日期。为了帮助恢复系统或应用软件崩溃，页面和设置也可以在下次运行时恢复。OmniWeb 与 Opera 网页浏览器支持会话管理。其他浏览器，如 Mozilla Firefox 通过第三方插件或扩展支持会话管理。

3. Web 服务器的会话管理

超文本传输协议（HTTP）是无状态连接协议：对于每一个新的 Web 服务器上的 HTTP GET 或 POST 请求，客户端计算机上运行 Web 浏览器必须建立一个新的 TCP 连接。会话管理是由 Web 开发人员进行 HTTP 会话状态管理的技术。例如，一旦用户已经在 Web 服务器验证了自己的用户名和密码，那么他的下一个 HTTP 请求（GET 或 POST 请求）不应该再要求验证用户名和密码了。

5.7.2 获取用户的会话

已经知道，HTTP 协议是一种无状态协议。一个客户向服务器发出请求（request）然后服务器返回响应（response），连接就被关闭了。在服务器端不保留连接的有关信息，因此当下一次连接时，服务器已没有以前的连接信息了，无法判断这一次连接和以前的连接是否属于同一客户。因此，必须使用客户的会话，记录有关连接的信息。

一个 Servlet 使用 HttpServletRequest 对象 request 调用 getSession 方法获取用户的会话对象：
HttpSession session=request.getSession(true);

一个用户在不同的 Servlet 中获取的 session 对象是完全相同的，不同用户的 session 对象互不相同。

【例 5-8】本例中，有两个 Servlet：Boy 和 Girl。客户访问 Boy 时，将一个字符串对象存入自己的会话中，然后访问 Girl，在 Girl 中再输出自己的 session 对象中的字符串对象。

文件名：Boy.java

```
import java.io.*;
import javax.servlet.*;
mport javax.servlet.http.*;
  public class Boy extends HttpServlet
  { public void init(ServletConfig config) throws ServletException
  {super.init(config);
  }
    public void doPost(HttpServletRequest request,HttpServletResponse response)
    throws ServletException,IOException
  { // 获得一个向客户发送数据的输出流:
    PrintWriter out=response.getWriter();
    response.setContentType("text/html;charset=GB2312");      // 设置响应的 MIME 类型
```

```
        out.println("<HTML>");
        out.println("<BODY>");
        HttpSession session=request.getSession(true);          // 获取客户的会话对象
        session.setAttribute("name","Zhoumin");
        out.println(session.getId());                          // 获取会话的 Id
        out.println("</BODY>");
        out.println("</HTML>
    }
        public void doGet(HttpServletRequest request,HttpServletResponse response)
        throws ServletException,IOException
    { doPost(request,response);
    }
}
```

文件名：Girl.java
```
import java.io.*;
import javax.servlet.*;
import javax.servlet.http.*;
    public class Girl extends HttpServlet
    {public void init(ServletConfig config) throws ServletException
    {super.init(config);
    }
    public void doPost(HttpServletRequest request,HttpServletResponse response)
    throws ServletException,IOException
    { // 获得一个向客户发送数据的输出流
        PrintWriter out=response.getWriter();
        response.setContentType("text/html;charset=GB2312");    // 设置响应的 MIME 类型
        out.println("<HTML>");
        out.println("<BODY>");
        HttpSession session=request.getSession(true);          // 获取客户的会话对象
        session.setAttribute("name","Zhoumin");
        out.println(session.getId());                          // 获取会话的 Id
        String s=(String)session.getAttribute("name");         // 获取会话中存储的数据
        out.print("<BR>"+s);
        out.println("</BODY>");
        out.println("</HTML>");
    }
    public void doGet(HttpServletRequest request,HttpServletResponse response)
    throws ServletException,IOException
    { doPost(request,response);
    }
}
```

任务实施：

5.8　购物车

用户通过一个 JSP 页面（choice.jsp）选择商品，提交给 Servlet（AddCar），该 Servlet 负责将商品添加到用户的 session 对象中（相当于用户的一个购物车），并将 session 对象中的商品显示给用户。用户可以不断地从 choice.jsp 页面提交商品给 AddCar。用户通过 remove.jsp 页面选择要从购物车中删除的商品提交给 Servlet：RemoveGoods，该 Servlet 负责从用户的购物车（用户的 session 对象）删除商品。

1. 负责选择商品的 JSP 页面

文件名：choice.jsp

```
<%@ page contentType="text/html;charset=GB2312" %>
<%@ page import="java.util.*" %>
<%@ page import="Car1" %>
<html>
    <body bgcolor=cyan><Font size=1>
        <p>这里是第一百货商场，选择您要购买的商品添加到购物车：
        <form action="examples/servlet/AddCar" method="post" name="form">
        <Select name="item" value="没选择">
            <option value="TV">电视机
            <option value="apple">苹果
            <option value="coke">可口可乐
            <option value="milk">牛奶
            <option value="tea">茶叶
        </Select>
        <p>输入购买的数量：
        <input type=text name="mount">
        <p>选择计量单位：
        <input type="radio" name="unit" value="个">个
        <input type="radio" name="unit" value="公斤">公斤
        <input type="radio" name="unit" value="台">台
        <input type="radio" name="unit" value="瓶">瓶
        <input type=submit value="提交添加">
        </font>
    </body>
</html>
```

程序运行结果如图 5-13 所示。

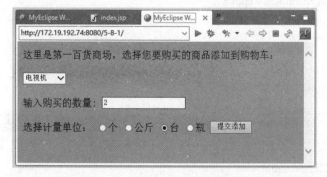

图 5-13　使用 Servlet 添加商品

2. 负责添加商品的 Servlet

文件名：AddCar.java

```
import java.io.*;
import java.util.*;
import javax.servlet.*;
import javax.servlet.http.*;
public class AddCar extends HttpServlet
{
    public void init(ServletConfig config) throws ServletException
{super.init(config);
}
public void doPost(HttpServletRequest request,HttpServletResponse response)
throws ServletException,IOException
{ // 获得一个向客户发送数据的输出流
    PrintWriter out=response.getWriter();
    response.setContentType("text/html;charset=GB2312");        // 设置响应的 MIME 类型
    out.println("<HTML>");
    out.println("<BODY>");
    HttpSession session=request.getSession(true);                // 获取客户的会话对象
    String item =request.getParameter("item"),                   // 获取客户选择的商品名称
    mount=request.getParameter("mount"),                         // 获取客户购买的数量
    unit =request.getParameter("unit");                          // 获取商品的计量单位
    // 将客户的购买信息存入客户的 session 对象中
    String str="Name: "+item+" Mount:"+mount+" Unit:"+unit;
    session.setAttribute(item,str);
    // 将购物车中的商品显示给客户
    out.println("goods in your car: ");
    Enumeration enum=session.getAttributeNames();
    while(enum.hasMoreElements())
    { String name=(String)enum.nextElement();
    out.print("<BR>"+(String)session.getAttribute(name));
    }
}
    public void doGet(HttpServletRequest request,HttpServletResponse response)
    throws ServletException,IOException
{
do Post(request,response);
}
}
```

程序运行结果如图 5-14 所示，显示添加成功。

图 5-14　显示添加结果

3. 选择删除商品的 JSP 页面

文件名：remove.jsp

```jsp
<%@ page contentType="text/html;charset=GB2312" %>
<%@ page import="java.util.*" %>
<%@ page import="Car1" %>
<html>
  <body bgcolor=cyan><Font size=1>
      <p>选择要从购物车中删除的商品：
      <form action="examples/servlet/RemoveGoods" method=post name=form>
        <select name="item" value="没选择">
          <option value="TV">电视机
          <option value="apple">苹果
          <option value="coke">可口可乐
          <option value="milk">牛奶
          <option value="tea">茶叶
        </select>
        <input type=submit value="提交删除">
      </form>
  </body>
</ html>
```

程序运行结果如图 5-15 所示，在浏览器内可以选择要删除的商品。

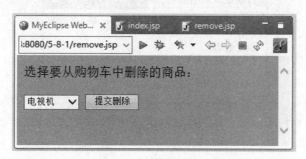

图 5-15　选择需要删除的商品

4. 负责删除商品的 Servlet

文件名：RemoveGoods.java

```java
import java.io.*;
import java.util.*;
import javax.servlet.*;
import javax.servlet.http.*;
public class RemoveGoods extends HttpServlet
{public void init(ServletConfig config) throws ServletException
{super.init(config);
}
public void doPost(HttpServletRequest request,HttpServletResponse response)
throws ServletException,IOException
{// 获得一个向客户发送数据的输出流
  PrintWriter out=response.getWriter();
```

```
response.setContentType("text/html;charset=GB2312");    // 设置响应的 MIME 类型
out.println("<HTML>");
out.println("<BODY>");
HttpSession session=request.getSession(true);           // 获取客户的会话对象
String item =request.getParameter("item");              // 获取要删除的商品名称
session.removeAttribute(item);                          // 删除商品
// 将购物车中的商品显示给客户
out.println("<H3>Now goods in your car:</H3> ");
Enumeration enum=session.getAttributeNames();
while(enum.hasMoreElements())
{ String name=(String)enum.nextElement();
out.print("<BR>"+(String)session.getAttribute(name));
}
}
public void doGet(HttpServletRequest request,HttpServletResponse response)
throws ServletException,IOException
{ doPost(request,response);
}
}
```

程序运行结果如图 5-16 所示，显示删除结果。

图 5-16　删除结果

习题五

一、选择题

1. 以下适合使用 GET 请求来发送的是（　　）。
   A．使用者名称、密码　　　　　　　　B．检视论坛页面
   C．信用卡资料　　　　　　　　　　　D．查询数据的分页
2. 以下应该使用 POST 请求来发送的是（　　）。
   A．使用者名称、密码　　　　　　　　B．档案上传
   C．搜寻引擎的结果页面　　　　　　　D．BLOG 文件
3. 以下适合使用 GET 请求来发送的是（　　）。
   A．检视静态页面　　　　　　　　　　B．查询商品数据
   C．新增商品资料　　　　　　　　　　D．删除商品数据

4．在 Web 容器中，以下哪两个类别的实例分别代表 HTTP 请求与响应对象？（　　　）

    A．HttpRequest   B．HttpServletRequest

    C．HttpServletResponse   D．HttpPrintWriter

5．在 Web 应用程序中，（　　　）负责将 HTTP 请求转换为 HttpServletRequest 对象。

    A．Servlet 对象   B．HTTP 服务器

    C．Web 容器   D．JSP 网页

6．在 Web 应用程序的档案与目录结构中，web.xml 是直接放置在（　　　）目录之中。

    A．WEB-INF 目录   B．conf 目录

    C．lib 目录   D．classes 目录

7．在 MVC 架构中，（　　　）负责通知应用程序客户端，应用程序本身有状态改变。

    A．模型（Model）   B．视图（View）

    C．控制器（Controller）

8．MVC 与 Model 2 架构最大的差别在于（　　　）。

    A．Model 2 架构的视图是由 HTML 组成

    B．Model 2 架构中的模型无法通知视图状态已更新

    C．MVC 架构是基于请求/响应模型

    D．MVC 架构只能用于单机应用程序

二、实验题

1．动手操作 HttpServlet 的继承、web.xml 的定义，并能够自行查询在线 API 文件，了解 HttpServletRequest 有哪些方法可以利用。

2．编写窗体（学生必须自行学习基本的 HTML），了解 GET 与 POST 如何在 Servlet 中进行处理，学生必须重新定义 doPost()方法，并了解如何在 Servlet 中编写判断分支来呈现不同条件下的结果画面。

3．请使用目前所学的 Servlet 相关技巧，实作一个在线留言板程序，其中必须包括以下的功能：

（1）有文件可储存留言，应用程序初始时，必须从该文件中加载留言记录。

（2）"查看留言"功能，每笔留言中包括了留言者的头像、名称与留言信息。

（3）动态"留言窗体"功能，新增留言时使用的窗体。其中包括了输入留言者名称、留言的字段，并可以让使用者选取头像。头像存放的目录可以由 Servlet 初始参数设定。窗体必须可以自动显示头像存放目录中的图片，有多少图片就显示多少个头像。若新增留言失败也会将请求转发回窗体，此时要显示错误信息以及使用者先前填写的名称与留言。

（4）"新增留言"功能，必须作基本的请求参数检查。留言失败及成功的 URL，可以由 Servlet 初始参数来设定。留言成功时必须显示留言成功的信息、使用者名称、留言与头像。

第六章　JavaBean 资源

知识目标：

1. 学生对于 JavaBean 有个初步的概念，可以熟练地使用编程、属性等资源，特别对于资源的定义与使用相分离的思想有个清晰的认识；

2. 学习本章后，学生能熟练通过 JavaBean 文件配置各种资源，并加以使用。

教学目标：

从显示文字的不同属性、范围出发，引导学生学习如何在 JavaBean 文件中定义各种资源，并关联到布局文件中。然后对布局文件进行介绍，使学生熟练掌握线性布局。

知识准备：

学习了 JSP 基础，并对 JavaBean 有基本了解。

内容框架：

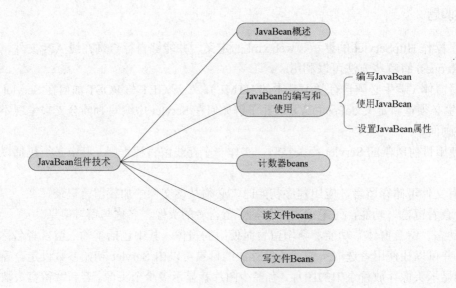

6.1　JavaBean 概述

JavaBean 是 Java 程序设计中的一种组件技术。Sun 公司把 JavaBean 定义为一个可重复使用的软件组件，类似于计算机 CPU、硬盘等组件。从程序员编程的角度看，实际上 JavaBean 组件就是 Java 开发中的一个类，通过封装属性和方法成为具有某种功能和接口的类，简称 bean。由于 JavaBean 是使用 Java 语言开发的组件，所以具有 Java 应用的特点，如与平台无关性，可以在任何安装了 Java 平台的环境中运行，可以实现代码的重复使用等。

6.2　JavaBean 的编写和使用

JavaBean 是一种可重复使用的软件组件，是一种 Java 类。在 JSP 页面中常用 JavaBean 来封装事务逻辑（功能实现部分）、数据库操作等，这样，可以实现前台展示、业务逻辑、数据库操作三者的分离，使程序变得清晰，使系统变得健壮和灵活。

6.2.1　编写 JavaBean

JavaBean 分为可视组件和非可视组件。在 JSP 中主要使用非可视组件。对于非可视组件，不必去设计它的外观，主要关心它的属性和方法。编写 JavaBean 就是编写一个 Java 的类，所以只要会写类就能编写一个 bean，这个类创建的一个对象称作一个 bean。为了能让使用这个 bean 的应用程序构建工具（比如 JSP 引擎）知道这个 bean 的属性和方法，只需在类的方法命名上遵守以下规则：

（1）如果类的成员变量的名字是 xxx，那么为了更改或获取成员变量的值，即更改或获取属性，在类中就需要有两个方法：
- getxxx()：用来获取属性 xxx。
- setxxx()：用来修改属性 xxx。

即方法的名字用 get 或 set 为前缀，后缀是将成员变量的首字母大写的字符序列。

（2）对于 boolean 类型的成员变量，即布尔逻辑类型的属性，允许使用"is"代替上面的"get"和"set"。

（3）类中方法的访问权限都必须是 public 的。

（4）类中如果有构造方法，那么这个构造方法也是 public 的并且是无参数的。

【例 6-1】编写一个简单的 bean，并说明在 JSP 中怎样使用这个 bean。

工程名：Exp6_1

文件名：Circle.java

```
import java.io.*;
public class Circle
{ int radius;
public Circle()
{ radius=1;
}
public int getRadius()
{ return radius;
}
public void setRadius(int newRadius)
{radius=newRadius;
}
public double circleArea()
{return Math.PI*radius*radius;
}
public double circlLength()
{return 2.0*Math.PI*radius;
}
}
```

将上述 Java 文件保存为 Circle.java，并编译通过，得到字节码文件 Circle.class。

6.2.2 使用 JavaBean

在使用 bean 的 JSP 页面中，首先必须有相应的 page 指令，例如：

<% @page import="tom.jiafei.*"%>

然后在 JSP 页面中再使用 JSP 动作标记 useBean，来加载使用 bean。

1. useBean 标记的格式

JSP 页面通过使用 JSP 动作标记 useBean 加载使用 bean，useBean 动作标记的格式如下：

<jsp:useBean id="名字" class="创建 bean 的类" scope="bean 有效期限"></jsp:useBean>或<jsp:useBean id="名字" class="创建 bean 的类" scope="bean 有效期限"/>

需要特别注意的是：其中的"创建 bean 的类"要带有包名，列如：

class="tom.jiafei.Circle"

当 JSP 引擎上某个含有 useBean 动作标记的 JSP 页面被加载执行时，JSP 引擎将首先在一个同步块中查找内置 pageContent 对象中是否含有名字 id 和作用域 scope 的对象。如果这个对象存在，JSP 引擎就分配一个这样的对象给用户，这样，用户就在服务器获得了一个作用域是 scope、名字是 id 的 bean（就像组装电视机时获得了一个有一定功能和使用范围的电子元件）。如果在 pageContent 对象中没有查找到指定作用域是 scope、名字是 id 的对象，就根据 class 指定的类创建一个名字是 id 的对象，即创建了一个名字是 id 的 bean，并添加到 pageContent 内置对象中，并指定该 bean 的作用域是 scope，同时 JSP 引擎在服务器端分配给用户一个作用域是 scope、名字是 id 的 bean。

2. bean 的有效期限

下面就 useBean 标记中 scope 取值的不同情况进行阐述：

（1）scope 取值 page

JSP 引擎分配给每个用户的 bean 是互不相同的，也就是说，尽管每个用户的 bean 的功能相同，但占有不同的内存空间。该 bean 的有效期限是当时页面，当 JSP 引擎执行完这个页面时，JSP 引擎取消分配该用户的这个 bean。

（2）scope 取值 request

JSP 引擎分配给每个用户的 bean 是互不相同的，该 bean 的有效期限是 request 期间。用户在网站的访问期间可能请求过多个页面，如果这些页面含有 scope 取值 request 的 useBean 标记，那么 pageContent 对象在每个页面分配给用户的 bean 也是互不相同的。JSP 引擎对请求作出响应之后，取消分配给用户的这个 bean。

（3）scope 取值 session

该 bean 的有效期限是用户的会话期间，也就是说，如果用户在某个 Web 服务目录多个页面相互连接，每个页面都含有一个 useBean 标记，而且各个页面的 useBean 标记中 id 页面的值相同、scope 的值都是 session，那么，该用户在某个页面更改了这个 bean 的属性，其他页面的这个 bean 的属性也将发生同样的变化。当用户的会话（session）消失，例如用户关闭浏览器时，JSP 引擎取消分配的 bean，即释放 bean 所占用的内存空间。需要注意的是，不同用户的 scope 取值是 session 的 bean 是互不相同的（占有不同的内存空间），也就是说，当两个用户同时访问一个 JSP 页面时，一个用户对自己 bean 的属性的改变，也不会影响到另一个用户。

（4）scope 取值 application。

JSP 引擎为 Web 服务器目录下所有的 JSP 页面分配一个共享的 bean，不同用户的 scope 的取值 application 的 bean 也都是相同的，也就是说，当多个用户同时访问一个 JSP 页面时，任何一个用户对自己 bean 的属性的改变，都会影响到其他的用户。

从上面的叙述可知，有效期限最长的 bean 是 scope 取值为 application 的 bean，最短的是 scope 取值为 page 的 bean。例如 scope 取值为 page 的 bean 的有效期限就小于 scope 取值为 request 的 bean，这是因为对于 scope 取值为 page 的 bean，当 JSP 引擎执行完页面，在做出响应之前就取消了分配用户的 bean。

注意：当使用作用域是 session 的 bean 时，要保证用户端支持 Cookie。

例 6-2 中，负责创建 bean 的类是上述的 Circle 类（Circle.class 保存在 ch7\WEB-INF\classes\tom\jiafei 目录中），创建的 bean 的 id 是 girl、scope 是 page。

【例 6-2】JavaBean 的使用。

文件名：bean1.jsp

```
<%@ page language="java" contentType="text/html; charset=UTF-8"
    pageEncoding="UTF-8"%>
<%@ page import="tom.jiafei.*"%>
<html>
  <body bgcolor=cyan>
    <font size=2><jsp:useBean id="girl" class="tom.jiafei.Circle"
            scope="page">
        </jsp:useBean>
        <p>
            圆的半径是：<%=girl.getRadius()%>
            <A href=" bean2.jsp"><br>bean2.jsp</A>
  </body>
</html>
```

将 bean 的 scope 设为 session，bean 的 id 仍然是 girl，创建该 bean 的类文件仍然是上述的 Circle.class。在 bean1.jsp 页面，girl 的半径 radius 的值是 1，然后链接到 bean2.jsp 页面，显示半径 radius 的值，然后将 girl 的半径 radius 的值更改为 600，当再刷新 bean1.jsp 时会发现 radius 的值已经变成了 600。

文件名：Bean2.jsp

```
<%@ page language="java" contentType="text/html; charset=UTF-8"
    pageEncoding="UTF-8"%>
<%@ page import="tom.jiafei.*"%>
<html>
  <body bgcolor=yellow>
    <font size=2><jsp:useBean id="girl" class="tom.jiafei.Circle"
            scope="session">
        </jsp:useBean>
        <p>
            圆的半径是：
```

```
        <%=girl.getRadius()%>
        <%
            girl.setRadius(600);
        %>
    <p>
        修改后的圆的半径是：
        <%=girl.getRadius()%>
        <A href="bean1.jsp"><BR>bean1.jsp</A>
    </body>
</html>
```

程序运行后，在浏览器内 bean2 页面显示圆的半径为 1，如图 6-1 所示。

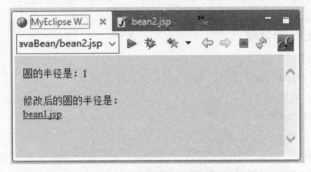

图 6-1　bean2 页面显示圆的半径为 1

点击图 6-1 所示的 bean1.jsp 超链接，页面跳转至如图 6-2 所示的页面，显示圆的半径为 600。

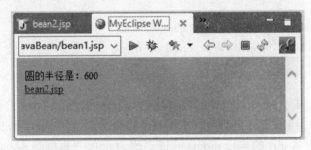

图 6-2　bean1 页面显示圆的半径为 600

点击图 6-2 所示页面中的 bean2.jsp 超链接，页面跳转到如图 6-3 所示的 bean2.jsp 页面，并实现圆半径的修改。

图 6-3　bean2 页面显示圆的半径为 600

6.2.3　获取和修改 JavaBean 的属性

当 JSP 页面使用 useBean 动作标记创建一个 bean 后，就可在 Java 程序片中让这个 bean 调用方法产生行为。JSP 页面还可以使用动作标记 getProperty、setProperty 获取和修改 bean 的属性。下面讲述怎样使用 JSP 的动作标记去获取和修改 bean 的属性。

1. getProperty 动作标记

使用该标记可以获得 bean 的属性值，并将这个值以字符串的形式显示给用户。使用这个标记之前，必须使用 useBean 标记获取一个 bean。

getProperty 动作标记的格式：

`<jsp:getProperty name="bean 的 id" property="bean 的属性"/>`

或

`<jsp:getProperty name="bean 的 id" property="bean 的属性"/>`
`</jsp:getProperty>`

其中，name 的取值是 bean 的 id，用来指定要获取哪个 bean 的属性的值，property 取值是该 bean 的一个属性的名字。该指令的作用相当于 Java 表达式：

`<%=bean 的 id.getXxx() %>`

因此，bean 必须保证有相应的 getXxx 方法，否则 JSP 页面将无法使用 getProperty 标记。

例 6-3 中，创建 bean 的 Java 源文件 Circle2.java 将前面的 Circle.java 进行改进，增加 circleArea 和 circleLength 两个属性，例子中 JSP 页面 example7-1.jsp 使用 useBean 标记得到 id 是 apple 的 bean，并使用 getProperty 标记获取 apple 的各个属性的值。

【例 6-3】获取和修改 JavaBean 的属性。

文件名：Circle2.java

```
package tom.jiafei;
public class Circle2 {
    double radius = 2;
    double circleArea = 0;
    double circleLength = 0;
    public double getRadius() {
        return radius;
    }
    public void setRadius(double newRadius) {
        radius = newRadius;
    }

    public double getCircleArea() {
        circleArea = Math.PI * radius * radius;
        return circleArea;
    }
    public double getCircleLength() {
        circleLength = 2.0 * Math.PI * radius;
        return circleLength;
    }
}
```

注意：Circle2 类中 circleArea 和 circleLength 属性是关联属性，即二者的值依赖于 radius 属性的值，所以不应该提供针对它们的 set 方法，只需提供 get 方法即可。

文件名：Example.jsp

```
<%@ page language="java" contentType="text/html; charset=UTF-8"
    pageEncoding="UTF-8"%>
<%@ page import="tom.jiafei.*"%>
<html>
  <body bgcolor=cyan>
    <jsp:useBean id="girl" class="tom.jiafei.Circle" scope="page">
    </jsp:useBean>
    <%--通过上述 useBean 标记，用户获得了一个 scope 是 page，id 是 girl 的 bean--%>
    <%
        girl.setRadius(10);
    %>
    圆的半径是：<%=girl.getRadius()%>
    <br>圆的周长是：<%=girl.circlLength()%>
    <br>圆的面积是：<%=girl.circleArea()%>
  </body>
</html>
```

程序运行结果如图 6-4 所示，实现 JavaBean 属性的修改。

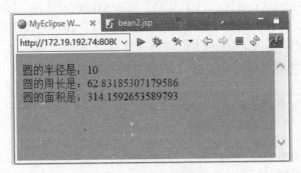

图 6-4　JavaBean 属性修改

2. setProperty 动作标记

使用该标记可以设置 bean 的属性。使用这个标记之前，必须使用 useBean 标记得到一个可操作的 bean，而且必须保证相应的 setXxx 方法。

setProperty 动作标记可以通过两种方式设置 bean 属性的值。

（1）将 bean 属性的值设置为一个表达式的值或者字符串。

这种方式不如后种方式方便，但涉及属性值是汉字时，使用这种方式更好一些。

将 bean 属性的值设置为一个表达式的值，格式为：

`<jsp:setProperty name="bean 的 id" property="bean 的属性"value="<%=expression%>"/>`

将 bean 属性的值设置为一个字符串，格式为：

`<jsp:setProperty name="bean 的 id" property="bean 的属性" value=字符串/>`

如果将表达式的值设置为 bean 的属性的值，表达式值的类型必须和 bean 的属性的类型一致。如果将字符串设置为 bean 的属性的值，这个字符串会自动被转化为 bean 的属性的类型。

在 Java 中，将数字字符构成的字符串转化为其他数值类型的方法如下：

Integer.parseInt(String s)，转化到 int。

Long.parseLong(String s)，转化到 long。

Float.parseFloat(String s)，转化到 float。

Double.parseDouble(String s)，转化到 double。

例 6-4 中，编写了一个描述学生的 bean。在一个 JSP 页面中获得 scope 是 page 的 bean，并使用动作标记设置、获取该 bean 的属性。

【例 6-4】使用动作标记设置、获取该 bean 的属性。

文件名：Student.java

```java
package tom.jiafei;
public class StudentTwo {
    String name = null;
    long number;
    double height, weight;
    public String getName() {
        try {
            byte[] b = name.getBytes("ISO8859-1");
            name = new String(b);
            return name;
        } catch (Exception e) {
            return name;
        }
    }
    public void setName(String newName) {
        name = newName;
    }
    public long getNumber() {
        return number;
    }
    public void setNumber(long newNumber) {
        number = newNumber;
    }
    public double getHeight() {
        return height;
    }
    public void setHeight(double newHeight) {
        height = newHeight;
    }
    public double getWeight() {
        return weight;
    }
    public void setWeight(double newWeight) {
        height = newWeight;
    }
}
```

文件名：Example1.jsp

```
<%@ page language="java" contentType="text/html; charset=UTF-8"
        pageEncoding="UTF-8"%>
<!DOCTYPE html PUBLIC "-//W3C//DTD HTML 4.01 Transitional//EN" "http://www.w3.org/TR/html4/loose.dtd">
<%@ page import="tom.jiafei.Student"%>
<jsp:useBean id="zhang" class="tom.jiafei.Student" scope="request" />
<html>
  <body bgcolor=cyan>
      <jsp:setProperty name="zhang" property="name" value="张小三" />
      名字是：<jsp:getProperty name="zhang" property="name" />
      <jsp:setProperty name="zhang" property="number" value="19001" />
      <br>学号是：<jsp:getProperty name="zhang" property="number" />
      <jsp:setProperty name="zhang" property="height" value="<%=1.78%>" />
      <br>身高是：<jsp:getProperty name="zhang" property="height" />米
      <jsp:setProperty name="zhang" property="weight" value="53" />
      <br>体重是：<jsp:getProperty name="zhang" property="weight" />公斤
  </body>
</html>
```

程序运行结果如图 6-5 所示。

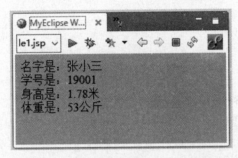

图 6-5　使用动作标记获取 bean 属性

（2）通过 HTTP 表单的参数值来设置 bean 的相应属性的值。

使用 setProperty 设置 bean 属性值的第 2 种方式是通过 HTTP 表单的参数的值来设置 bean 的相应属性的值，JSP 引擎会自动将参数的字符串转换为 bean 相对应的属性的值。

如果使用 HTTP 表单的值来设置 bean 中相对应的属性的值可以使用 setProperty 标记：

`<jsp:setProperty name="bean 的 id" property="* " />`

使用上述方式设置 bean 的属性值，要求 bean 的属性名和表单中所对应的参数名相同，该标记不用再具体指定 bean 属性的值将对应表单中哪个参数指定的值，系统会自动根据名字进行匹配对应。

如果需要明确 bean 的某个属性的值设置为表单中对应的参数值，需使用如下 setProperty 标记：

`<jsp:setProperty name="bean 的 id" property="属性名" param ="参数名"/>`

使用上述方式设置 bean 的属性值，不要求 bean 的属性名和表单中所对应的参数名相同。

例 6-5 通过表单来指定 bean 的属性值，由于用户可能提交汉语的姓名，所以例 6-5 中的 StudentTwo.java 文件对例 6-4 中的 Student.java 进行了改动。

【例 6-5】通过表单来指定 bean 的属性值。

文件名：StudentTwo.java

```java
package tom.jiafei;
public class StudentTwo {
    String name = null;
    long number;
    double height, weight;
    public String getName() {
        try {
            byte[] b = name.getBytes("ISO-8859-1");
            name = new String(b);
            return name;
        } catch (Exception e) {
            return name;
        }
    }
    public void setName(String newName) {
        name = newName;
    }
    public long getNumber() {
        return number;
    }
    public void setNumber(long newNumber) {
        number = newNumber;
    }
    public double getHeight() {
        return height;
    }
    public void setHeight(double newHeight) {
        height = newHeight;
    }
    public double getWeight() {
        return weight;
    }
    public void setWeight(double newWeight) {
        height = newWeight;
    }
}
```

文件名：Example.jsp

```jsp
<% @ page contentType="text/html;charset=GB2312"%>
<% @ page import ="tom.jiafei. StudentTwo"%>
<jsp:useBean id="zhang" class="tom.jiafei. StudentTwo" scope="page"/>
<html>
  <body bgcolor=cyan>
```

```
<font size=2>
  <form action="" Method="post">
    输入名字：<input type="text" name="xingming">
    <br>输入学号：<input type="text" name="xuehao">
    <br>输入身高：<input type="text" name="shengao">
    <br>输入体重：<input type="text" name="tizhong">
    <input type=submit value="提交">
  </form>
    <jsp:setProperty name="zhang" property="name" param ="xingming"/>
    <jsp:setProperty name="zhang" property="number" param ="xuehao"/>
    <jsp:setProperty name="zhang" property="height" param ="shengao"/>
    <jsp:setProperty name="zhang" property="weight" param ="tizhong"/>

    名字是：<jsp:getProperty name="zhang" property="name"/>
    <br>学号是：<jsp:getProperty name="zhang" property="number"/>
    <br>身高是：<jsp:getProperty name="zhang" property="height"/>米
    <br>体重是：<jsp:getProperty name="zhang" property="weight"/>公斤
  </font>
</body>
</html>
```

程序运行结果如图 6-6 所示，通过表单来指定 bean 的属性值。

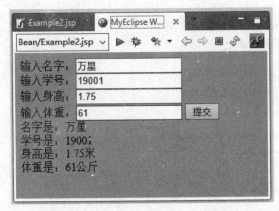

图 6-6　通过表单指定 bean 的属性值

任务实施：

6.3　计数器 beans

计数器 beans 是一个 application 范围的 beans，所有的客户共享这个 beans，任何客户改变这个 beans 的属性值，都会对其他客户产生影响。计数器 beans 有一个记录访问次数的属性 count。

文件名：Counter.java

```java
package tom.jiafei;
public class Counter {
long count=0;
public synchronized long getCount()
{
count++;
return count;
}
}
```

文件名：count.jsp

```jsp
<%@ page language="java" contentType="text/html; charset=UTF-8"
    pageEncoding="UTF-8"%>
<!DOCTYPE html PUBLIC "-//W3C//DTD HTML 4.01 Transitional//EN" "http://www.w3.org/TR/html4/loose.dtd">
<%@ page import="tom.jiafei.Counter"%>
<html>
  <body>
    <font size=4><jsp:useBean id="people"
            class="tom.jiafei.Counter" scope="application">
        </jsp:useBean><%
      if (session.isNew()) {
%>
        <p>
            您是第
            <jsp:getProperty name="people" property="count" />
            位访问本站的人
            <%
            } else {
                out.print("禁止通过刷新增加计数！");
            }
        %>
    </font>
  </body>
</html>
```

程序运行结果如图 6-7 所示，在浏览器内显示第几位访问浏览器的用户，使用 beans 的计数器进行计数。

图 6-7　计数器页面

6.4 读文件 beans

1．选择目录

文件名：filepathselect.jsp

```
<%@ page language="java" contentType="text/html; charset=UTF-8"
    pageEncoding="UTF-8"%>
<!DOCTYPE html PUBLIC "-//W3C//DTD HTML 4.01 Transitional//EN" "http://www.w3.org/TR/html4/
loose.dtd">
<%@ page import="java.util.*"%>
<html>
  <body>
    <font size=1>
        <p>请选择一个目录：
        <form action="listfilename.jsp" method=post>
            <select name="filePath">
                <option value="f:/2000">f:/2000
                <option value="d:/tomcat">D:/tomcat
                <option value="d:/tomcat/jakarta-tomcat-4.0/webapps/root">Root

                <option value="F:/javabook">f:/javabook
                <option value="f:/Example">f:/Example
            </select><input type="submit" value="提交">
        </form>
    </font>
  </body>
</html>
```

程序运行结果如图 6-8 所示，在浏览器内显示目录选择。

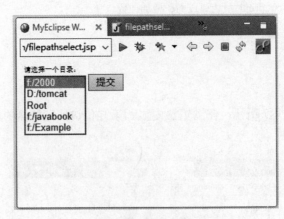

图 6-8　提交目录

2．选择文件页面

文件名：listfilename.jsp

```
<%@ page language="java" contentType="text/html; charset=UTF-8"
```

```
    pageEncoding="UTF-8"%>
<!DOCTYPE html PUBLIC "-//W3C//DTD HTML 4.01 Transitional//EN" "http://www.w3.org/TR/html4/
loose.dtd">
<%@ page import="tom.jiafei.ReadFile"%>
<html>
  <body>
    <font size=2><jsp:useBean id="file" class="tom.jiafei.ReadFile"
            scope="session">
      </jsp:useBean><jsp:setProperty name="file" property="filePath" param="filePath" />
      <p>
          该目录
          <jsp:getProperty name="file" property="filePath" />
          有如下文件:<br>
          <%
              String name[] = file.listFile();
              for (int i = 0; i < name.length; i++) {
                  out.print("<BR>" + name[i]);
              }
          %>

      <form action=readfile.jsp method="post">
          <p>
              输入文件的名字: <input type="text" name="fileName" name="f"><Input
                  type="submit" value="提交">
      </form><br>
      <form action="filepathselect.jsp" method="post" name="form">
          <input type=submit value="重新选择目录">
      </form>
    </font>
  </body>
</html>
```

程序运行结果如图 6-9 所示，在浏览器内可以选择要读取的文件。

图 6-9　显示目录中的文件

3．读取文件内容页面

文件名：readfile.jsp

```
<%@ page contentType="text/html;charset=GB2312" %>
<%@ page import="ReadFile" %>
<html>
    <body >
        <font size=2>
            <jsp:useBean id="file" class="ReadFile" scope="session" >
            </jsp:useBean>
            <jsp:setProperty name= "file" property="fileName" param="fileName" />
            <p>文件
            <jsp:getProperty name= "file" property="fileName" />
                的内容如下:<br>
        </Font>
        <Font size=1>
            <% StringBuffer s=file.readFile();
            out.print(s);
            %>
        <form action="filepathselect.jsp" method="post" name="form">
            <input type="submit" value="重新选择目录">
        </form>
        <br>
        <form action="listfilename.jsp" method="post" name="form">
            <input type="submit" value="重新选择文件">
        </form>
    </font>
    </body>
</html>
```

在如图 6-9 所示的浏览器内输入文件名，点击"提交"后，会自动跳转到如图 6-10 所示的页面，显示出读取的文件内容。

图 6-10　显示文件内容

6.5　写文件 beans

1. 写文件的 beans 可以将客户提交的文本内容写入一个指定目录的文件中

文件名：WriterFile.java

package tom.jiafei;

```java
import java.io.BufferedWriter;
import java.io.File;
import java.io.FileWriter;
import java.io.IOException;
import java.io.PushbackReader;
import java.io.StringReader;
public class WriterFile {
    String filePath = null, fileName = null, fileContent = null;
    public WriterFile() {
        filePath = "C:/";
        fileName = "无标题";
        fileContent = "无内容";
    }
    public void setFilePath(String s) {
        filePath = s;
        try {
            byte b[] = filePath.getBytes("ISO8859-1");
            filePath = new String(b);
        } catch (Exception ee) {
        }
    }
    public String getFilePath() {
        return filePath;
    }
    public void setFileName(String s) {
        fileName = s;
        try {
            byte b[] = fileName.getBytes("ISO8859-1");
            fileName = new String(b);
        } catch (Exception ee) {
        }
    }
    public String getFileName() {
        return fileName;
    }
    // 获取属性 fileContent 的值，为了能显示 HTML 或 JSP 源文件，需进行流的处理技术
    public String getFileContent() {
        try {
            StringReader in = new StringReader(fileContent);// 指向字符串的字符流
            PushbackReader push = new PushbackReader(in);
            StringBuffer stringbuffer = new StringBuffer();
            int c;
            char b[] = new char[1];
            while ((c = push.read(b, 0, 1)) != -1)// 读取 1 个字符放入字符数组 b
            {
                String s = new String(b);
                if (s.equals("<")) // 回压的条件
                {
                    push.unread('&');
                    push.read(b, 0, 1); // push 读出被回压的字符字节，放入数组 b
```

```
                    stringbuffer.append(new String(b));
                    push.unread('L');
                    push.read(b, 0, 1); // push 读出被回压的字符字节, 放入数组 b
                    stringbuffer.append(new String(b));
                    push.unread('T');
                    push.read(b, 0, 1); // push 读出被回压的字符字节, 放入数组 b
                    stringbuffer.append(new String(b));
                } else if (s.equals(">")) // 回压的条件
                {
                    push.unread('&');
                    push.read(b, 0, 1); // push 读出被回压的字符字节, 放入数组 b
                    stringbuffer.append(new String(b));
                    push.unread('G');
                    push.read(b, 0, 1); // push 读出被回压的字符字节, 放入数组 b
                    stringbuffer.append(new String(b));
                    push.unread('T');
                    push.read(b, 0, 1); // push 读出被回压的字符字节, 放入数组 b
                    stringbuffer.append(new String(b));
                } else if (s.equals("\n")) {
                    stringbuffer.append("<BR>");
                } else {
                    stringbuffer.append(s);
                }
            }
            push.close();
            in.close();
            return fileContent = new String(stringbuffer);
        } catch (IOException e) {
            return fileContent = new String("不能读取内容");
        }
    }
    // 写文件
    public void setFileContent(String s) {
        fileContent = s;
        try {
            byte b[] = fileContent.getBytes("ISO8859-1");
            fileContent = new String(b);
            File file = new File(filePath, fileName);
            FileWriter in = new FileWriter(file);
            BufferedWriter buffer = new BufferedWriter(in);
            buffer.write(fileContent);
            buffer.flush();
            buffer.close();
            in.close();
        } catch (Exception e) {
        }
    }
}
```

2. 提交文件内容的页面（包括文件所在目录、文件名及内容)

文件名：writeContent.jsp

```
<%@ page language="java" contentType="text/html; charset=UTF-8"
    pageEncoding="UTF-8"%>
<!DOCTYPE html PUBLIC "-//W3C//DTD HTML 4.01 Transitional//EN" "http://www.w3.org/TR/html4/
loose.dtd">
<%@ page import="tom.jiafei.ReadFile"%>
<html>
  <body>
    <font size=1>
        <p>请选择一个目录：
        <form action="writeFile.jsp" method="post">
            <select name="filePath">
                <option value="f:/2000">f:/2000
                <option value="d:/tomcat">D:/tomcat
                <option value="d:/root">Root
                <option value="F:/javabook">f:/javabook
                <option value="f:/Example">f:/Example
            </select>
            <p>
                输入保存文件的名字：<input type="text" name="fileName">
            <p>
                输入文件的内容：<br>
                <TextArea name="fileContent" Rows="10" Cols="40">
                </TextArea>
                <br>
                <input type=submit value="提交">
        </form>
    </font>
  </body>
</html>
```

程序运行结果如图 6-11 所示，在浏览器的窗口内输入存放目录、文件名以及文件内容。

图 6-11　提交内容和保存文件的名字

3. 将内容写入文件的页面

文件名：writeFile.jsp

```
<%@ page language="java" contentType="text/html; charset=UTF-8"
        pageEncoding="UTF-8"%>
<!DOCTYPE html PUBLIC "-//W3C//DTD HTML 4.01 Transitional//EN" "http://www.w3.org/TR/html4/
loose.dtd">
<%@ page import="tom.jiafei.WriterFile"%>
<html>
  <body>
    <font size=1><jsp:useBean id="file"
              class="tom.jiafei.WriterFile" scope="page">
      </jsp:useBean><jsp:setProperty name="file" property="filePath" param="filePath" />
      <jsp:setProperty name="file" property="fileName" param="fileName" />
      <jsp:setProperty name="file" property="fileContent"
          param="fileContent" /><BR>你写文件到目录：<jsp:getProperty
          name="file" property="filePath" /><BR>文件的名字是：<jsp:getProperty
          name="file" property="fileName" /><BR>文件的内容是：<jsp:getProperty
          name="file" property="fileContent" />
    </font>
  </body>
</html>
```

在图 6-11 中点击"提交"按钮后，跳转到如图 6-12 所示的页面，执行存放，并显示执行结果。

图 6-12　将内容写入文件并显示写入的信息

习题六

选择题

1. JSP 有（　　）个内置对象。（单选）
　　A. 5 个　　　　　　B. 6 个　　　　　　C. 9 个　　　　　　D. 8 个

2. 在 Java 中，如何跳出当前的多重嵌套循环？（   ）（多选）

    A．break   B．return   C．forward   D．finally

3. 四种会话跟踪技术，（   ）范围最大。（单选）

    A．page   B．request   C．session   D．application

4. Java 中有（   ）种方法可以实现一个线程。（单选）

    A．1   B．2   C．3   D．4

5. 同步有（   ）种实现方法。（单选）

    A．4   B．2   C．3   D．1

6. XML 有哪些解析技术？（   ）（多选）

    A．DOM   B．SAX   C．STAX   D．JDOM

7. 下列说法正确的是（   ）。（多选）

    A．构造器 Constructor 可被继承   B．String 类不可以继承

    C．判断两个对象值相同用 "==?   D．char 型变量中不能存储一个中文汉字

8. 下面说法错误的是（   ）。

    A．Vector 是线程安全的

    B．float f=3.4 是正确的

    C．StringBuffer 的长度是可变的

    D．StringBuffer 的长度是不可变的

9. 下列关于集合的说法正确的是（   ）。（多选）

    A．List 的具体实现包括 ArrayList 和 Vector

    B．Map 集合类用于存储元素对其中每个键映射到一个值

    C．Set 的元素是有序的

    D．Hashtable 是线程安全的

10. 下列关于线程的说法正确的是（   ）。（多选）

    A．调用 sleep 不会释放对象锁

    B．调用 wait 方法导致本线程放弃对象锁

    C．当一个线程进入一个对象的一个 synchronized 方法后，其他线程不可进入此对象的其他方法

    D．notify()唤醒全部处于等待状态的线程

第七章 JSP 中的文件操作

知识目标:

1. 掌握 File 类,理解 File 类的概念、方法;
2. 理解输入输出流的概念,节输入流类和字节输出流类;
3. JSP 页面处理文件上传,文件上传的原理方法。

教学目标:

1. 掌握使用 File 类操作文件属性、文件和目录;
2. 掌握文件上传及下载的实现方法。

内容框架:

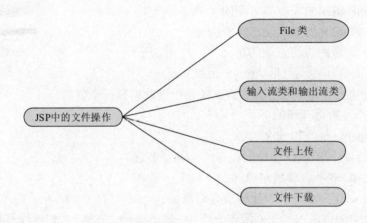

知识准备:

7.1 File 类

File 类对象主要用来获取文件本身的一些信息,例如文件所在的目录、文件的长度、文件读写权限等,不涉及对文件的读写操作。

创建一个 File 对象的构造方法有 3 个:

- File(String filename)
- File(String directoryPath,String filename)
- File(File f, String filename)

对于第一个构造方法,filename 是文件名或文件的绝对路径;对于第二个构造方法,directoryPath 是文件的路径,filename 是文件名;对于第三个构造方法,参数 f 是一个指定目录的文件对象，filename 是文件名。

需要注意的是，当使用第一个构造方法 File(String filename)创建文件时，filename 是文件名，该文件被认为是与当前应用程序在同一目录中，由于 JSP 引擎是在 bin 下启动执行的，所以该文件被认为在"D:\apache-tomcat-6.0.13\bin"目录中。

7.1.1　获取文件的属性

以下常用的 File 类方法用于获取文件本身的一些信息：

（1）public String getName()：获取文件的名字。

（2）public boolean canRead()：判断文件是否是可读的。

（3）public boolean canWrite()：判断文件是否可被写入。

（4）public boolean exists()：判断文件是否存在。

（5）public long length()：获取文件的长度（单位是字节）。

（6）public String getAbsolutePath()：获取文件的绝对路径。

（7）public String getParent()：获取文件的父目录。

（8）public boolean isFile()：判断文件是否是一个正常文件，而不是目录。

（9）public boolean isDirectroy()：判断文件是否是一个目录。

（10）public boolean isHidden()：判断文件是否是隐藏文件。

（11）public long lastModified()：获取文件最后修改的时间（时间是从 1970 年午夜至文件最后修改时刻的毫秒数）。

使用前面描述的关于 File 类的一些方法，获取某些文件的信息。

【例 7-1】使用 File 对象获取文件的属性。

文件名：Example7-1.jsp

```
<%@ page contentType="text/html;charset=GB2312" %>
<%@ page import="java.io.*"%>
<html>
  <body bgcolor=cyan>
    <Font Size=1>
      <% File f1=new
        File("D:\\Tomcat\\jakarta-tomcat-4.0\\webapps\\root","Example7_1.jsp");
        File f2=new File("jasper.sh");
      %>
      <p>文件 Example7_1.jsp 是可读的吗？
      <%=f1.canRead()%>
      <br>
      <p>文件 Example7_1.jsp 的长度：
      <%=f1.length()%>字节
      <br>
      <p> jasper.sh 是目录吗？
      <%=f2.isDirectory()%>
      <br>
      <p>Example7_1.jsp 的父目录是：
      <%=f1.getParent()%>
      <br>
```

```
            <p>jasper.sh 的绝对路径是：
            <%=f2.getAbsolutePath()%>
        </font>
    </body>
</html>
```

程序运行的结果如图 7-1 所示。

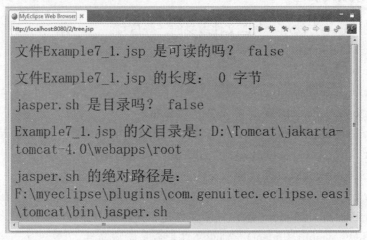

图 7-1　使用 File 对象获取文件的属性

7.1.2　File 类的目录管理方法

1．创建目录

File 对象的 public boolean mkdir()方法用于创建一个目录，如果创建成功返回 true，否则返回 false，如果该目录已经存在也将返回 false，其格式如下：

public boolean mkdir();

【例 7-2】在 Root 目录下创建一个名字为 Students 的目录。

文件名：Example7-2.jsp

```
<%@ page contentType="text/html;charset=GB2312"%>
<%@ page import="java.io.*"%>
<html>
    <body>
        <Font Size=2>
            <% File dir=new
                File("D:/Tomcat/jakarta-tomcat-4.0/webapps/root","Students");
            %>
            <p>在 root 下创建一个新的目录：Student，<BR>成功创建了吗？
            <%=dir.mkdir()%>
            <p> Student  是目录吗？
            <%=dir.isDirectory()%>
        </font>
    </body>
</html>
```

运行结果如图 7-2 所示。

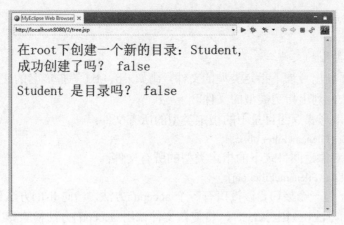

图 7-2　创建一个新的目录

2. 列出目录中的文件

如果 File 对象是一个目录，那么该对象可以调用以下方法列出该目录下的文件和子目录。

（1）list()方法用字符串形式返回目录下的全部文件，格式如下：

public String[] list();

（2）listFiles()方法用 File 对象形式返回目录下的全部文件，格式如下：

public File[] listFiles();

【例 7-3】列出 root 目录下文件长度大于 1000 字节的 5 个文件的文件名及全部目录。

文件名：Example7-3.jsp

```
<%@ page contentType="text/html;charset=GB2312" %>
<%@ page import="java.io.*"%>
<html>
  <body>
    <Font Size=2>
      <% File dir=new File("D:/Tomcat/jakarta-tomcat-4.0/webapps/root");
      File file[]=dir.listFiles();
      %>
      <p>列出 root 下的 5 个长度大于 1000 字节的文件和全部目录:
      <br>目录有:
      <% for(int i=0;i<file.length;i++)
        {if(file[i].isDirectory())
        out.print("<BR>"+file[i].toString());
        }
      %>
      <p> 5 个长度大于 1000 字节的文件名字:
      <% for(int i=0,number=0;(i<file.length)&&(number<=5);i++)
        {if(file[i].length()>=1000)
          {out.print("<BR>"+file[i].toString());
          number++;
          }
        }
      %>
    </font>
```

```
    </body>
    </html>
```

3. 列出指定类型的文件

有时我们需要列出目录下指定类型的文件，比如.jsp、.txt 等扩展名的文件，可以使用 File 类的下述两个方法，列出指定类型的文件。

（1）用字符串形式返回目录下的指定类型的所有文件：

public String[] list(FilenameFilter obj);

（2）用 File 对象返回目录下的指定类型的所有文件：

public File[] listFiles(FilenameFilter obj);

FilenameFilter 是一个接口，该接口有一个 accept()方法，当向 list()方法传递一个实现该接口的对象时，list()方法在列出文件时，将使该文件调用 accept()方法检查该文件 name 是否符合 accept()方法指定的目录和文件名字要求，accept()方法的格式如下：

public boolean accept(File dir,String name);

【例 7-4】列出 Root 目录下的部分 JSP 文件的名字。

文件名：Example7-4.jsp

```
<%@ page contentType="text/html;charset=GB2312" %>
<%@ page import ="java.io.*" %>
<%! class FileJSP implements FilenameFilter
{
    String str=null;
    FileJSP(String s)
    {
        str="."+s;
    }
    public boolean accept(File dir,String name)
    {
        return name.endsWith(str);
    }
}
%>
<P>下面列出了服务器上的一些 jsp 文件
<% File dir=new File("d:/Tomcat/Jakarta-tomcat-4.0/webapps/root/");
    FileJSP file_jsp=new FileJSP("jsp");
    String file_name[]=dir.list(file_jsp);
    for(int i=0;i<5;i++)
    {
        out.print("<BR>"+file_name[i]);
    }
%>
```

4. 删除文件和目录

File 对象的 delete()方法可以删除当前对象代表的文件或目录，如果 File 对象表示的是一个目录，则该目录必须是一个空目录，删除成功返回 true，其格式如下：

public boolean delete();

【例 7-5】删除 Root 目录下的 A.java 文件和 Students 目录。

文件名：Example7-5.jsp

```jsp
<%@ page contentType="text/html;charset=GB2312" %>
<%@ page import ="java.io.*" %>
<html>
  <body>
    <%File f=new File("d:/Tomcat/Jakarta-tomcat-4.0/webapps/root/","A.java");
      File dir=new File("d:/Tomcat/Jakarta-tomcat-4.0/webapps/root","Students");
      boolean b1=f.delete();
      boolean b2=dir.delete();
    %>
    <p>文件 A.java  成功删除了吗？
    <%=b1%>
    <p>目录 Students 成功删除了吗？
    <%=b2%>
  </body>
</html>
```

7.2 输入流和输出流

在实际编程中，数据输入源和输出目的地是多种多样的，如文件、控制台、内存、另一个程序或网络等。为了解决数据源和数据输出目的地的多样性带来的输入/输出操作的复杂性，并实现以一种统一的方式进行数据的输入输出编程，JSP 使用"流"来进行数据的输入输出处理。"流"是指在数据源（数据的起点）和数据目的地（数据的终点）之间所建立的按顺序进行读写数据的通道。一旦在程序和数据源/数据目的地之间建立了"流"，所有的输入/输出操作都转换为对"流"的操作，大大降低了输入/输出操作的复杂性。

输入数据使用输入流，输入流的指向称作源，程序从指向源的输入流中读取源中的数据；输出数据使用输出流，输出流的指向是数据要去的一个目的地，程序通过向输出流中写入数据把信息传递到目的地，如图 7-3、图 7-4 所示。

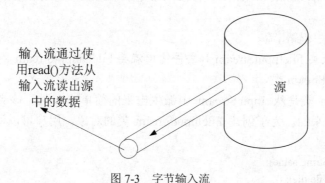

输入流通过使用read()方法从输入流读出源中的数据

源

图 7-3 字节输入流

根据输入/输出流的类型，可以将"流"分为字节流和字符流。字节流以字节为传输单位，字符流以字符为传输单位，用于处理文本数据和输入/输出。InputStream 和 OutputStream 两个抽象类是所有字节流类的父类，而 Reader 和 Writer 抽象类是所有字符流类的父类。4 个抽象类共同构成了 Java 输入/输出流的基础。

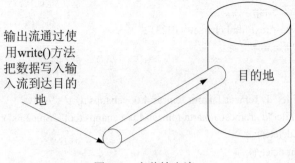

输出流通过使用write()方法把数据写入输入流到达目的地

目的地

图 7-4　字节输出流

1. 字节输入流类 InputStream 和字节输出流类 OutputStream

java.io 包提供大量的流类。所有字节输入流类都是 InputStream（输入流）抽象类的子类，而所有字节输出流都是 OutputStream（输出流）抽象类的子类。

（1）InputStream 类的常用方法。

int read()：该方法从源中读取单个字节的数据，该方法返回字节值（0～255 之间的一个整数），如果未读出字节就返回-1。

int read(byte b[])：该方法从源中试图读取 b.length 个字节到字节数组 b 中，返回实际读取的字节数目，如果到达文件的末尾，则返回-1。

int read(byte b[], int off, int len)：该方法从源中试图读取 len 个字节到 b 中，并返回实际读取的字节数目。如果到达文件的末尾，则返回-1，参数 off 指定从字节数组的某个位置开始存放读取的数据。

void close()：该方法关闭输入流。

long skip(long numBytes)：该方法跳过 numBytes 个字节，并返回实际跳过的字节数目。

（2）OutputStream 类的常用方法。

void write(int n)：该方法向输出流写入单个字节。

void write(byte b[])：该方法向输出流写入一个字节数组。

void write(byte b[],int off,int len)：该方法从给定字节数组中起始于偏移量 off 处取 len 个字节写到输出流。

void close()：关闭输出流。

2. 文件输入流类 FileInputStream 和文件输出流类 FileOutputStream

（1）FileInputStream 类。

FileInputStream 类是从 InputStream 中派生出来的简单输入类。该类的所有方法都是从 InputStream 类继承来的。为了创建 FileInputStream 类的对象，用户可以调用以下两个构造方法来构造对象：

FileInputStream(String name);
FileInputStream(File file);

第一个构造方法使用给定的文件名 name 创建一个 FileInputStream 对象；第二个构造方法使用 File 对象创建 FileInputStream 对象。参数 name 和 file 指定的文件称作输入流的源，输入流通过调用 read()方法读出源中的数据。

FileInpuStream 文件输入流打开一个到达文件的输入流（源就是这个文件，输入流指向这个文件）。例如，为了读取一个名为 myfile.dat 的文件，建立一个文件输入流对象，如下所示：

FileInputStream istream = new FileInputStream("myfile.dat");

文件输入流构造方法的第二种格式是允许使用文件对象来指定要打开哪个文件。例如，下面这段代码使用文件输入流构造方法来建立一个文件输入流，如下所示：

File f = new File("myfile.dat");

FileInputStream istream = new FileInputStream(f);

当使用文件输入流构造方法建立通往文件的输入流时，可能会出现错误（也被称为异常），例如，试图要打开的文件可能不存在。当出现 I/O 错误，Java 生成一个出错信号，它使用一个 IOException（IO 异常）对象来表示这个出错信号。程序必须使用一个 catch（捕获）块检测并处理这个异常。例如，为了把一个文件输入流对象与一个文件关联起来，使用类似于下面所示的代码：

```
try{
    FileInputStream ins = new FileInputStream("myfile.dat"); //读取输入流

    }
catch(IOException e)
    {   //文件 I/O 错误
        System.out.println("File read error: " +e );

    }
```

（2）FileOutputStream 类。

与 FileInputStream 类相对应的类是 FileOutputStream 类。FileOutputStream 提供了基本的文件写入能力。除了从 OutputStream 类继承来的方法以外，FileOutputStream 类还有两个常用的构造方法，这两个构造方法如下所示：

FileOutputStream(String name);

FileOutputStream(File file);

第一个构造方法使用给定的文件名 name 创建一个 FileOutputStream 对象；第二个构造方法使用 File 对象创建 FileOutputStream 对象。参数 name 和 file 指定的文件称作输出流的目的地，通过向输出流中写入数据把信息传递到目的地。创建输出流对象也能发生 IOException 异常，必须在 try、catch 块语句中创建输出流对象。

需要注意的是，使用 FileInputStream 的构造方法 FileInputStream(String name)创建一个输入流时，以及使用 FileOutputStream 的构造方法 FileOutputStream(String name)创建一个输出流时要保证文件和当前应用程序在同一目录下，由于 JSP 引擎是在 bin 下启动执行的，所以文件必须在 bin 目录中。

3. 缓冲输入流类 BufferedInputStream 和缓冲输出流类 BufferedOutputStream

为了提高读写的效率，FileInputStream 流经常和 BufferedInputStream 流配合使用，FileOutputStream 流经常和 BufferedOutputStream 流配合使用。BufferedInputStream 类的一个常用的构造方法是 BufferedInputStream(InputStream in)，该构造方法创建缓存输入流，该输入流的指向是一个输入流，当要读取一个文件（例如 A.txt）时，可以先建立一个指向该文件的文件输入流，然后再创建一个指向文件输入流 in 的输入缓存流，代码如下：

FileInputStream in=new FileInputStream("A.txt");

BufferedInputStream bufferRead=new BufferedInputStream(in);

这时，就可以让 bufferRead 调用 read()方法读取文件的内容。BufferRead 在读取文件的过程中，会进行缓存处理，提高读取的效率。同样，当要向一个文件（例如 B.txt）写入字节时，可以先建立一个指向该文件的文件输出流，然后再创建一个指向文件输出流 out 的输出缓存流，代码如下：

```
FileOutputStream out=new FileOutputStream("B.txt");
BufferedOutputStream bufferWriter=new BufferedOutputStream(out);
```

这时，bufferWriter 调用 writer()方法向文件写入内容时会进行缓存处理，提高写入的效率。需要注意的是，写入完毕后，需调用 flush()方法将缓存中的数据存入文件。

7.3　文件上传

客户通过一个 JSP 页面，上传文件给服务器时，该 JSP 页面必须含有 File 类型的表单，并且表单必须将 ENCTYPE 的属性值设成"multipart/form-data"，File 类型表单如下所示：

```
<Form action= "接收上传文件的页面" method= "post" ENCTYPE=" multipart/form-data"
    <Input Type= "File" name= "picture">
</Form>
```

JSP 引擎可以让内置对象 request 调用方法 getInputStream()获得一个输入流，通过这个输入流读入客户上传的全部信息，包括文件的内容以及表单域的信息。

【例 7-6】客户通过 Example7-6.jsp 页面上传文本文件 A.txt，文件 A.txt 的内容如图 7-5 所示。

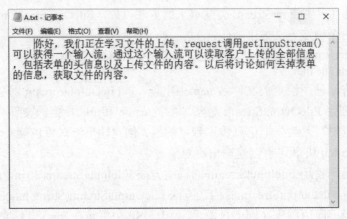

图 7-5　A.txt 文件

文件名：Example7-6.jsp

```
<%@ page contentType="text/html;charset=GB2312" %>
<html>
  <body>
    <p>选择要上传的文件：<br>
    <form action="accept.jsp" method="post" ENCTYPE="multipart/form-data">
    <input type=file name="boy" size="38">
    <br>
    <input type="submit" name ="g" value="提交">
  </body>
```

```
</html>
```
文件名：accept.jsp
```
<%@ page contentType="text/html;charset=GB2312" %>
<%@ page import ="java.io.*" %>
<html>
    <body>
        <% try{ InputStream in=request.getInputStream();
                File f=new File("F:/2000","B.txt");
                FileOutputStream o=new FileOutputStream(f);
                byte b[]=new byte[1000];
                int n;
                while((n=in.read(b))!=-1)
                    {o.write(b,0,n);
                    }
                o.close();
                in.close();
            }
        catch(IOException ee){}
    out.print("文件已上传");
    %>
    </body>
</html>
```

在 accept.jsp 页面中，内置对象 request 调用方法 getInputStream()获得一个输入流 in、用 FileOutputStream 创建一个输出流 o。输入流 in 读取客户上传的信息，输出流 o 将读取的信息写入文件 B.txt，该文件 B.txt 被存放于服务器的 F:/2000 中。B.txt 的内容如图 7-6 所示。

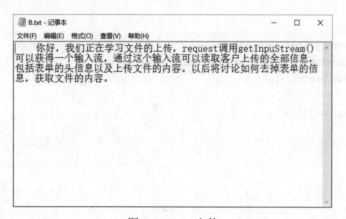

图 7-6   B.txt 文件

一般的，文件表单提交的信息中，前 4 行和最后面的 5 行是表单本身的信息，中间部分才是上传文件的内容。为此，我们要通过输入、输出流技术把表单上的信息去掉，只获取文件的内容。

具体实现时，首先将客户提交的全部信息保存为一个临时文件，该文件的名字是客户的 session 对象的 Id，不同客户的 Id 是不同的；然后读取该文件的第 2 行，这一行中含有客户上传的文件的名字，获取这个名字；再获取第 4 行结束的位置，以及倒数第 6 行的结束位置，因为这两个位置之间的内容是上传文件的内容；然后将这部分内容存入文件，该文件的名字和客户上传的文件的名字保持一致，最后删除临时文件。

7.4 文件下载

文件下载最简单的方式是在网页上做超级链接，如使用代码"<a href="music/abc.mp3">点击下载</a>"，但是这样服务器上的目录资源会直接暴露给最终用户，给网站带来一些不安全的因素。因此可以采用其他方式实现下载，比如采用文件流输出的方式下载。

JSP 内置对象 response 调用 getOutputStream()方法可以获取一个指向客户的输出流，服务器将文件写入这个流，客户就可以下载这个文件了。

【例 7-7】采用文件流输出的方式下载文件。

文件名：Example7-7.jsp

```jsp
<%@ page language="java" contentType="application/x-msdownload" pageEncoding="GB2312"%>
<%
//关于文件下载时采用文件流输出的方式处理
//加上 response.reset()，并且所有的%>后面不要换行，包括最后一个
response.reset();//可以加也可以不加
response.setContentType("application/x-download");
//application.getRealPath("/main/mvplayer/CapSetup.msi");获取的物理路径
String filedownload = "想办法找到要提供下载的文件的物理路径+文件名";
String filedisplay = "给用户提供的下载文件名";
String filedisplay = URLEncoder.encode(filedisplay,"UTF-8");
response.addHeader("Content-Disposition","attachment;filename=" + filedisplay);
java.io.OutputStream outp = null;
java.io.FileInputStream in = null;
try
{
    outp = response.getOutputStream();
    in = new FileInputStream(filenamedownload);
    byte[] b = new byte[1024];
    int i = 0;
    while((i = in.read(b)) > 0)
    {
        outp.write(b, 0, i);
    }
    //
    outp.flush();
    out.clear();
    out = pageContext.pushBody();
}
catch(Exception e)
{
    System.out.println("Error!");
    e.printStackTrace();
}
finally
{
    if(in != null)
```

```
        {
            in.close();
            in = null;
        }
    %>
```

采用文件流输出的方式下载文件的主要优点是实际文件的存放路径对客户端来说是透明的，这个文件可以存在于任何用户的服务器能够取得到的地方，而客户端不一定能直接得到。例如文件来自于数据库或者内部网络的一个 FTP 服务器。换句话说，这种方式可以实现隐藏实际文件的 URL 地址。

在使用文件流进行下载的时候，需要有几个注意的地方：

第一，为了防止客户端浏览器直接打开目标文件（例如在安装了 MS Office 套件的 Windows 中，可能就会直接在 IE 浏览器中打开你想下载的 doc 或者 xls 文件），必须在响应头里加入强制下载的 MIME 类型：

```
response.setContentType("application/force-download");        //设置为下载
application/force-download
```

这样，就可以保证在用户点击下载链接时，浏览器一定会弹出提示窗口来询问进行下载还是直接打开并允许用户选择要打开的应用程序，除非设置了浏览器的一些默认行为。或者，若想让客户端自行处理各种不同的文件类型，可以在服务器的配置文件中配置 MIME 类型映射，通过简单的判断文件后缀名来处理。

第二，在响应头中尽量不要设置浏览器缓存期限。有时候在点击了下载链接后，在弹出窗口中，用户想直接点击"打开"，而不想保存到指定路径，这时候如果我们在响应头中限制了不允许使用浏览器缓存（即总是刷新），在 IE 浏览器中将无法直接打开该文件。因为限制了不允许使用缓存，浏览器无法将文件保存到临时文件夹（即缓存）。

也就是说，在响应头中不要进行如下的设置：

```
response.addHeader("pragma","NO-cache");
response.addHeader("Cache-Control","no-cache");
response.addDateHeader("Expries",0);
```

第三，文件名为中文或其他 unicode 字符时的处理。有时候提供下载的文件名中包含中文字符或者其他 unicode 字符，会导致浏览器无法正确地采用默认的文件名保存文件。我们应该记住在响应头中包含 filename 字段并采用 ISO8859-1 编码（推荐）或者采用 UTF-8 编码：

```
response.setHeader("Content-disposition","attachment;
filename="+new String(filename.getBytes("UTF-8"),"ISO8859-1"));  //采用 ISO8859-1 编码
response.setHeader("Content-disposition","attachment;
filename="+URLEncoder.encode(filename, "UTF-8"));                //采用 UTF-8 编码
```

但是，这种方式在不同的浏览器中表现也有所不同。例如在 IE 和 Firefox 中，采用 ISO8859-1 编码可以正确显示文件名，而在 Opera 中不管采用哪种编码，默认保存的文件名都无法做到正确显示。

所以最好的方法就是尽量在文件名中使用 ASCII 编码。

第四，由于采用流的方式进行输入输出，我们必须保证在使用完毕后关闭流的资源。一般把关闭流的操作放在 finally 块中，以保证在程序段结束前一定会关闭流的资源。

任务实施:

7.5 实现分页读取文件

当读取一个较大的文件时，比如想让客户阅读一部小说，我们希望分页地读取该文件。可以借助 session 对象实现分页读取文件。当客户向 JSP 页面发出请求时，JSP 页面建立一个指向该文件的输入流，通过文件流每次读取文件的若干行。我们已经知道 HTTP 协议是一种无状态协议。一个客户向服务器发出请求（request）然后服务器返回响应（response），连接就被关闭了。在服务器端不保留连接的有关信息，因此当下一次连接时，服务器已没有以前的连接信息了，无法判断这一次连接和以前的连接是否属于同一客户。也就是说，如果请求每次读取 10 行，那么第一次请求会读取文件的前 10 行，当第 2 次请求时，JSP 页面会重新将输入流指向文件，这样，第 2 次读取的内容和第一次读取的完全相同，仍是文件的前 10 行。因此，必须使用会话来记录有关连接的信息。当客户第一次请求该页面时，创建指向文件的输入流连接，然后将这个输入流保存到客户的会话中，当客户再次请求这个页面时，直接使用客户会话中的输入流继续读取文件的后续 10 行就可以了。另外，为了能读取 JSP 文件，还要对读出的文本进行回压流处理。

下面的 readFileByLine.jsp 实现了分页读取文件。

readFileByLine.jsp:

```
<%@ page contentType="text/html;charset=GB2312"%>
<%@ page import="java.io.*"%>
<%!//对字符串进行回压流处理的方法
    public String getString(String content) {
        try {
            StringReader in = new StringReader(content);// 指向字符串的字符流
            PushbackReader push = new PushbackReader(in); // 回压流
            StringBuffer stringbuffer = new StringBuffer(); // 缓冲字符串对象
            int c;
            char b[] = newchar[1];
            while ((c = push.read(b, 0, 1)) != -1)// 读取 1 个字符放入字符数组 b
            {
                String s = new String(b);
                if (s.equals("<")) // 回压的条件
                {
                    push.unread('&');
                    push.read(b, 0, 1); //push 读出被回压的字符字节，放入数组 b
                    stringbuffer.append(new String(b));
                    push.unread('L');
                    push.read(b, 0, 1); //push 读出被回压的字符字节，放入数组 b
                    stringbuffer.append(new String(b));
                    push.unread('T');
                    push.read(b, 0, 1); //push 读出被回压的字符字节，放入数组 b
                    stringbuffer.append(new String(b));
                } else if (s.equals(">")) // 回压的条件
                {
```

```
                            push.unread('&');
                            push.read(b, 0, 1); //push 读出被回压的字符字节, 放入数组 b
                            stringbuffer.append(new String(b));
                            push.unread('G');
                            push.read(b, 0, 1); //push 读出被回压的字符字节, 放入数组 b
                            stringbuffer.append(new String(b));
                            push.unread('T');
                            push.read(b, 0, 1); //push 读出被回压的字符字节, 放入数组 b
                            stringbuffer.append(new String(b));
                    } else if (s.equals("\n")) {
                            stringbuffer.append("<BR>");
                    } else {
                            stringbuffer.append(s);
                    }
            }
            push.close();
            in.close();
            return new String(stringbuffer); // 返回处理后的字符串
        } catch (IOException e) {
            return content = new String("不能读取内容");
        }
    }%>
<%
    String s = request.getParameter("g"); // 获取客户提交的信息 (是否重新读取文件)
    if (s == null) {
        s = "";
    }
    byte b[] = s.getBytes("ISO8859-1");
    s = new String(b);
    File f = null;
    FileReader in = null;
    BufferedReader buffer = null;
    if (session.isNew()) // 当第一次请求该页面时, 建立和文件的输入流连接
    {
        f = new File("f:/javabook", "JSP 教程.txt");
        in = new FileReader(f);
        buffer = new BufferedReader(in);
        session.setAttribute("file", f);
        session.setAttribute("in", in);
        session.setAttribute("buffer", buffer);
    }
    if (s.equals("重新读取文件")) // 当请求重新读取文件时, 建立和文件的输入流连接
    {
        f = new File("f:/javabook", "JSP 教程.txt");
        in = new FileReader(f);
        buffer = new BufferedReader(in);
        session.setAttribute("file", f);
        session.setAttribute("in", in);
        session.setAttribute("buffer", buffer);
    }
```

```
                // 将上述对象保存到用户的 session 对象中
                try {
                    String str = null;
                    int i = 1;
                    f = (File) session.getAttribute("file");
                    in = (FileReader) session.getAttribute("in");
                    buffer = (BufferedReader) session.getAttribute("buffer");
                    while (((str = buffer.readLine()) != null) && (i <= 5)) { // 为了能显示原始的 HTML 文件或 JSP
文件需使用回压流技术
                        str = getString(str);
                        out.print("<BR>" + str);
                        i++;
                    }
                } catch (IOException e) {
                    out.print("文件不存在，或读取出现问题");
                }
        %>
        <%
                String code = response.encodeURL("readFileByLine.jsp");
        %>
        <html>
            <body>
                <p>
                        <br>点击按钮读取下 5 行：
                <form action="<%=code%>" method="post" name="form">
                        <input type="submit" value="读取文件的下 5 行">
                </form>
                <p>
                        <br>点击按钮重新读取文件：
                <form action="" method="post" name="form">
                        <input type="submit" name="g" value="重新读取文件">
                </form>
            </body>
        </html>
```

程序运行结果如图 7-7 所示。

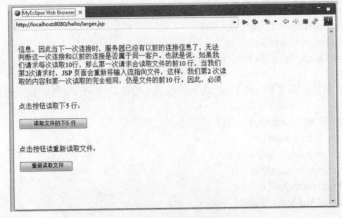

图 7-7 分页读取文件

2. 实现标准化网络考试

大部分网络上的标准化考试试题都是使用数据库技术实现的，使用数据库易编写代码，但降低了效率，因为打开一个数据库连接的时间要远远慢于打开一个文件。这一任务我们结合 Java 的流技术实现一个标准化网络考试，用一个文件输入流每次读取一道试题。

试题文件的书写格式是：

第一行必须是全部试题的答案（用来判定考试者的分数）。

每道题目之间用一行"*****"分割（至少含有两个**）。

试题可以是一套标准的英语测试题，包括单词测试、阅读理解等（也可以在文件的最后给出整套试题的全部答案）。所用试题 English.txt 如图 7-8 所示，标准化网络考试的效果如图 7-9 所示。

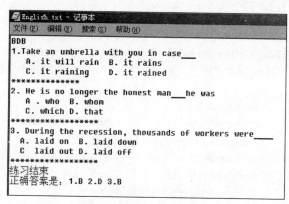

图 7-8　试题文件的书写格式

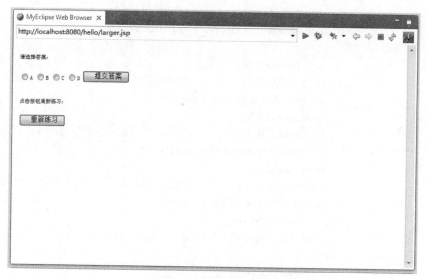

图 7-9　标准化网络考试

下述的 ttt.jsp 存放在 Root 目录中，English.txt 存放在 F:/2000 中。

文件名：ttt.jsp

```
<%@ page contentType="text/html;charset=GB2312"%>
```

```jsp
<%@ page import="java.io.*"%>
<%@ page import="java.util.*"%>
<%!String answer = null;                                    // 存放答案用的字符串
    // 对字符串进行回压流处理的方法

    public String getString(String content) {
        try {
            StringReader in = new StringReader(content);        // 指向字符串的字符流
            PushbackReader push = new PushbackReader(in);       // 回压流
            StringBuffer stringbuffer = new StringBuffer();     // 缓冲字符串对象
            int c;
            char b[] = newchar[1];
            while ((c = push.read(b, 0, 1)) != -1)              // 读取 1 个字符放入字符数组 b
            {
                String s = new String(b);
                if (s.equals("<"))                              // 回压的条件
                {
                    push.unread('&');
                    push.read(b, 0, 1);              //push 读出被回压的字符字节，放入数组 b
                    stringbuffer.append(new String(b));
                    push.unread('L');
                    push.read(b, 0, 1);              //push 读出被回压的字符字节，放入数组 b
                    stringbuffer.append(new String(b));
                    push.unread('T');
                    push.read(b, 0, 1);             //push 读出被回压的字符字节，放入数组 b
                    stringbuffer.append(new String(b));
                } else if (s.equals(">"))           // 回压的条件
                {
                    push.unread('&');
                    push.read(b, 0, 1);             //push 读出被回压的字符字节，放入数组 b
                    stringbuffer.append(new String(b));
                    push.unread('G');
                    push.read(b, 0, 1);             //push 读出被回压的字符字节，放入数组 b
                    stringbuffer.append(new String(b));
                    push.unread('T');
                    push.read(b, 0, 1);             //push 读出被回压的字符字节，放入数组 b
                    stringbuffer.append(new String(b));
                } else if (s.equals("\n")) {
                    stringbuffer.append("<BR>");
                } else {
                    stringbuffer.append(s);
                }
            }
            push.close();
            in.close();
            return new String(stringbuffer);        // 返回处理后的字符串
```

```
        } catch (IOException e) {
            return content = new String("不能读取内容");
        }
    }%>
<%
    String s = request.getParameter("g");      // 获取客户提交的信息（是否重新读取文件）
    if (s == null) {
        s = "";
    }
    byte b[] = s.getBytes("ISO8859-1");
    s = new String(b);
    File f = null;
    FileReader in = null;
    BufferedReader buffer = null;
    Integer number = new Integer(0);           // 初始题号
    Integer score = new Integer(0);            // 初始分数
    if (session.isNew())                       // 当第一次请求该页面时，建立和文件的输入流连接
    {
        f = new File("f:/2000", "English.txt");
        in = new FileReader(f);
        buffer = new BufferedReader(in);
        // 读入文件的第 1 行：答案
        answer = buffer.readLine().trim();
        ;
        // 将上述 f、in、buffer 对象保存到用户的 session 对象中
        session.setAttribute("file", f);
        session.setAttribute("in", in);
        session.setAttribute("buffer", buffer);
        // 将初始题号保存到 session 对象中
        session.setAttribute("number", number);
        // 将用户的初始得分保存到 session 对象中
        session.setAttribute("score", score);
    }
    if (s.equals("重新练习"))                    // 当请求重新读取文件时，建立和文件的输入流连接
    {
        f = new File("f:/2000", "English.txt");
        in = new FileReader(f);
        buffer = new BufferedReader(in);
        // 读入文件的第 1 行：答案
        answer = buffer.readLine().trim();
        // 将上述 f、in、buffer 对象保存到用户的 session 对象中
        session.setAttribute("file", f);
        session.setAttribute("in", in);
        session.setAttribute("buffer", buffer);
        // 将初始题号保存到 session 对象中
        session.setAttribute("number", number);
```

```
                // 将用户的初始得分保存到 session 对象中
                session.setAttribute("score", score);
        }
        // 读取试题
        try {
                String str = null;
                f = (File) session.getAttribute("file");
                in = (FileReader) session.getAttribute("in");
                buffer = (BufferedReader) session.getAttribute("buffer");
                while ((str = buffer.readLine()) != null) { // 为了能显示原始的 HTML 文件或 JSP 文件需使用
                                                             // 回压流技术

                        str = getString(str);
                        if (str.startsWith("**"))             // 每个试题的结束标志
                        {
                                break;
                        }
                        out.print("<BR>" + str);
                }
        } catch (IOException e) {
                out.print("" + e);
        }
%>
<%
        String code = response.encodeURL("ttt.jsp");
%>


<html>
  <body>
    <font size=1>
        <p>
                <br>请选择答案:
        <form action="<%=code%>" method="post" name="form">
                <input type="radio" name="r" value="A">A
                <input type="radio"
                        name="r" value="B">B
                <input type="radio" name="r" value="C">C
                <input type="radio" name="r" value="D">D
                <input type="submit"
                        name="submit" value="提交答案">
        </form><%
        // 当用户提交表单时,获取提交的答案
        // 判断用户是否提交了答案表单
        String select = request.getParameter("submit");        // 获取客户提交的答案选择表单
        if (select == null) {
                select = "";
        }
        byte c[] = select.getBytes("ISO8859-1");
        select = new String(c);
        if (select.equals("提交答案")) {
                String userAnswer = request.getParameter("r");
```

```
            if (userAnswer == null) {
                userAnswer = "#";
            }
            // 将提交的答案与正确答案进行比较
            // 首先获取题号
            Integer num = (Integer) session.getAttribute("number");
            int tihao = num.intValue();
            // 获取相应题号的标准答案
            char correctAnswer = '\0';
            try {
                correctAnswer = answer.charAt(tihao);
            } catch (StringIndexOutOfBoundsException ee) {
                tihao = 0;
            }
            // 然后再将题号重新存入 session 对象
            tihao = tihao + 1;
            Integer newNumber = new Integer(tihao);
            session.setAttribute("number", newNumber);
            // 将用户提交的答案与标准答案比较
            char user = userAnswer.charAt(0);
            if (user == correctAnswer) {              // 给用户增加分值
                Integer newScore = (Integer) session.getAttribute("score");
                int fenshu = newScore.intValue();
                fenshu = fenshu + 1;
                newScore = new Integer(fenshu);
                session.setAttribute("score", newScore);
                out.print("您答对了，您现在的得分是：");
                out.print("" + fenshu);
            } else {
                out.print("您没有答对，继续努力！");
                out.print("您现在的得分是：" + session.getAttribute("score"));
            }
        }
%>
        <p>
                <br>点击按钮重新练习：
        <form action="" method="post" name="form">
                <input type="submit" name="g" value="重新练习">
        </form>
    </font>
  </body>
</html>
```

习题七

一、选择题

1. 当用户请求 JSP 页面时，JSP 引擎就会执行该页面的字节码文件响应客户的请求，执行字节码文件的结果是（　　）

A. 发送一个 JSP 源文件到客户端

B. 发送一个 Java 文件到客户端

C. 发送一个 HTML 页面到客户端

D. 什么都不做

2. 当多个用户请求同一个 JSP 页面时，Tomcat 服务器为每个客户启动一个（   ）

A. 进程　　　　　　B. 线程　　　　　　　C. 程序　　　　　　　D. 服务

3. 下列关于动态网页和静态网页的根本区别，描述错误的是（   ）

A. 静态网页服务器端返回的 HTML 文件是事先存储好的

B. 动态网页服务器端返回的 HTML 文件是程序生成的

C. 静态网页文件里只有 HTML 标记，没有程序代码

D. 动态网页中只有程序，不能有 HTML 代码

4. 不是 JSP 运行必需的是（   ）。

A. 操作系统　　　　　　　　　　　　B. Java JDK

C. 支持 JSP 的 Web 服务器　　　　　D. 数据库

5. URL 是 Internet 中资源的命名机制，URL 由三部分构成，包括（   ）。

A. 协议、主机 DNS 名或 IP 地址和文件名

B. 主机、DNS 名或 IP 地址和文件名、协议

C. 协议、文件名、主机名

D. 协议、文件名、IP 地址

6. 下列说法正确的是（   ）。

A. Apache 用于 ASP 技术所开发网站的服务器

B. IIS 用于 CGI 技术所开发网站的服务器

C. Tomcat 用于 JSP 技术所开发网站的服务器

D. WebLogic 用于 PHP 技术所开发网站的服务器

7. Tomcat 服务器的默认端口号是（   ）。

A. 80　　　　　　　B. 8080　　　　　　　C. 21　　　　　　　D. 2121

二、判断题

1. 动态网页和静态网页的根本区别在于服务器端返回的 HTML 文件是事先存储好的还是由动态网页程序生成的。（   ）

2. Internet 和 Intranet 的含义意义相同。（   ）

3. 互联网起源于美国国防部高级研究计划管理局建立的 ARPA 网。（   ）

4. Web 开发技术包括客户端和服务器端的技术。（   ）

5. Tomcat 和 JDK 都不是开源的。（   ）

三、填空题

1. W3C 是指_____。

2. Internet 采用的通信协议是_____。

3. IP 地址用四组由圆点分割的数字表示，其中每一组数字都在_____之间。

4．当今比较流行的技术研发模式是通过_____和_____的体系结构来实现的。

5．Web 应用中的每一次信息交换都要涉及_____和_____两个层面。

6．静态网页文件里只有_____，没有程序代码。

四、思考题

1．为什么要为 JDK 设置环境变量？

2．Tomcat 和 JDK 是什么关系？

3．什么是 Web 服务根目录、子目录、相对目录？如何配置虚拟目录？

4．什么是 B/S 模式？

5．简述 JSP、JavaBean 和 JavaServlet 之间的关系。

6．集成开发环境能为程序员做什么？

7．使用 MyEclipse 开发 JSP 程序，需要进行哪些配置？

8．简述 MyEclipse 和 Eclipse 的关系。

第八章　数据库访问

知识目标：

1. SQLyog 的实现，即驱动程序、连接管理、数据库访问；
2. 使用 SQLyog 驱动访问 MySQL 数据库，了解基本的代码；
3. 能够在数据库中进行增、删、改、查操作。

教学目标：

1. 掌握使用 SQLyog 访问数据库的方法；
2. JSP 中常用数据库操作；
3. JSP 中常见乱码问题及解决方案。

内容框架：

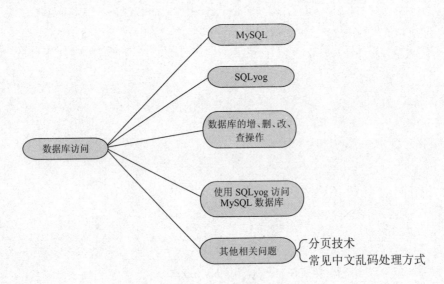

知识准备：

8.1　MySQL

1. MySQL简介

MySQL是一种开放源代码的关系型数据库管理系统（RDBMS），MySQL数据库系统使用最常用的数据库管理语言——结构化查询语言（SQL）进行数据库管理。开发者为瑞典 MySQL AB 公司，在 2008 年 1 月 16 号被 Sun 公司收购。而 2009 年，Sun 又被 Oracle 收购。对于 MySQL 的前途，当时并没有人抱乐观的态度。目前 MySQL 被广泛地应用在 Internet 上的中小型网站中。由于其体积小、速度快、总体拥有成本低，尤其是开放源码这一特点，许多中小型网站为了降低网站总体拥有成本而选择了 MySQL 作为网站数据库。MySQL 的官方网站的网址是：www.mysql.com。

2. MySQL 的特性

（1）使用 C 和 C++编写，并使用了多种编译器进行测试，保证源代码的可移植性。

（2）支持 AIX、FreeBSD、HP-UX、Linux、Mac OS、Novell Netware、OpenBSD、OS/2 Wrap、Solaris、Windows 等多种操作系统。

（3）为多种编程语言提供了 API。这些编程语言包括 C、C++、Python、Java、Perl、PHP、Eiffel、Ruby 和 Tcl 等。

（4）支持多线程，充分利用 CPU 资源。

（5）优化的 SQL 查询算法，有效地提高了查询速度。

（6）既能够作为一个单独的应用程序应用在客户端服务器网络环境中，也能够作为一个库而嵌入到其他的软件中提供多语言支持，常见的编码如中文的 GB 2312、BIG5，日文的 Shift_JIS 等都可以用作数据表名和数据列名。

（7）提供 TCP/IP、ODBC 和 JDBC 等多种数据库连接途径。

（8）提供用于管理、检查、优化数据库操作的管理工具。

（9）可以处理拥有上千万条记录的大型数据库。

3. MySQL 的应用

与其他的大型数据库（例如 Oracle、DB2、SQL Server 等）相比，MySQL 有它的不足之处，如规模小、功能有限（MySQL Cluster 的功能和效率都相对比较差）等，但是这丝毫也没有减少它受欢迎的程度。对于一般的个人使用者和中小型企业来说，MySQL 提供的功能已经绰绰有余，而且由于 MySQL 是开放源码软件，因此可以大大降低总体拥有成本。目前 Internet 上流行的网站构架方式是 LAMP（Linux+Apache+MySQL+PHP），即使用 Linux 作为操作系统，Apache 作为 Web 服务器，MySQL 作为数据库，PHP 作为服务器端脚本解释器。由于这四个软件都是自由或开放源码软件（FLOSS），因此使用这种方式不用花一分钱就可以建立起一个稳定、免费的网站系统。

4. MySQL 的管理

可以使用命令行工具管理 MySQL 数据库（命令 mysql 和 mysqladmin），也可以从 MySQL 的网站下载图形管理工具 MySQL Administrator 和 MySQL Query Browser。

phpMyAdmin 是由 PHP 写成的 MySQL 资料库系统管理程式，让管理者可通过 Web 界面管理 MySQL 资料库。

phpMyBackupPro 也是由 PHP 写成的，可以通过 Web 界面创建和管理数据库。它可以创建伪 cronjobs，可以自动在某个时间或周期备份 MySQL 数据库。另外，还有其他的 GUI 管理工具，例如早先的 MySQL-Front 以及 EMS MySQL Manager、Navicat 等。

8.2　SQLyog

SQLyog 是业界著名的 Webyog 公司出品的一款简洁高效、功能强大的图形化MySQL 数据库管理工具。用户可以使用 SQLyog 快速直观地从世界的任何角落通过网络来维护远端的

MySQL 数据库。

1．SQLyog 的特点

SQLyog 相比其他类似的 MySQL 数据库管理工具，其有如下特点：

（1）基于 C++和 MySQL API 编程。

（2）方便快捷的数据库同步与数据库结构同步工具。

（3）易用的数据库、数据表备份与还原功能。

（4）支持导入与导出 XML、HTML、CSV 等多种格式的数据。

（5）直接运行批量 SQL 脚本文件，速度极快。

（6）新版本更是增加了强大的数据迁移功能。

2．SQLyog 基本功能

（1）快速备份和恢复数据。

（2）以 GRID/TEXT 格式显示结果。

（3）支持客户端挑选、过滤数据。

（4）批量执行很大的 SQL 脚本文件。

（5）快速执行多重查询并能够返回每页超过 1000 条的记录集，而这种操作是直接生成在内存中的。

（6）程序本身非常短小精悍，压缩后只有 348 KB。

（7）完全使用 MySQL C APIs 程序接口。

（8）以直观的表格界面建立或编辑数据表。

（9）以直观的表格界面编辑数据。

（10）进行索引管理。

（11）创建或删除数据库。

（12）操纵数据库的各种权限：库、表、字段。

（13）编辑 BLOB 类型的字段，支持 Bitmap/GIF/JPEG 格式。

（14）输出数据表结构/数据为 SQL 脚本。

（15）支持输入/输出数据为 CSV 文件。

（16）可以输出数据库清单为 HTML 文件。

（17）为所有操作建立日志。

（18）个人收藏管理操作语句。

（19）支持语法加亮显示。

（20）可以保存记录集为 CSV、HTML、XML 格式的文件。

（21）99%的操作都可以通过快捷键完成。

（22）支持对数据表的各种高级属性的修改。

（23）查看数据服务器的各种状态、参数等。

（24）支持更改数据表类型为 ISAM、MYISAM、MERGE、HEAP、InnoDB、BDB。

（25）刷新数据服务器、日志、权限、表格等。

（26）诊断数据表，包括：检查、压缩、修补、分析。

8.3 数据库的增、删、改、查操作

1. 添加操作

在 MySQL 语句中，使用 INSERT 语句将新行添加到表或视图中，在数据表中增加记录的 MySQL 语句的语法格式：

insert into 表名(列 1,列 2...) values (值 1,值 2...);

其中，表名指定将要插入数据的表；列指定要插入数据的一列或多列的字段名；对于指定的列名，values 中的值必须与列名一一对应；如果是对表中的所有字段逐一并全部添加数据，则可以省略列名。

例如，在学生信息表中添加一个学生的信息（'00001','david','male'），则对应的 MySQL 语句应为：

insert into stu info values('00001','david','male');

2. 删除操作

在 MySQL 语言中，使用 DELETE 语句删除数据表中的行。在数据表中删除记录的 MySQL 语句有以下格式：

delete from 表名 where 条件;

where 子名指定删除行数的条件，可以用 and 连接多个条件，如果没有提供 where 子句，则删除表中的所有记录。语法格式如下：

delete from 表名;

例如：要从学生信息表中删除学号为"00001"的学生信息，则对应的 MySQL 语句如下：

delete from stuinfo where 学号='00001';

3. 修改操作

MySQL 语言中的更新语句是使用 UPDATE 语句，在数据表中修改记录的 MySQL 语句有以下格式。

修改一个字段的格式如下：

update 表名 set 列=新值;

修改多个字段的格式如下：

update 表名 set 列=新值,列=新值;

需要满足某种条件再更新的格式如下：

update 表名 set 列=新值 where 条件;

例如：修改所有学生的年龄，将所有男生的年龄都增加 1 岁，则对应的 MySQL 语句如下：

update stuinfo set 年龄=年龄+1 where 性别='male';

4. 查询操作

数据查询是数据库的一项基本操作，使用最频繁，在数据表中查找记录的 MySQL 语句有以下格式。

查询所有记录的格式如下：

select * from 表名;

查询带有条件的所有记录格式如下：

select * from 表名 where 条件;

查询某几列的格式如下：

select 列1，列2...from 表名;

查询满足某些条件的某几列的格式如下：

select 列1，列2... from 表名 where 条件;

8.4　使用 SQLyog 访问 MySQL 数据库

使用 SQLyog 访问 MySQL 数据库的方法，这里主要介绍连接 MySQL 数据库程序的方法。

（1）首先访问网址 https://www.webyog.com/下载 SQLyog 安装并运行，如图8-1所示。

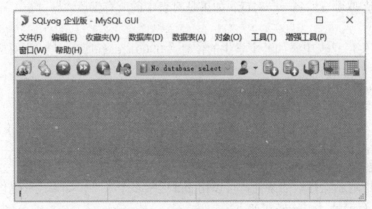

图 8-1　SQLyog 启动界面

（2）点击"文件"→"新建连接"，打开如图8-2所示对话框，连接本地 MySQL 主机。

图 8-2　连接本地 MySQL 主机

（3）在图8-2所示对话框内选择服务器名字，本书的 MySQL 主机地址选择"localhost"，之后输入用户名"root"和密码"123456"，注意保存，端口号要选择一个没有被占用的端口号，本书选择3306端口。然后点击"连接"，结果如图8-3所示。

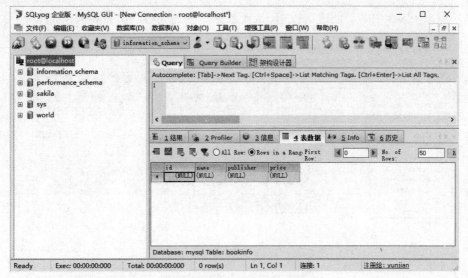

图 8-3   连接上 MySQL 主机

（4）在 SQLyog 里创建数据库 test，如图 8-4 所示。

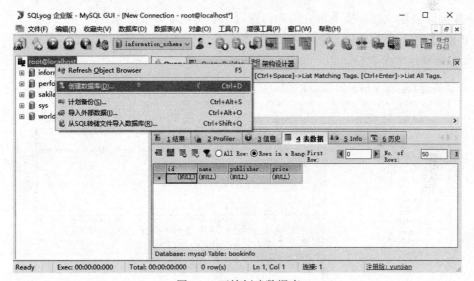

图 8-4   开始创建数据库

（5）在弹出的"创建数据库"对话框中输入数据库的名字"test"，如图 8-5 所示。

图 8-5   输入数据库名字

（6）点击图 8-5 中的"创建"按钮，test 数据库创建成功，如图 8-6 所示。

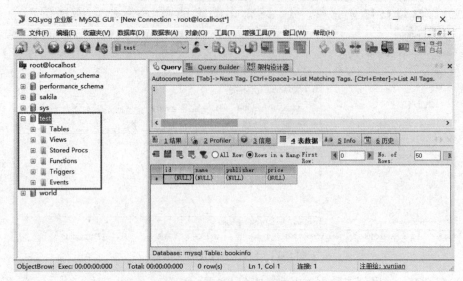

图 8-6　test 数据库创建成功

test 数据库创建成功，接下来介绍如何通过 JSP 访问 test 数据库。

【例 8-1】在一个 MySQL 数据表中创建数据表。

在 test 里创建一个表格 emp，如图 8-7 所示。

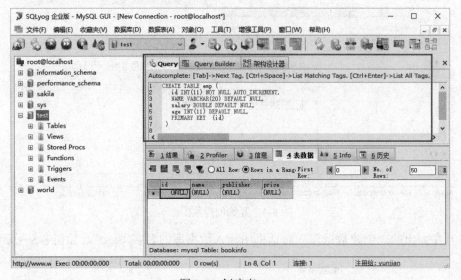

图 8-7　创建表 emp

创建表 emp 的指令如下：

```
CREATE TABLE emp (
    id INT(11) NOT NULL AUTO_INCREMENT,
    name VARCHAR(20) DEFAULT NULL,
    salary DOUBLE DEFAULT NULL,
    age INT(11) DEFAULT NULL,
```

PRIMARY KEY (id)
)

下面的代码将实现 JSP 与数据库连接的功能，在这段代码中要注意：数据库名、端口号、账户名、密码等信息要准确，否则无法访问指定数据库，本书的这些信息在本章前文中有说明，数据库名是 test，用户名是 root，密码是 123456，端口号是 3306，下面是连接数据库的代码部分，因为环境的关系，这些信息将根据环境的不同而变化。

工程名：Exp8

文件名：DBUtil.java

```java
package util;
import java.sql.Connection;
import java.sql.DriverManager;
public class DBUtil {
    public static Connection getConnection(){
        Connection conn = null;
        try {
            Class.forName("com.mysql.jdbc.Driver");
            String dbUrl = "jdbc:mysql://localhost:3306/test";
            String username = "root";
            String password = "123456";
            conn = DriverManager.getConnection(dbUrl, username, password);
        } catch (Exception e) {
            e.printStackTrace();
        }
        return conn;
    }
    public static void close(Connection conn){
        if (null !=conn){
            try {
                conn.close();
            } catch (Exception e) {
                // TODO: handle exception
                e.printStackTrace();
            }
        }
    }
    public static void main(String[] args) {
        DBUtil.getConnection();
    }
}
```

在连接数据库之后，要用数据表来存储这些信息，而在 JSP 的 Java 代码中，使用一个与数据表匹配的类来定义一张数据表是一个比较简单的方法，使用下面的代码将创建一个与 SQLyog 软件创建的表（表名：emp）匹配的一个类。

文件名：Emp.java

```java
package entity;
public class Emp {
```

```java
        private Integer id;
        private String name;
        private Double salary;
        private Integer age;
        public Integer getId() {
            return id;
        }
        public void setId(Integer id) {
            this.id = id;
        }
        public String getName() {
            return name;
        }
        public void setName(String name) {
            this.name = name;
        }
        public Double getSalary() {
            return salary;
        }
        public void setSalary(Double salary) {
            this.salary = salary;
        }
        public Integer getAge() {
            return age;
        }
        public void setAge(Integer age) {
            this.age = age;
        }
        @Override
        public String toString() {
            return"Emp [name=" + name + ", salary=" + salary + ", age=" + age
                    + "]";
        }

}
```

要使用的数据库并不在 JSP 的范围内，因此，需要一些能够与数据库共有的方法，文件 EmployeeDAO 实现了这个功能，下面是对数据库数据进行增、删、查、改的操作。

文件名：EmployeeDAO.java

```java
package dao;
import java.sql.Connection;
import java.sql.PreparedStatement;
import java.sql.ResultSet;
import java.sql.SQLException;
import java.util.ArrayList;
import java.util.List;
import util.DBUtil;
import entity.Emp;
public class EmployeeDAO {
    public Emp findById(int id) throws Exception {
```

```
            Emp emp = null;
            Connection conn = null;
            PreparedStatement stat = null;
            ResultSet ret = null;
            try {
                    conn = DBUtil.getConnection();
                    String sql = "select * from emp e where e.id=?";
                    stat = conn.prepareStatement(sql);
                    stat.setInt(1, id);
                    ret = stat.executeQuery();
                    if (ret.next()) {
                            String name = ret.getString("name");
                            Double salary = ret.getDouble("salary");
                            Integer age = ret.getInt("age");
                            emp = new Emp();
                            emp.setId(id);
                            emp.setName(name);
                            emp.setSalary(salary);
                            emp.setAge(age);
                    }
            } catch (SQLException e) {
                    // TODO: handle exception
                    e.printStackTrace();

            } finally {
                    DBUtil.close(conn);
            }
            return emp;
    }
    public void deleteEmp(int id) throws Exception {
            Connection conn = null;
            PreparedStatement stat = null;
            try {
                    conn = DBUtil.getConnection();
                    // String sql = "delete from emp where id =?";
                    String sql1 = "delete from emp where id =?";
                    stat = conn.prepareStatement(sql1);
                    stat.setInt(1, id);
                    stat.executeUpdate();
            } catch (Exception e) {
                    e.printStackTrace();
                    throw e;
            } finally {
                    DBUtil.close(conn);
            }
    }

public void save(Emp emp) {
        Connection conn = null;
        PreparedStatement stat = null;
```

```
        try {
            conn = DBUtil.getConnection();
            String sql = "insert into emp(name, salary, age) values(?,?,?)";
            stat = conn.prepareStatement(sql);
            stat.setString(1, emp.getName());
            stat.setDouble(2, emp.getSalary());
            stat.setInt(3, emp.getAge());
            stat.executeUpdate();
        } catch (Exception e) {
            // TODO: handle exception
            e.printStackTrace();
        }
    }
    public List<Emp> findAll() throws Exception {
        List<Emp> employees = new ArrayList<Emp>();
        Connection conn = null;
        PreparedStatement stat = null;
        ResultSet rst = null;
        try {
            conn = DBUtil.getConnection();
            stat = conn.prepareStatement("select * from emp");
            rst = stat.executeQuery();
            while (rst.next()) {
                int id = rst.getInt("id");
                String name = rst.getString("name");
                double salary = rst.getDouble("salary");
                int age = rst.getInt("age");
                Emp e = new Emp();
                e.setId(id);
                e.setName(name);
                e.setSalary(salary);
                e.setAge(age);
                employees.add(e);
            }
        } catch (Exception e) {
            e.printStackTrace();
            throw e;
        } finally {
            DBUtil.close(conn);
        }
        return employees;
    }
    public void modify(Emp e) throws Exception {
        Connection conn = null;
        PreparedStatement stat = null;
        try {
            conn = DBUtil.getConnection();
            stat = conn.prepareStatement("UPDATE emp SET name=?,salary=?,age=? WHERE id=?");
            stat.setString(1, e.getName());
            stat.setDouble(2, e.getSalary());
```

```
                stat.setInt(3, e.getAge());
                stat.setInt(4, e.getId());
                stat.executeUpdate();
            } catch (Exception e1) {
                e1.printStackTrace();
                throw e1;
            } finally {
                DBUtil.close(conn);
            }
        }
    }
```

这些 JSP 页面上的数据需要进行处理，通过按键的形式，让用户选择要使用的功能，下面是对 JSP 页面的数据进行判断，从而正确地调用数据库增、删、查、改的操作。

文件名：ActionServlet.java

```
package web;
import java.io.IOException;
import java.util.List;
import javax.servlet.RequestDispatcher;
import javax.servlet.ServletException;
import javax.servlet.http.HttpServlet;
import javax.servlet.http.HttpServletRequest;
import javax.servlet.http.HttpServletResponse;
import dao.EmployeeDAO;
import entity.Emp;
public class ActionServlet extends HttpServlet {
    private static final long serialVersionUID = 1L;
    @Override
    protected void service(HttpServletRequest request,
            HttpServletResponse response) throws ServletException, IOException {
        // TODO Auto-generated method stub
        request.setCharacterEncoding("UTF-8");
        String uri = request.getRequestURI();
        String ip = request.getRemoteAddr();
        String action = uri.substring(uri.lastIndexOf("/"),
                uri.lastIndexOf("."));
        if (action.equals("/list")) {
            EmployeeDAO dao = new EmployeeDAO();
            try {
                List<Emp> employees = dao.findAll();
                request.setAttribute("employees", employees);
                RequestDispatcher rd = request.getRequestDispatcher("listEmp.jsp");
                rd.forward(request, response);
            } catch (Exception e) {
                e.printStackTrace();
                throw new ServletException(e);
            }
        } else if (action.equals("/add")) {
            String name = request.getParameter("name");
            String salary = request.getParameter("salary");
```

```
        String age = request.getParameter("age");
        EmployeeDAO dao = new EmployeeDAO();
        Emp e = new Emp();
        e.setName(name);
        e.setSalary(Double.parseDouble(salary));
        e.setAge(Integer.parseInt(age));
        try {
            dao.save(e);
            response.sendRedirect("list.do");
        } catch (Exception e1) {
            e1.printStackTrace();
            throw new ServletException(e1);
        }
    } else if (action.equals("/del")) {
        int id = Integer.parseInt(request.getParameter("id"));
        EmployeeDAO dao = new EmployeeDAO();
        try {
            dao.deleteEmp(id);
            response.sendRedirect("list.do");
        } catch (Exception e) {
            e.printStackTrace();
            throw new ServletException(e);
        }
    } else if (action.equals("/load")) {
        int id = Integer.parseInt(request.getParameter("id"));
        EmployeeDAO dao = new EmployeeDAO();
        try {
            Emp e = dao.findById(id);
            request.setAttribute("e", e);
            request.getRequestDispatcher("updateEmp.jsp").forward(request,
                    response);
        } catch (Exception e) {
            e.printStackTrace();
            throw new ServletException(e);
        }
    } else if (action.equals("/modify")) {
        int id = Integer.parseInt(request.getParameter("id"));
        String name = request.getParameter("name");
        String salary = request.getParameter("salary");
        String age = request.getParameter("age");
        EmployeeDAO dao = new EmployeeDAO();
        Emp e = new Emp();
        e.setId(id);
        e.setName(name);
        e.setSalary(Double.parseDouble(salary));
        e.setAge(Integer.parseInt(age));
        try {
            dao.modify(e);
            response.sendRedirect("list.do");
        } catch (Exception e1) {
```

```
                    e1.printStackTrace();
                    throw new ServletException(e1);
                }
            }
        }
    }
```

上述内容讲述了与数据库连接、操作数据库等功能，数据库内的数据将从 JSP 页面中获取，从而实现添加数据到数据库。下面是添加数据的页面。

文件名：index.jsp

```
<%@page pageEncoding="UTF-8" contentType="text/html;charset=UTF-8"%>
<html>
  <head>
    <title>添加员工</title>
    <meta http-equiv="Content-Type" content="text/html; charset=UTF-8">
    <link rel="stylesheet" type="text/css" href="css/style.css"/>
  </head>
  <body>
    <div id="wrap">
        <div id="top_content">
            <div id="content">
                <p id="whereami"></p>
                <h1>添加员工:</h1>
                <form action="addEmp.jsp" method="post">
                    <table cellpadding="0" cellspacing="0" border="0"
                        class="form_table">
                        <tr>
                            <td valign="middle" align="right">姓名:</td>
                            <td valign="middle" align="left"><input type="text"
                                class="inputgri" name="name"/></td>
                        </tr>
                        <tr>
                            <td valign="middle" align="right">薪水:</td>
                            <td valign="middle" align="left"><input type="text"
                                class="inputgri" name="salary"/></td>
                        </tr>
                        <tr>
                            <td valign="middle" align="right">年龄:</td>
                            <td valign="middle" align="left"><input type="text"
                                class="inputgri" name="age"/></td>
                        </tr>
                    </table>
                    <p>
                        <input type="submit" class="button" value="提交"
                            onclick="location='listEmp.jsp'"/>
                    </p>
                </form>
```

```
          </div>
        </div>
      </div>
    </body>
</html>
```

程序运行结果如图 8-8 所示。

图 8-8 添加数据的页面

添加了数据之后，必然要有一个页面去显示，下面是显示所有数据库记录的页面。

文件名：listEmp

```
<%@page pageEncoding="UTF-8"contentType="text/html;charset=UTF-8"%>
<%@ taglib uri="http://java.sun.com/jsp/jstl/core"prefix="c"%>
<html>
  <head>
    <title>员工列表</title>
    <meta http-equiv="Content-Type" content="text/html; charset=UTF-8">
    <link rel="stylesheet" type="text/css" href="css/style.css"/>
  </head>
  <body>
    <div id="wrap">
      <div id="top_content">
        <div id="content">
          <p id="whereami"></p>
          <h1>员工列表</h1>
          <table class="table">
            <tr class="table_header">
              <td>ID</td>
              <td>姓名</td>
              <td>薪水</td>
              <td>年龄</td>
              <td>操作</td>
            </tr>
            <c:forEach items="${employees}" var="e" varStatus="s">
```

```
                    <tr class="row${s.index % 2 + 1}">
                        <td>${e.id}</td>
                        <td>${e.name}</td>
                        <td>¥${e.salary}</td>
                        <td>${e.age}</td>
                        <td><a href="del.do?id=${e.id}"
                           onclick="return confirm('确定删除${e.name}');">删除</a> 
                          <a href="load.do?id=${e.id}">修改</a></td>
                    </tr>
                </c:forEach>
            </table>
            <p>
                <input type="button" class="button" value="添加员工"
                    onclick="location='index.jsp'"/>
            </p>
        </div>
      </div>
    </div>
  </body>
</html>
```

程序运行后，显示所有数据的列表，效果如图 8-9 所示。

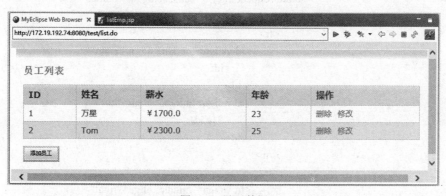

图 8-9　显示数据

在图 8-9 中点击"删除"，系统弹出删除数据提示对话框，如图 8-10 所示，点击"确定"
即实现数据删除。

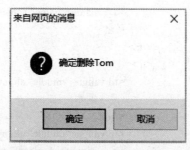

图 8-10　删除数据的提示对话框

　　有了添加和显示数据的页面，当发现数据需要更新时必然需要进行修改，下面是修改数据的页面。

　　文件名：updateEmp.jsp

```jsp
<%@ page pageEncoding="UTF-8" contentType="text/html;charset=UTF-8"%>
<html>
    <head>
        <title>修改员工</title>
        <meta http-equiv="Content-Type" content="text/html; charset=UTF-8">
        <link rel="stylesheet" type="text/css" href="css/style.css"/>
    </head>
    <body>
        <div id="wrap">
            <div id="top_content">
                <div id="content">
                    <p id="whereami">
                    </p>
                    <h1>
                        修改员工:
                    </h1>
                    <form action="modify.do?id=${e.id}" method="post">
                        <table cellpadding="0" cellspacing="0" border="0"
                        class="form_table">
                            <tr>
                                <td valign="middle" align="right">
                                    id:
                                </td>
                                <td valign="middle" align="left">
                                    ${e.id}
                                </td>
                            </tr>
                            <tr>
                                <td valign="middle" align="right">
                                    姓名:
                                </td>
                                <td valign="middle" align="left">
                                    <inputtype="text" class="inputgri"
                                    name="name" value="${e.name}"/>
                                </td>
                            </tr>
                            <tr>
                                <td valign="middle" align="right">
                                    薪水:
                                </td>
                                <td valign="middle" align="left">
                                    <input type="text" class="inputgri"
                                    name="salary" value="${e.salary}"/>
```

```
                                        </td>
                              </tr>
                              <tr>
                                        <td valign="middle" align="right">
                                                  年龄:
                                        </td>
                                        <td valign="middle" align="left">
                                                  <input type="text" class="inputgri"
                                                  name="age" value="${e.age}"/>
                                        </td>
                              </tr>
                    </table>
                    <p>
                              <input type="submit" class="button" value="提交"/>
                    </p>
          </form>
        </div>
      </div>
    </div>
  </body>
</html>
```

在图 8-9 内，点击"修改"按钮，系统跳转到如图 8-11 所示页面，显示 Tom 的信息。在浏览器的输入框内修改信息，然后提交即可。

图 8-11   修改前的 Tom 信息页面

图 8-12   修改数据之后 TOM 的信息

上述功能都能够得到实现，需要验证数据库中数据是否成功存储，使用前文介绍的 SQLyog 工具，在数据表中查看数据，如图 8-13 所示。

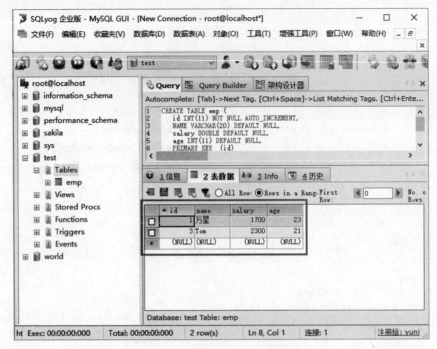

图 8-13　显示数据库内存储的数据

8.5　其他相关问题

8.5.1　分页技术

在实际应用中，如果从数据库中查询得到的记录特别多，超过了显示器屏幕范围，这时可将结果分页显示。

目前使用比较广泛的分页方式是将查询结果缓存在 HttpSession 或有状态 bean 中，翻页的时候从缓存中取出一页数据显示。这种方法有两个主要的缺点：一是用户可能看到的是过期数据；二是如果数据量非常大时，第一次查询遍历结果集会耗费很长时间，并且缓存的数据也会占用大量内存，效率明显下降。

其他常见的方法还有每次翻页都查询一次数据库，从 ResultSet 中只取出一页数据（比如使用 last()、getRow() 方法获得总记录条数，使用 absolute() 方法定位到本页起始记录）。这种方式在某些数据库（如 Oracle）的 JDBC 实现中也是需要遍历所有记录，实验证明在记录数很大时速度非常慢。

比较好的分页做法应该是每次翻页的时候只从数据库里检索页面大小的块区的数据，这样虽然每次翻页都需要查询数据库，但查询出的记录数很少，网络传输数据量不大，如果使用连接池更可以略过最耗时的建立数据库连接的过程，而在数据库端有各种成熟的优化技术用于提高查询速度，比在应用服务器层做缓存更加有效。

在 Oracle 数据库中查询结果的行号使用 rownum 表示（从 1 开始）。例如返回前 10 条记录可以使用以下代码：

```
select * from employee where rownum<10
```
但因为 rownum 是在查询之后排序之前赋值的，所以查询 employee 按 birthday 排序的第 100～120 条记录可以使用以下代码的写法：
```
select * from (
select my_table.*, rownum as my_rownum from (
select name, birthday from employee order by birthday
) my_table where rownum <120
) where my_rownum>=100
```
MySQL 可以直接使用 LIMIT 子句，比如要实现上一代码的要求，可以使用下面的写法：
```
select name, birthday from employee order by birthday LIMIT 99,20
```
因为在 Web 程序中分页会被频繁使用，但分页的实现细节却是编程过程中比较麻烦的事情。大多分页显示的查询操作都同时需要处理复杂的多重查询条件，SQL 语句需要动态拼接组成，再加上分页需要的记录定位、总记录条数查询以及查询结果的遍历、封装和显示，程序会变得很复杂并且难以理解。因此可以自己设计一些方便使用的工具类简化分页代码，使程序员专注于业务逻辑部分。

8.5.2 常见中文乱码处理方式

在基于 Java 的编程中，经常会出现汉字的处理及显示的问题，比如出现乱码或问号。这是因为 Java 中默认的编码方式是 Unicode，而中国人通常使用的文件和数据库文件都是基于 GB 2312 或者 BIG5 等编码，故会出现此问题。

1. 在网页中输出中文

Java 在网络传输中使用的编码是 ISO8859-1，故在输出时需要进行转化，如使用以下代码：
```
String str="中文";
str=new String(str.getBytes("GB2312"),"8859_1");
```
但假如在编译程序时，使用的编码是 GB 2312，且在中文平台上运行此程序，则不会出现此问题，一定要注意。

2. 从参数中读取中文

这正好与在网页中输出相反，如：
```
str=new String(str.getBytes("8859_1"),"GB2312");
```

3. 解决操作数据库中的中文问题

一个较简单的方法是：在"控制面板"中，把"区域"设置为"英语（美国）"。假如仍出现乱码，还可进行如下设置：

取中文时：
```
str=new String(str.getBytes("GB2312"));
```
向数据表中输入中文：
```
str=new String(str.getBytes("ISO8859-1"));
```

4. 解决 JSP 中的中文问题

在 JSP 页面中加入以下代码：
```
<%@ page contentType="text/html;charset=GB2312" %>
```
假如仍然不能正常显示，则还要进行如下转换：

name=new String(name.getBytes("ISO8859-1"),"GBK");
此时就不会出现中文问题了。

任务实施：

8.6 网上投票程序

本任务设计一个网上投票程序，创建一个 MySQL 数据库 vote.myd，将该数据库设置为一个数据源，数据源的名字是 vote。该库含有两个表："people" 和 "IP"，其结构如图 8-14、图 8-15 所示。

people: 表		
字段名称	数据类型	说明
name	文本	候选人姓名
count	数字	得票数
▶		

图 8-14 候选人表

IP: 表		
字段名称	数据类型	说明
▶ IP	文本	投票人的IP

图 8-15 投票人的 IP 地址表

people 表存放候选人的名字和得票数，IP 表存放投票人的 IP 地址。投票之前，我们要把候选人的名字和初始得票数存入 people 表中，如图 8-16 所示。

people: 表	
name	count
▶ 王下林	0
林汉镁	0
将焊接	0
六小光	0
将打围	0
*	0

图 8-16 录入候选人

投票系统由两个页面组成：vote.jsp 和 startvote.jsp。vote.jsp 按 people 表中的候选人生成一个投票的表单。

vote.jsp 代码如下：

```
<%@ page contentType="text/html;charset=GB2312" %>
<%@ page import="java.sql.*" %>
<html>
  <body>
        <% StringBuffer nameList=new StringBuffer();
        Connection con;
```

```
    Statement sql;
    ResultSet rs;
    try{
       Class.forName("sun.jdbc.odbc.JdbcOdbcDriver");
       }
    catch(ClassNotFoundException e){}
    try{
       con=DriverManager.getConnection("jdbc:odbc:vote","","");
       sql=con.createStatement();
       rs=sql.executeQuery("select * from people");
       nameList.append("<form action="startvote.jsp" Method="post">");
       nameList.append("<Table Border>");
       nameList.append("<Table Border>");
       nameList.append("<tr>");
       nameList.append("<th width=100>"+"姓名");
       nameList.append("<th width=50>"+"投票选择");
       nameList.append("</tr>");
       while(rs.next())
         {
             nameList.append("<tr>");
             String name=rs.getString(1);
             nameList.append("<td >"+name+"</td>");
             String s="<input type="radio" name="name" value="+name+" >";
             nameList.append("<td >"+s+"</td>");
             nameList.append("</tr>") ;
             }
       nameList.append("</Table>");
       nameList.append("<input type="submit" value=" 提交">");
       nameList.append("</form ");
       con.close();
       out.print(nameList);
       }
    catch(SQLException e1) {}
    %>
  </body>
</html>
```

　　startvote.jsp 页面获取 vote.jsp 页面提交的候选人的名字。该页面在进行投票之前，首先查询 IP 表，判断该用户的 IP 地址是否已经投过票，如果该 IP 地址没有投过票，就可以参加投票了，投票之后，将投票用户的 IP 写入数据库的 IP 表中；如果该 IP 地址已经投过票，将不允许再投票。我们通过 IP 地址来防止一台计算机反复地投票，但不能有效地限制拨号上网的用户，因为拨号上网的用户的 IP 是动态分配的，用户可以重新拨号上网获得一个新的 IP 地址。

　　startvote.jsp 代码如下：

```
<%@ page contentType="text/html;charset=GB2312" %>
<%@ page import="java.sql.*" %>
<%@ page import="java.io.*" %>
```

```
<html>
  <body>
    <%! //记录总票数的变量
      int total=0;
      // 操作总票数的同步方法
      synchronized void countTotal()
    { total++;
    }
    %>
    <%
      boolean vote=true;//决定用户是否有权投票的变量
      // 得到被选择的候选人名字
      String name="";
      name=request.getParameter("name");
      if(name==null)
        {name="?";
        }
      byte a[]=name.getBytes("ISO8859-1");
      name =new String(a);
      // 得到投票人的 IP 地址
      String IP=(String)request.getRemoteAddr();
      // 加载桥接器
      try{
        Class.forName("sun.jdbc.odbc.JdbcOdbcDriver");
        }
      catch(ClassNotFoundException e){}
      Connection con=null;
      Statement sql=null;
      ResultSet rs=null;
      // 首先查询 IP 表，判断该用户的 IP 地址是否已经投过票
      try {
        con=DriverManager.getConnection("jdbc:odbc:vote","","");
        sql=con.createStatement();
        rs=sql.executeQuery("SELECT * FROM IP WHERE IP = "+""+IP+""");
        int row=0;
        while(rs.next())
          { row++;
          }
        if(row>=1)
          { vote=false; // 不允许投票
          }
      }
      catch(SQLException e)
      {}
      if(name.equals("?"))
        { out.print("您没有投票，没有权利看选举结果");
```

```
          }
        else
        {
          if(vote)
          { out.print("您投了一票");
          // 将总票数加 1
          countTotal();
          // 通过连接数据库，给该候选人增加一票
          // 同时将自己的 IP 地址写入数据库
          try
          {
          rs=sql.executeQuery("select * from people WHERE name =
          "+""+name+""");
          rs.next();
          int count=rs.getInt("count");
          count++;
          String condition=
          "UPDATE people SET count = "+count+" WHERE
          name="+""+name+"" ;
          // 执行更新操作（投票计数）
          sql.executeUpdate(condition);
          // 将 IP 地址写入 IP 表
          String to=
          "insert into IP values"+"("+""+IP+""+")";
          sql.executeUpdate(to);
        }
catch(SQLException e)
{ out.print(""+e);
}
// 显示投票后的表中的记录
try{
    rs=sql.executeQuery("select * from people");
    out.print("<Table Border>");
    out.print("<tr>");
    out.print("<th width=100>"+"姓名");
    out.print("<th width=50>"+"得票数");
    out.print("<th width=50>"+"总票数:"+total);
    out.print("</tr>");
    while(rs.next())
      {
        out.print("<tr>");
        out.print("<td >"+rs.getString(1)+"</td>");
        int count=rs.getInt("count");
        out.print("<td >"+count+"</td>");
        double b=(count*100)/total; // 得票的百分比
        out.print("<td >"+b+"%"+"</td>");
```

```
              out.print("</tr>") ;
                }
        out.print("</Table>");
        con.close();
          }
      catch(SQLException e)
      { }
     }
     else
     {
        out.print("您已经投过票了");
     }
    }
   %>
  </body>
 </html>
```

习题八

一、判断题

1．JDBC 构建在 ODBC 的基础上，为数据库应用开发人员、数据库前台工具开发人员提供了一种标准，使开发人员可以用任何语言编写完整的数据库应用程序。（　　）

2．数据库服务与 Web 服务器需要在同一台计算机上。（　　）

3．JDBC 加载不同数据库的驱动程序，使用相应的参数可以建立与各种数据库的连接。（　　）

4．Connection.createStatement()不带参数创建 Statement 对象，不能够来回地滚动读取结果集。（　　）

5．使用数据库连接池需要繁琐的配置，一般不宜使用。（　　）

6．应用程序分页显示记录集时，不宜在每页都重新连接和打开数据库。（　　）

7．JDBC 中的 URL 提供了一种标识数据库的方法，使 DriverManage 类能够识别相应的驱动程序。（　　）

8．用户发布 Web 应用程序，必须修改 TOMCAT_HOME%\conf\server.xml 文件。（　　）

9．进行分页，可调用 JDBC 规范中有关分页的接口。（　　）

10．JDBC 的 URL 字符串是由驱动程序的编写者提供的，并非由该驱动程序的使用者指定。（　　）

二、填空题

1．JDBC 的英文全称是＿＿＿＿＿，中文含义是＿＿＿＿＿。

2．简单地说，JDBC 能够完成下列三件事：与一个数据库建立连接（connection）、＿＿＿＿＿、＿＿＿＿＿。

3．JDBC 主要由两部分组成：一部分是访问数据库的高层接口，即通常所说的_____；另一部分是由数据库厂商提供的使 Java 程序能够与数据库连接通信的驱动程序，即_____。

4．目前，JDBC 驱动程序可以分为四类：_____、_____、_____、_____。

5．数据库的连接是由 JDBC 的_____管理的。

6．下面的代码建立 SQL Server 数据库的连接，请填空：

```
try{Class.forName("_____");
```

三、编程题

在 MySQL 中创建数据库 FH_ERP，并创建用户 fherp，密码也是 fherp，创建表 ERP_EMPLOYEE 如下：

字段名	类型	说明
EmployeeId	varchar	员工账号
Password	varchar	登录密码
EmployeeName	varchar	姓名
Age	int	年龄
Salary	decimal	工资

第九章　JSP 标准标签库

知识目标:

1. 理解 JSP 标准标签库的概念;
2. 掌握核心标签库、国际化标签库、数据库标签库、XML 标签库、函数标签库中各个标签的使用方法和概念;
3. 掌握各种标签的实际使用方法;
4. 掌握动态表格等 JSP 基础页面的制作。

教学目标:

1. 了解 JSP 标准标签库的特点,掌握 JSTL 的安装方法;
2. 了解各种标签对应的 JSP 文件的书写格式,能够编制页面内容,重点了解国际化标签库、数据库标签库、XML 标签库、函数标签库的原理和调用方法;
3. 重点掌握动态表格中 JSP 基础页面的独立制作。

内容框架:

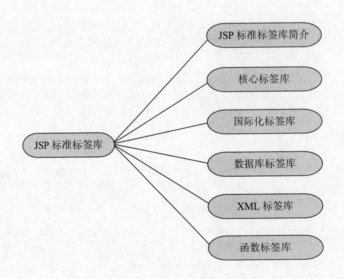

知识准备:

9.1　JSP 标准标签库简介

9.1.1　概述

JSP 标准标签库(JSTL)是 Sun 公司发布的一个针对 JSP 开发的新组件。JSTL 允许 JSP

程序员使用标签（tags）来进行 JSP 页面开发。JSTL（JavaServer Pages Standard Tag Library，JSP 标准标签库）包含用于编写和开发 JSP 页面的一组标准标签，它可以为用户提供一个无脚本环境（用户使用标签编写代码，而无须使用 Java 脚本）。

JSTL1.1 提供 5 个不同分工的标签库：核心标签库、XML 标签库、国际化与格式化标签库、数据库标签库以及函数标签库。各标签库的信息如表 9-1 所示。

表 9-1　JSTL 标签库

标签库	URL	前缀	例子
核心标签库	http://java.sun.com/jstl/core	c	<c:tagname... ...>
XML 标签库	http://java.sun.com/jstl/xml	x	<x:tagname... ...>
国际化与格式化标签库	http://java.sun.com/jstl/fmt	fmt	<fmt:tagname... ...>
数据库标签库	http://java.sun.com/jstl/sql	sql	<sql:tagname... ...>
函数标签库	http://java.sun.com/jstl/functions	fn	<fn:tagname... ...>

核心（core）标签库：为日常任务提供通用支持，如显示和设置变量、重复使用一组项目；测试条件以及其他操作。

XML 标签库提供了对 XML 处理和操作的支持，包括 XML 节点的解析、迭代、基于 XML 数据的条件评估以及可扩展样式表语言转换（Extensible Style Language Transformations，XSLT）的执行。

国际化与格式化标签库：支持多语种的应用程序。

数据库（database）标签库：对访问和修改数据库数据提供标准化支持。

函数（functions）标签库：提供了许多用于字符串处理的标准 EL 函数。

为什么要使用 JSTL？因为 JSP 页面中含有太多的脚本，将会使得 JSP 页面凌乱不堪，毫无维护性可言。

这里给出一个例子说明：检查一个非常简单的从 1 数到 10 的 JSP 页面，可以通过两种方法来检查，一种是基于 JSP 的 Scriptlet，一种是 JSTL。

当这个计数器页面的例子是用 JSP Scriptlet 来编写时，JSP 代码如下所示：

```
<%@ page contentType="text/html;charset=UTF-8" %>
<html>
  <head>
    <title>Count to 10 in JSP scriptlet</title>
  </head>
  <body>
    <font size="6">
    <%
      for(int i=1;i<=10;i++)
      {%>
      <%=i%><br/>
      <%
      }
    %>
```

```
  </body>
</html>
```

程序运行结果如图 9-1 所示。

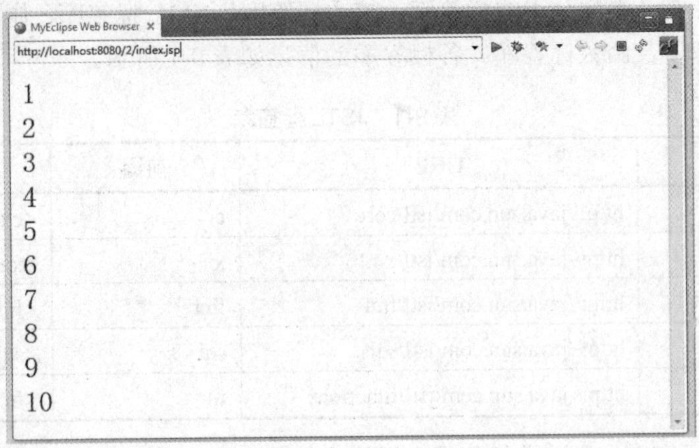

图 9-1   从 1 数到 10 的 JSP 页面

正如在例子中看到的那样，使用 Scriptlet 代码产生的页面源代码会包含混合的 HTML 标签和 Java 语句。这种混合型的编程方式不是最佳的方式，其主要原因是它的可读性，这个可读性主要依赖于人类和计算机。JSTL 可以允许程序员查看一个只包含完整 HTML 和类似 HTML 的标签的页面。

JSP Scriptlet 代码的可读性不强，这种混合的 Scriptlet 和 HTML 代码对于计算机来说也很难读。尤其是针对那些 HTML 官方工具，如 Dreamweaver 和 Microsoft FrontPage，所表现出来的不直观性更突出。目前，大多数 HTML 官方工具会以不可编辑块（non-editable blocks）的形式来隔离 JSP Scriptlet 代码，这种 HTML 官方工具通常是不能直接修改 JSP Scriptlet 代码的。

下面这段代码展示这个计数器的例子如何使用 JSTL 方式来编写。可以看出，这段代码中仅仅一个标签被使用。HTML 和 JSTL 标签混合起来产生了这个程序。

```
<%@ taglib uri="http://java.sun.com/jstl/core" prefix="c" %>
  <html>
    <head>
      <title>Count to 10 Example (using JSTL)</title>
    </head>
    <body>
      <c:forEach var="i" begin="1" end="10" step="1">
      <c:out value="${i}" />
      <br />
      </c:forEach>
    </body>
</html>
```

当仔细阅读上面这个例子的代码时，可以看到，JSP 页面只包含标签。上面的代码使用诸如<head>和
这样的 HTML 标签，这种标签的用法不限制于 HTML 标签。

在 JSP 页面中使用定制标签代替脚本，有很多好处，比如标签可重用性强，可以节省开发和测试时间；可以对标签定义属性，通过给标签的属性赋值获得应用上很大的灵活性，具体表现在以三个方面：

（1）标签可以访问 JSP 页面中所有的隐含对象，如：page、request、response、out 等。

（2）标签可以嵌套，这样可以在 JSP 页面中进行负责的交互。

（3）标签简化了 JSP 页面的可读性，提高了页面的可维护性。

9.1.2　JSTL 的使用

要使用 JSTL 1.1，首先要安装一个支持 JSP 2.0 的容器。Tomcat 6.0 就支持 JSP 2.0，这里我们使用 Tomcat 6.0。

第一种方法：在 MyEclipse 6.5 中创建 Web Project 时可以选择是否使用 JSTL，如图 9-2 所示。

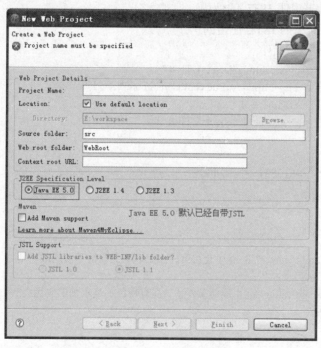

图 9-2　创建 Web Project 时的选项要求

第二种方法：到 Apache（http://tomcat.apache.org/taglibs/standard/）下载 JSTL 包，放置到项目的 lib 目录下，如图 9-3 所示。

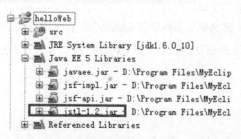

图 9-3　JSTL 包

从这里可以看到，Java EE 5.0 的库里面包含 jstl-1.2。进入 JSTL 1.1 的下载页面 http://archive.apache.org/dist/jakarta/taglibs/standard/binaries/，点击"jakarta-taglibs-standard-1.1.2.zip"，

下载 JSTL 1.1。解压文件，将这两个文件放到项目的 lib 目录下，这样包含 JSTL 标签的 JSP 页面就可以正常运行了，如图 9-4 所示。

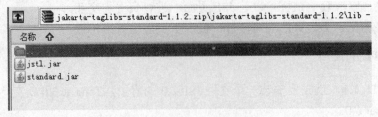

图 9-4　JSTL1.1 的下载页面

下面通过例 9-1 来说明 JSTL 的使用。

【例 9-1】一个简单的 JSTL 使用的例子

simpleJSTL.jsp 代码如下：

```
<%@ page contentType="text/html;charset=UTF-8"%>
<%@ taglib prefix="c" uri="http://java.sun.com/jsp/jstl/core"%>
//记得要声明标签库程序才能运行
<%@ page contentType="text/html;charset=UTF-8"%>
<html>
  <head>
      <title>一个简单的 JSTL 例子</title>
  </head>
  <body>
    <font size="6">
        <center>
            <c:out value="第 29 届北京奥林匹克运动会取得了圆满成功"/>
            <br>
            <c:out value="北京成功举办了一届有特色、高水平的奥运会"/>
        </center>
    </font>
  </body>
</html>
```

程序运行的结果如图 9-5 所示。

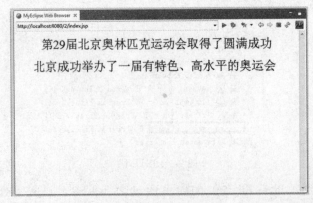

图 9-5　JSTL 例子

9.2　核心标签库

JSTL 的核心标签主要包括通用标签、流程控制标签、迭代标签和 URL 相关标签几类，要使用 JSTL 的核心标签库，需要在 JSP 源文件的首部加入如下声明语句（一般放在 page 语句之后）：

`<%@ taglib prefix="c" uri="http://java.sun.com/jsp/jstl/core" %>`

通用标签主要有<c:out>、<c:set>、<c:remove>、<c:catch>4 个，下面分别介绍。

1.　<c:out>标签

<c:out>标签用于在 JSP 中显示数据，其属性如表 9-2 所示。

表 9-2　<c:out>标签属性及说明

属性	描述	是否必须	缺省值
value	输出的信息，可以是 EL 表达式或常量	是	无
default	value 为空时显示信息	否	无
escapeXml	为 true 则避开特殊的 xml 字符集	否	true

其语法分两种：

（1）没有 body 时的语法：

`<c:out value="value" [escapeXml="{true|false}"] [default="defaultValue"]/>`

（2）有 body 时的语法：

`<c:out value="value" [escapeXml="{true|false}"]>`

这里是 Body 部分

`</c:out>`

当 escapeXml 值为 true 时，即转换字符 "<"，">"，"&"，"'"，"""等为实体代码，其转换情况如表 9-3 所示。

表 9-3　特殊字符转换对应表

字符	实体代码
<	&lt
>	&gt
&	&#039
'	&#034
"	&amp

【例 9-2】<c:out>标签示例。

outTag.jsp 代码如下：

```
<%@ page contentType="text/html;charset=GB2312"%>
<%@ taglib prefix="c" uri="http://java.sun.com/jsp/jstl/core"%>
<html>
  <head>
```

```
        <title>c:out 使用示例</title>
    </head>
    <body>
        <font size="10">
            <center>
                <c:out value="<c:out>使用示例，将直接输出<br>" />
                <c:out value="<br>转换为换行<br>" escapeXml="false" />
                <c:out value="你现在会用<c:out>了吧？" />
            </center>
        </font>
    </body>
</html>
```

程序运行结果如图 9-6 所示。

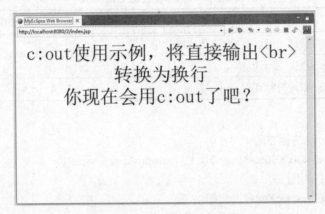

图 9-6 <c:out>标签运行结果

由程序运行结果可知，escapeXml 默认值为 true 时，
字符将原样输出。

2. <c:set>标签

<c:set>标签用于将变量保存到 JSP 的特定作用范围中，其属性如表 9-4 所示。

表 9-4 <c:set>标签属性及说明

属性	描述	是否必须	缺省值
value	需要保存的信息，可以是 EL 表达式或常量	否	无
target	需要修改属性的变量名，一般为 javabean 的实例	否	无
property	需要修改的 javabean 属性	否	无
var	需要保存信息的变量	否	无
scope	保存信息的变量的范围	否	page

如果指定了 target 属性，那么 property 属性也必须指定。

其语法分四种：

（1）第一种设置范围为 scope 中变量 varName 的值为 Expression，scope 如果没有指定则相当于 Java 的语句 PageContext.setAttribute(varName)的功能，即默认为 page，如果变量 varName 不存在则新建一个。格式如下：

```
<c:set value="Expression" var="varName" [scope="page|request|session|application"]/>
```

（2）第二种形式与第一种功能相同，只是把第一种中的 value 属性移到 body 中实现，格式如下：

```
<c:set var="varName" [scope="page|request|session|application"]>
    ValueExpression
</c:set>
```

（3）第三种形式设置目标变量 targetName 的属性 propertyName 的值为 Expression，格式如下：

```
<c:set value="Expression" target="targetName" property="propertyName"/>
```

（4）第四种形式与第三种功能相同，只是把第三种中的 value 属性移到 body 中实现，格式如下：

```
<c:set target="targetName" property="propertyName">
    ValueExpression
</c:set>
```

【例 9-3】<c:set>标签使用。

set.jsp 代码如下：

```
<%@ page contentType="text/html;charset=UTF-8"%>
<%@ taglib prefix="c" uri="http://java.sun.com/jsp/jstl/core"%>
<html>
  <head>
    <title>c:set 使用示例</title>
  </head>
  <body>
    <font size="10">北京奥运会女子 3 米跳板跳水冠军是：<c:set value="郭晶晶"
                var="winnerName"/><c:out value="${winnerName}"/><br>
    </font>
  </body>
</html>
```

程序运行结果如图 9-7 所示。

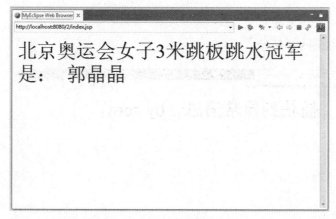

图 9-7　<c:set>标签使用

3．<c:remove>标签

<c:remove>标签用于删除数据，其属性如表 9-5 所示。

表 9-5   <c:remove >标签属性及说明

属性	描述	是否必须	缺省值
var	需要删除的变量	是	无
scope	被删除变量的范围，包括 page、request、session、application 等	否	page

4. <c:catch>标签

<c:catch>标签用于捕获嵌套在它里面的程序代码抛出的异常，从而进行相应的处理，调用方法如下：

```
<c:catch [var="varName"]>
需要捕获异常的标签语句、Java 程序、HTML 代码等
</c:catch>
```

其中，参数 varName 用于标识捕获的这个异常。

【例 9-4】<c:catch>标签使用。

catchTag.jsp 代码如下：

```
<%@ page contentType="text/html;charset=UTF-8"%>
<%@ taglib prefix="c" uri="http://java.sun.com/jsp/jstl/core"%>
<html>
    <head>
        <title>c:catch 使用示例</title>
    </head>
    <body>
        <font size="10">
            <c:catch var="exceptionTest">
            <%=10 / 0%>
            </c:catch>
            捕获到异常消息:
            <c:out value="${exceptionTest.message}" />
        </font>
    </body>
</html>
```

程序运行结果如图 9-8 所示。

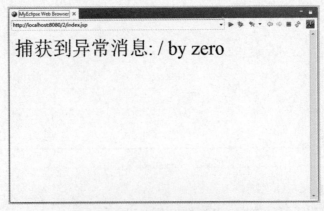

图 9-8   <c:catch>标签使用

9.3　国际化标签库

国际化标签库中的标签主要负责实现区域设置、创建本地信息、格式化数字、格式化货币、格式化日期和时间等功能，使用国际化标签库时需要在 JSP 源文件的首部加入如下声明语句。

`<%@ taglib prefix="fmt" uri="http://java.sun.com/jsp/jstl/fmt"%>`

1. `<fmt:setLocale>`标签

`<fmt:setLocale>`标签用于设置格式化或解析日期/时间、数值时所使用的语言环境。其语法如下所示：

`<fmt:setLocale value="localeCode" [variant="variant"]`
`[scope="page|request|session|application"]/>`

其中，参数 localeCode 是语言代码，如：zh、ch，也可在其后加上两位国家（或地区）的代码，中间用"-"或"_"连接，如 zh_TW 表示中文（中国台湾地区）。参数 variant 设置浏览器类型，如 WIN 代表 Windows，Mac 代表 Macintonish。

此标签的属性及其描述如表 9-6 所示。

表 9-6　`<fmt:setLocale>`标签的属性及说明

属性	是否必需	类型	描述
value	true	String 或 java.util.Local 类	设定语言环境的字符串或 java.util.Local 实例
variant	false	String	特定 Web 浏览器平台或供应商的代号
scope	false	String	设置语言环境的作用范围，默认为 page

常用国家和地区的代码如表 9-7 所示。

表 9-7　常用国家和地区的代码

代码	语言及国家或地区名称
en	英文
en_US	英文（美国）
zh_TW	中文（中国台湾）
zh_CN	中文（中国）
zh_HK	中文（中国香港）
zh_SG	中文（新加坡）
fr	法语
de	德语
ja	日语
vi	越南语
ko	朝鲜语

【例 9-5】`<fmt:setLocale>`标签使用。

setLocalTag.jsp 代码如下：

```
<%@ page contentType="text/html;charset=GB2312"%>
<%@ page import="java.util.Date"%>
<%@ taglib prefix="c" uri="http://java.sun.com/jsp/jstl/core"%>
<%@ taglib prefix="fmt" uri="http://java.sun.com/jsp/jstl/fmt"%>
<html>
  <head>
    <title>fmt:setLocale 使用示例</title>
  </head>
  <body>
    <font size="6"><c:setvar="today" value="<%=new Date()%>"/>
        用不同国家或地区的语言表达方式来输出当前日期
        <hr>中文: <fmt:setLocale value="zh"/><fmt:formatDate
            value="${today}"/><br>中文(中国台湾): <fmt:setLocale value="zh_TW"/>
        <fmt:formatDate value="${today}"/><br>英文: <fmt:setLocale
            value="en"/><fmt:formatDate value="${today}"/><br>英文(美国):
        <fmt:setLocale value="en_US"/><fmt:formatDate value="${today}"/>
        <br>法语: <fmt:setLocale value="fr"/><fmt:formatDate
            value="${today}"/><br>德语: <fmt:setLocale value="de"/><fmt:formatDate
            value="${today}"/><br>日语: <fmt:setLocale value="ja"/><fmt:formatDate
            value="${today}"/><br>
    </font>
  </body>
</html>
```

程序运行结果如图 9-9 所示。

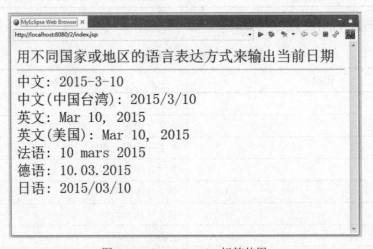

图 9-9　<fmt:setLocale>标签使用

2．<fmt:requestEncoding>标签

<fmt:requestEncoding>标签用于向 JSP 容器指定请求（request）的字符编码，其语法如下：

```
<fmt:requestEncoding [value="charsetName"]/>
```

其中，参数 charsetName 是要设定的字符集名称。这在中文处理时非常有用，程序中将不必再为 request 请求发过来的每个参数作字符编码转换，只须使用如下语句：

```
<fmt:requestEncoding [value="GB2312"]/>
```
其功能等价于如下的 Java 语句:
```
ServletRequest.setCharseterEncoding("charsetName")
```

9.4　数据库标签库

JSTL 提供了一些与数据库操作相关的标签,它们是:<sql:setDateSource>、<sql:query>、<sql:update>、<sql:dateParam>、<sql:param>和<sql:transaction>。用 JSTL 的 SQL 标签库可以直接存取数据库,但是由于 SQL 标签把业务层逻辑、数据层和操作层逻辑都封装其中,使信息系统的层次逻辑性不清晰,而且没有连接池功能,所以只适合小型的网站,在大型项目中不建议使用这些标签。要使用 SQL 标签库的标签需要在 JSP 文件的首部添加如下语句:
```
<%@ taglib prefix="sql" uri="http://java.sun.com/jsp/jstl/sql"%>
```
表 9-8 为 SQL 标签库标签及其说明。

表 9-8　SQL 标签库标签说明

标签名称	标签说明
<sql:setDataSource>	用来设定要操作的数据源
<sql:query>	用于查询数据库中的数据
<sql:update>	用于修改数据库中的数据
<sql:dataParam>	用于设置 SQL 语句中的动态值
<sql:param>	用于设置 SQL 语句中的动态值
<sql:transaction>	可保证其间的<sql:query>和<sql:update>标签语句操作数据库时的事务的一致性

下面简单介绍几种常用标签。

1．<sql:setDataSource>标签

此标签用于进行数据库连接,例如使用以下代码就连接了一个数据库:
```
<sql:setDataSource driver="com.mysql.jdbc.Driver" url="jdbc:mysql://localhost:3306/xiazdong" user="root" password="12345" var="ds"/>
```

2．<sql:query>标签

此标签用于查询,格式如下:
```
<sql:query sql=" " var="result" dataSource="${ds}" [startRow=" "] [maxRows=" "]/>
```
var 中的 result 存放了结果;startRow 表示开始显示的是第几行;maxRows 表示一页能够显示的行数。因此这个标签可以用于分页。使用以下代码可以进行迭代输出,其中${result.rowCount}返回行数。
```
<c:forEach items="${result.rows}" var="iter">
    ${iter.name}
    ${iter.age}
</c:forEach>
```

3．<sql:update>标签

此标签用于更新数据库记录,格式如下:

```
<sql:update sql=" " var="result" dataSource="${ds}"/>
```

4．进行类似 PreparedStatement 功能

PreparedStatement 能够通过 SQL 语句进行填充，再通过 set 进行设置。在 JSTL 中，通过<sql:param value=" "/>和<sql:dateParam type="date" value=" "/>也是可以实现的，示例代码如下：

```
request.setAttribute("n","xiazdong");
<sql:query sql="SELECT name FROM emp WHERE name=?" var="result" dataSource="${ds}">
<sql:param value="${n}"/>
</sql:query>
```

9.5　XML 标签库

JSTL 的 XML 标签库为程序设计者提供了基本的对 XML 格式文件的操作，要使用 SQL 标签库的标签需要在 JSP 文件的首部添加如下语句：

```
<%@ taglib prefix="xl" uri="http://java.sun.com/jsp/jstl/x"%>
```

XML 标签分为三类，分别是：

（1）XML 核心标签：<x:parse>、<x:out>、<x:set>。

（2）XML 流控制标签：<x:if>、<x:choose>、<x:when>、<x:otherwise>、<x:forEach>。

（3）XML 转换标签：<x:transform>、<x:param>。

XPath（XML path language）是一种在 XML 文档中查找信息的语言。XPath 用于在 XML 文档中通过元素和属性进行导航，XPath 使用路径表达式来选取 XML 文档中的节点或者节点集，这些路径表达式和我们在常规的电脑文件系统中看到的表达式非常相似。使用 XPath 表达式，开发者可以很方便地标识出 XML 文档中的节点，而不需要开发者自己定义专门的遍历算法，很大程度上提高了 XML 开发者的编程效率。

1．<x:parse>标签

<x:parse>标签用来解析 XML 文件。其语法有如下两种：

语法一：

```
<x:parse
    {doc="xmldocument"|xml="xmldocument"}
    {var="varName" [scope="page|request|session|application"]|
    varDom="varName" [scopeDom="page|request|session|application"]}
    [systemId="systemId"] [filter="filter"]/>
</x:parse>
```

语法二：

```
<x:parse
    {var="varName" [scope="page|request|session|application"]|
    varDom="varName" [scopeDom="page|request|session|application"]}
    [systemId="systemId"] [filter="filter"]>
    XMLDocument
</x:parse>
```

两种形式的区别在于，第二种形式把 XMLDocument 写在标签体中，参数 XMLDocument 是要解析的 XML 文件内容，其属性描述如表 9-9 所示。

表 9-9 <x:parse>标签的属性及其说明

属性	是否必需	类型	描述
doc	true	String 或 Reader	需要解析的 XML 文件
xml	true	String 或 Reader	同 doc 属性，现在已经不再使用
var	false	String	用于存储解析后 XML 文件的变量名
scope	false	String	变更的作用范围
varDom	false	String	用于存储解析后 XML 文件的变量名
scopeDom	false	String	变更的作用范围
systemId	false	String	用于解析 XML 文件的路径
filter	false	org.xml.sax.XMLFilter	解析 XML 文件时使用在 XML 文件中的过滤器

其中，var、scope 和 varDom、scopeDom 不应该同时出现，而应该被视为两个版本来使用，二者的变量都可以被 XML processing 标签库的其他标签使用。

注意：var 和 varDom 均用于存储解析后 XML 文件的范围变量名，但两者还是有区别的，var 属性的类型取决于实现的方式，而 varDom 属性的类型为 org.w3c.dom.Document。

<x:parse>标签常与<c:import>标签配合使用，如：

<c:import var="testPI" url="user.xml"/>

<x:parse doc="${testPI}" var="testXML/>

或：

<x:parse var="testXML">

<c:import url="user.xml"/>

</x:parse>

2. <x:out>标签

<x:out>标签用于根据 XPath 表达式输出 XML 文件中的内容，语法如下：

<x:out select="XPathExpression" [escapeXML="true|false"]/>

其中，参数 XPathExpression 为 XPath 表达式，escapeXml 默认值为 true，即转换字符 ">""<""&"""为实体代码，设置为 false 则不转换。

3. <x:set>标签

<x:set>标签用于把 XML 文件中的部分内容存放到一个变量中，其语法如下：

<x:set select="XPathExpression" var="varName" scope="page|request|session|application"]/>

其中，参数 XPathExpression 为 XPath 表达式，参数 varName 存放根据 XPathExpression 从 XML 文件中取出的内容，scope 设定 varName 的有效范围。

用<x:set>标签取出内容后，可用<c:out>标签输出，而不必再使用<x:out 标签输出>。

4. <x:if>标签

<x:if>标签的功能与<c:if>类似，用于对 XPath 表达式做出判断，其语法如下：

<x:if select="XPathExpression"

var="varName" [scope="page|request|session|application"]/>

或：

<x:if select="XPathExpression"

var="varName" [scope="page|request|session|application"]>

```
//XPathExpression 表达式为真时执行的标签语句、Java 程序、HTML 代码等
</x:if>
```

其中，XPathExpression 为要判断的 XPath 表达式，参数 varName 存放 XPath 表达式的结果，scope 设定 varName 的有效范围。

例如：当存在 item 的 id 属性为 1 的节点时输出"right!"，代码如下：

```
<x:if select="$sampleXML/goods/item[@id=1]/name">
  right!
</x:if>
```

5. <x:choose>、<x:when>和<x:otherwise>标签

这三个标签的功能类似于<c:choose>、<c:when>和<c:otherwise>，所不同的是，<x:choose>、<x:when>和<x:otherwise>做出判断时使用的是 XPath 表达式。其语法如下：

```
<x:choose>
  <x:when>和<x:otherwise>语句
</x:choose>
```

<x:when>标签的语法如下：

```
<x:when select="XPathExpression">
  标签语句、Java 语句或 HTML 代码等
</x:when>
```

例如：当存在 item 的 id 属性为 1 的节点时输出"right!"，否则输出"wrong!"。

```
<x:choose>
  <x:when select="$sampleXML/goods/item[@id=1]/name">
    right!
  </x:when>
  <x:otherwise>
    wrong!
  </x:otherwise>
</x:choose>
```

6. <x:forEach>标签

<x:forEach>标签功能与<c:forEach>相似，但<x:forEach>标签是专门针对 XML 文件的内容。其语法如下：

```
<x:forEach select="XPathExpression" [var="varName"]
  [varStatus="varStatusName"] [begin="begin"] [end="end"] [step="step"]>
  标签语句、Java 语句或 HTML 代码等
</x:forEach>
```

其参数的含义可参考前面的<c:forEach>标签

7. <x:transform>标签

<x:transform>标签用来通过 XSL 样式表（XSL style sheet）对一篇 XML 文件执行转换，<x:transform>标签支持多种格式的语法，如下所示：

第一种语法：不含有 body 内容时。

```
<x:transform doc="xmldocument" xslt="xslt"
[docSystemId="docsystemid"] [xsltSystemId="xsltsystemid"]
[var="varName" scope="page|request|session|application"]|result="result"/>
```

第二种语法：含有 body 内容以指定参数时。

```
<x:transform doc="xmldocument" xslt="xslt"
[docSystemId="docsystemid"] [xsltSystemId="xsltsystemid"]
[var="varName" scope="page|request|session|application"]|result="result">
    <x:param name="name1" value="value1"/>
    ............
    <x:param name="nameN" value="valueN"/>
</x:transform>
```

第三种语法：含有 body 内容以指定需解析的 XML 文件及可选参数时。

```
<x:transform xslt="xslt"
    [docSystemId="docsystemid"] [xsltSystemId="xsltsystemid"]
    [var="varName" scope="page|request|session|application"]|result="result">
    ............
</x:transform>
```

<x:transform>标签的属性描述如表 9-10 所示。

表 9-10　<x:transform>标签的属性及说明

属性	是否必需	类型	描述
doc	true	此标签所支持的所有类型	需要执行转换的 XML 文件
xslt	true	String、Reader、javax.xml.transform Source 实例	用来执行转换的 XSL 样式表
docSystemId	false	Sring	用于解析 doc 属性所设定的 XML 文件路径
xsltSystemId	false	String	用于解析 xslt 属性所设定的 xsltStyleSheet 的路径
var	false	String	用于存放转换后的文件的范围变量名
scope	false	String	范围变量 var 的作用域，缺省值为 page
result	false	javax.xml.transform Result 实例	用来保存转换后的 XML 文件的对象

其中，doc 的属性类型主要有以下几种：包含 XML 文件的字符串、接收 XML 文件的 Reader、采用 org.w3c.dom.Document 或 javax.xml.transform.Source 类的实例以及<x:parse>、<x:set>标签返回的变量值。

例如：

```
<c:import var="xmlDoc" url="${xmlUrl}" />
<c:import var="xsltStyleSheet" url="${xsltUrl}" />
<x:transform doc="${xmlDoc}" xslt="${xsltStyleSheet}">
```

9.6　函数标签库

在 JSTL 1.1 中，除了以上介绍的常用标签外，还增加了许多用于字符串处理的标准 EL 函数，这些函数称为函数标签。要使用函数标签库的标签需要在 JSP 文件的首部添加如下语句：

```
<%@ taglib prefix="fn" uri="http://java.sun.com/jsp/jstl/functions"%>
```

表 9-11 为函数标签库标签及其说明。

表 9-11　函数标签库标签及其说明

标签名称	标签说明
<fn:contains>	判断字符串是否在另一个字符串中
<fn:containsIgnoreCase>	同上，但比较时忽略大小写
<fn:startsWith>	判断是否以某一字符串开头
<fn:endsWith>	判断是否以某一字符串结尾
<fn:easapXml>	转义字符将被转换为 Entity 码
<fn:indexOf>	字符串在另一字符串中第一次出现的位置
<fn:split>	分解字符串
<fn:join>	将数组中全部元素以指定的连接符结合
<fn:replace>	将字符串中的某一字符串用另一子串代替
<fn:trim>	去除字符串前后空白
<fn:substring>	按照给定的起始和结束位置得到字串
<fn:substringAfter>	抽取字符串中某子串之后的字符串
<fn:substringBefore>	抽取字符串中某子串之前的字符串
<fn:toLowerCase>	转换成小写字符
<fn:toUpperCase>	转换成大写字符
<fn:length>	集合对象的数量或者字符串长度

函数标签库标签的具体用法如下：

fn:contains(string,substring)：如果参数 string 中包含参数 substring，返回 true。

fn:containsIgnoreCase(string,substring)：如果参数 string 中包含参数 substring（忽略大小写），返回 true。

fn:endsWith(string,suffix)：如果参数 string 以参数 suffix 结尾，返回 true。

fn:escapeXml(string)：将有特殊意义的 XML（和 HTML）转换为对应的 XML character entity code，并返回。

fn:indexOf(string,substring)：返回参数 substring 在参数 string 中第一次出现的位置。

fn:join(array,separator)：将一个给定的数组 array 用给定的间隔符 separator 串在一起，组成一个新的字符串并返回。

fn:length(item)：返回参数 item 中包含元素的数量。参数 Item 类型是数组、collection 或者 String。如果是 String 类型，返回值是 String 中的字符数。

【例 9-6】部分函数标签库的使用。

示例代码如下：

```
<html>
    <body>
        <%
            String a[] = { "aa", "bb", "cc", "dd" };
            request.setAttribute("array", a);
            request.setAttribute("store", "guomei8899");
```

```
        %>
        <c:if test="${fn:contains('guomeiddd','guoMei')}">ok</c:if>
        <br>
        <c:if test="${fn:containsIgnoreCase(store,'guoMei')}">ok ok</c:if>
        <br>
        <c:if test="${fn:endsWith(store,'99')}">end</c:if>
        <br>
        <c:out value="${fn:escapeXml('<>')}" />
        <br>
        <c:out value="${fn:indexOf(store,'om')}" />
        <br>
        <c:out value="${fn:join(array,'|')}" />
        <br>
        <c:out value="${fn:length(array)}" />
        <br>
    </body>
</html>
```

fn:replace(string,before,after)：返回一个 String 对象。用参数 after 字符串替换参数 string 中所有出现参数 before 字符串的地方，并返回替换后的结果。

fn:split(string,separator)：返回一个数组，以参数 separator 为分割符分割参数 string，分割后的每一部分就是数组的一个元素。

fn:startsWith(string,prefix)：如果参数 string 以参数 prefix 开头，返回 true。

fn:substring(string,begin,end)：返回参数 string 部分字符串，从参数 begin 开始到参数 end 位置，包括 end 位置的字符。

fn:substringAfter(string,substring)：返回参数 substring 在参数 string 中后面的那一部分字符串。

fn:substringBefore(string,substring)：返回参数 substring 在参数 string 中前面的那一部分字符串。

fn:toLowerCase(string)：将参数 string 所有的字符变为小写，并将其返回。

fn:toUpperCase(string)：将参数 string 所有的字符变为大写，并将其返回。

fn:trim(string)：去除参数 string 首尾的空格，并将其返回。

【例 9-7】部分函数标签库的使用。

示例代码如下：

```
<html>
    <body>
        <%
            Stringa[]={"aa","bb","cc","dd"};
            request.setAttribute("array",a);
            request.setAttribute("store","guomei8899");
            request.setAttribute("user","u1,u2,u3,u4,u5");
            request.setAttribute("test","aBcDeF");
        %>
        <c:out value="${fn:replace(store,'8','9')}"/><br>
```

```
                <c:out value="${fn:split(user,',')}"/><br>
                <c:out value="${fn:startsWith(store,'g')}"/><br>
                <c:out value="${fn:substring(store,2,5)}"/><br>
                <c:out value="${fn:substringAfter(store,'mei')}"/><br>
                <c:out value="${fn:substringBefore(store,'mei')}"/><br>
                <c:out value="${fn:toLowerCase(test)}"/><br>
                <c:out value="${fn:toUpperCase(test)}"/><br>
                <c:out value="${test}hoho"/><br>
                <c:out value="${fn:trim(test)}hoho"/><br>
        </body>
</html>
```

任务实施：

本次任务需要实现动态表格效果。动态生成表格中由于表格的行和列都不是固定的，而是从数据库中取得的，因此需要动态地创建表格。在规范中要求使用 JSTL 标签库，避免 JSP 页面冗余 Java 代码。

生成的效果如图 9-10 所示，在移动端访问的效果如图 9-11 所示。

图 9-10　动态表格　　　　　　　　　　　　　　图 9-11　移动端访问效果

具体代码如下：

```
<%@ page language="java" import="java.util.*" pageEncoding="UTF-8"%>
<!DOCTYPE HTML PUBLIC"-//W3C//DTD HTML 4.01 Transitional//EN">
<html>
  <head>
      <title>Index Page</title>
      <script type="text/javascript">
          function showBook(bookId) {
              window.location.href = "showBook.jsp?bookId=" + bookId;
          }
```

```
    </script>
</head>
<body>
    <%!//定义 Book 类，实际程序中应定义在另一个文件中
    public class Book {

        public Book() {
        }

        public Book(Long id, String name, String author) {
            this.id = id;
            this.name = name;
            this.author = author;
        }

        private Long id;
        private String name;
        private String author;

        public Long getId() {
            return id;
        }

        public void setId(Long id) {
            this.id = id;
        }

        public String getName() {
            return name;
        }

        public void setName(String name) {
            this.name = name;
        }

        public String getAuthor() {
            return author;
        }

        public void setAuthor(String author) {
            this.author = author;
        }

    }%>
    <%
        //构造列表对象，实际程序中是从数据库读取的信息
        List<Book> books = new ArrayList();
```

```
        books.add(new Book(1L, "三国演义", "罗贯中"));
        books.add(new Book(2L, "水浒传", "施耐庵"));
        books.add(new Book(3L, "西游记", "吴承恩"));
        books.add(new Book(4L, "红楼梦", "曹雪芹"));
    %>
    <table border="1">
        <tr>
            <th>编号</th>
            <th>名称</th>
            <th>作者</th>
        </tr>
        <%
            for (Book book : books) {
        %>
        <tr>
            <td><%=book.getId()%></td>
            <td><%=book.getName()%></td>
            <td><%=book.getAuthor()%></td>
        </tr>
        <%
            }
        %>
    </table>
  </body>
</html>
```

习题九

一、选择题

1. 在 Java EE 中，Servlet 是在服务器端运行，以处理客户端请求而做出响应的程序，下列选项中属于 Servlet 生命周期阶段的是（　　）。

    A. 加载和实例化　　　　　　　　　　B. 初始化

    C. 服务　　　　　　　　　　　　　　D. 销毁

    E. 以上全部

2. 在 Java EE 的 MVC 设计模式中，（　　）负责接收客户端的请求数据。

    A. JavaBean　　　B. JSP　　　　　　C. Servlet　　　　　D. HTML

3. 过滤器应实现的接口是（　　）。

    A. HttpServlet　　B. HttpFilter　　　C. ServletFilter　　D. Filter

4. 开发 Java Web 应用程序的时候，创建一个 Servlet，该 Servlet 重写了父类的 doGet()和 doPost()方法，那么其父类可能是（　　）。

    A. RequestDispatcher　　　　　　　　B. HttpServletResponse

    C. HttpServletRequest　　　　　　　　D. HttpServlet

5. 在 Java Web 开发中，如果某个数据需要跨多个请求存在，则数据应该存储在（　　）中。

    A．session　　　　　　B．page　　　　　　C．request　　　　　　D．Response

6. 在开发 Java Web 应用程序的时候，HTTP 请求消息使用 Get 或 POST 方法以便在 Web 上传输数据，下列关于 GET 和 POST 方法描述正确的是（　　）。

    A．POST 请求的数据在地址栏不可见

    B．GET 请求提交的数据在理论上没有长度限制

    C．POST 请求对发送的数据的长度限制在 240～255 个字符

    D．GET 请求提交数据更加安全

7. 在 JSP 中有 EL 表达式 "${10*10 ne 10}"，结果是（　　）。

    A．100　　　　　　　B．True　　　　　　C．False　　　　　　D．以上都不对

8. 关于 JSTL 标签的分类，以下说法正确的是（　　）。

    A．通用标签与迭代标签　　　　　　　　B．核心标签与迭代标签

    C．核心标签与 SQL 标签　　　　　　　　D．以上都不是

9. 在 Java Servlet API 中，HttpServletRequest 接口的（　　）方法用于返回当前请求相关联的会话，如果没有，返回 null。

    A．getSession(true)　　　　　　　　　B．getSession(true)

    C．getSession(false)　　　　　　　　　D．getSession(null)

10. 在 Java Web 开发中，不同的客户端需要共享数据，则数据应该存储在（　　）中。

    A．session　　　　　　B．application　　　　　C．request　　　　　D．response

第十章 JSP 技术应用实例

本章将通过两个案例，讲述如何使用 JSP 技术建立一个简单的网络交友系统和一个网上书店，我们将采用 SUN 公司倡导的 JSP+JavaBean 模式。

10.1　基于会员制的网络交友系统

10.1.1　系统功能

该网络交友系统主要实现以下功能：

（1）会员注册：新会员填写表单，包括会员名、E-mail 地址等信息。如果输入的会员名已经被其他用户注册使用，系统提示新用户更改自己的会员名。

（2）会员登录：输入会员名、密码。如果用户输入的会员名或密码有错误，系统将显示错误信息；如果登录成功，就将一个成功登录的信息赋值给用户，同时用户被链接到"浏览其他会员"页面。

（3）浏览会员：成功登录的会员可以分页浏览其他会员，如果用户直接进入该页面或没有成功登录就进入该页面，将被链接到"会员登录"页面。

（4）查看会员信息：成功登录的会员可以在该页面输入要查找的会员名，然后显示该会员的详细信息。如果用户直接进入该页面或没有成功登录就进入该页面，将被链接到"会员登录"页面。

（5）留言板：成功登录的会员可以在该页面留言，如果直接进入该页面或没有成功登录就进入该页面，将被链接到"会员登录"页面。

（6）修改密码：成功登录的会员可以在该页面修改自己的登录密码，如果用户直接进入该页面或没有成功登录就进入该页面，将被链接到"会员登录"页面。

（7）修改注册信息：成功登录的会员可以在该页面修改自己的注册信息，比如联系电话、通信地址等，如果用户直接进入该页面或没有成功登录就进入该页面，将被链接到"会员登录"页面。

10.1.2　数据库设计

我们采用 JDBC-ODBC 桥接器的方式访问数据库，使用 Access 建立一个数据库 friend.mdb，并将该数据库设置成一个名字是 friend 的数据源。该库有如下的数据表：

1. 新会员注册信息表：member

会员的注册信息存入数据库 friend.mdb 的 member 表中，member 表的结构如图 10-1 所示。

图 10-1　会员注册表

2. 会员的留言表: wordpad

会员的公共留言存入数据库 friend.mdb 的 wordpad 表中,每个会员都可以浏览该表中的所有留言。wordpad 表的结构如图 10-2 所示。

图 10-2 公共留言表

10.1.3 系统主要功能的实现

所有的页面将包括一个导航条,标签将导航条文件 head.jsp 嵌入自己的页面,引用方式如下:

```
<jsp:include page="head.jsp" />
```

head.jsp 的代码如下:

```
<tablealign="center" border="0" width="790" height="12" bgcolor=cyan
    cellspacing="0">
    <tr>
        <td width="100%"><a
            href="<%=response.encodeURL("showMember.jsp")%>">浏览会员</a><a
            href="<%=response.encodeURL("register.jsp")%>">会员注册</a> | <a
            href="<%=response.encodeURL("login.jsp")%>">会员登录</a> | <a
            href="<%=response.encodeURL("find.jsp")%>">查找会员</a>| <a
            href="<%=response.encodeURL("message.jsp")%>">留言板</a>| <a
            href="<%=response.encodeURL("publicMessage.jsp")%>">查看公共留言</a> | <a
            href="<%=response.encodeURL("secretMessage.jsp")%>">查看私人留言</a> | <a
            href="<%=response.encodeURL("modifyPassword.jsp")%>">修改密码</a> | <a
            href="<%=response.encodeURL("modifyMessage.jsp")%>">修改个人信息</a>|</td>
        </td>
    </tr>
</table>
```

使用的 beans 的包名都是 tom.jiafei,因此,我们将 beans 的类文件存放在 JSP 引擎的 classes\tom\jiafei 目录中。也就是说,我们需要在 classes 下再建立一个目录结构:tom\jiafei,将创建 beans 的类文件存放在 jiafei 文件夹中。另外,我们自己配置一个 Web 服务目录,将 D:\test 作为服务目录,并让用户使用/friend 虚拟目录访问。首先用记事本打开主配置文件 server.xml(该文件在 Tomcat\Jakarta-tomcat-4.0\conf 文件下),然后在</Context>和</Host>之间加入:

```
<Context path="/friend" docBase="d:/test" debug="0" reloadable="true"></Context>
```

所有的 JSP 页面以及导航条文件存放在 D:\test 目录中。

10.1.4 各个页面的设计

主页面 welcomeFriend.jsp 的代码如下:

```
<%@ page contentType="text/html;charset=GB2312"%>
<html>
```

```
<body bgcolor=yellow>
    <%@ include file="head.jsp"%>
    <h1>
        <center>欢迎网上结交朋友</CENTER>
    </h1>
</body>
</html>
```

程序运行结果如图 10-3 所示。

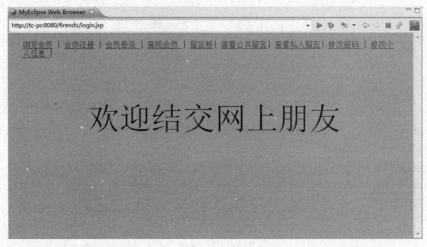

图 10-3　主页面显示效果

1. 会员注册

当新会员注册时，该模块要求用户必须输入会员名、密码、年龄等信息，否则不允许注册。用户的注册信息被存入数据库 friend.dbm 的 member 表中。数据库的插入记录操作由 Register 创建的 beans 负责。为了防止由于插入空字段而发生 SQL 语句异常，该 beans 须含有判断注册者是否提交了空字段的语句。将下述的 Register.java 文件编译通过，并将生成的字节码文件 Register.class 存放到 classes\tom\jiafei 目录中。会员注册页面的效果图如图 10-4 所示。

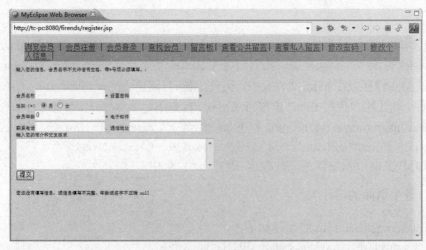

图 10-4　会员注册页面

（1）注册页面使用的 beans，代码如下：

文件名：Register.java

```java
package tom.jiafei;
import java.sql.*;
publicclass Register {
    String logname = "", password = "", sex = "", age = "", E-mail = "",
            phone = "", address = "", message = "";
    String backNews; // 用来返回注册是否成功
    Connection con;
    Statement sql;
    ResultSet rs;

    public Register() {
        try {
            Class.forName("sun.jdbc.odbc.JdbcOdbcDriver"); // 加载桥接器
        } catch (ClassNotFoundException e) {
        }
    }

    // 设置属性值、获取属性值的方法
    publicvoid setLogname(String name) {
        logname = name;
    }
    public String getLogname() {
        return logname;
    }
    publicvoid setAge(String n) {
        age = n;
    }
    public String getAge() {
        return age;
    }
    publicvoid setSex(String s) {
        sex = s;
    }
    public String getSex() {
        return sex;
    }
    publicvoid setPassword(String pw) {
        password = pw;
    }
    public String getPassword() {
        return password;
    }
    publicvoid setE-mail(String em) {
        E-mail = em;
    }
    public String getE-mail() {
```

```java
            returnE-mail;
        }
        publicvoid setPhone(String ph) {
            phone = ph;
        }
        public String getPhone() {
            return phone;
        }
        publicvoid setAddress(String ad) {
            address = ad;
        }
        public String getAddress() {
            return address;
        }
        public String getMessage() {
            return message;
        }
        publicvoid setMessage(String m) {
            message = m;
        }
        public String getBackNews() {
            return backNews;
        }
        publicvoid setBackNews(String s) {
            backNews = s;
        }

        // 添加记录到数据库的 member 表
        publicvoid addItem() {
            try {
                con = DriverManager.getConnection("jdbc:odbc:friend", "", "");
                sql = con.createStatement();
                if (phone.length() == 0)          // 如果用户没有提供电话
                {
                    phone = "无";
                }
                if (E-mail.length() == 0)         // 如果用户没有提供 E-mail
                {
                    E-mail = "无";
                }
                if (address.length() == 0)        // 如果用户没有提供地址
                {
                    address = "无";
                }
                if (message.length() == 0)        // 如果用户没有提供信息
                {
                    message = "无";
                }
```

```
                    String s = """ + logname + """ + "," + """ + password + """ + ","
                            + """ + sex + """ + "," + """ + age + """ + "," + """
                            + phone + """ + "," + """ + email + """ + "," + """
                            + address + """ + "," + """ + message + """;
                    String condition = "INSERT INTO member VALUES" + "(" + s + ")";
                    sql.executeUpdate(condition);
                    backNews = "注册成功了";
                    con.close();
                } catch (SQLException e) {
    /* 如果用户使用 member 表中已经存在的名字，或使用了空字段值，就会发生 SQL 异常 backNews="
你还没有注册，或该用户已经存在，请你更换一个名字";*/
                }
            }
    }
```

（2）会员注册页面 register.jsp，代码如下：

```
<html>
  <body bgcolor="yellow">
    <Font size=1>
    <%@includefile="head.jsp"%>
    <font size=1>
    <br>输入您的信息，会员名字不允许含有空格，带*号项必须填写：
    <%
        String str = response.encodeURL("register.jsp");
    %>
    <form action="<%=str%>"Method="post">
        <br>
            会员名称<input type="text" name="logname">*
            设置密码<input  type="password" name="password">*
        <br>
            性别（*）<input type="radio" name="sex" checked="0" value=" 男">男
                    <input type="radio" name="sex" value=" 女">女
        <br>
            会员年龄<input  type="text" name="age" value="0">*
            电子邮件<input type="text" name="email">
        <br>
            联系电话<input type="text" name="phone">
            .通信地址<input type="text" name="address">
        <br>
            输入您的简介和交友要求
        <br>
            <TextArea name="message" Rows="4" Cols="57"></TextArea>
        <br>
            <input type="submit" name="g" value="提交">
    </form>
    <jsp:useBean id="memberlogin" class="tom.jiafei.Register" scope="request">
    </jsp:useBean>
    <%
```

```
String logname = "", sex = "", age = "", password = "", email = "", phone = "", address = "", message = "";
int n = 0;     // 用来验证年龄的变量。
// 提交信息后，进行注册操作：
if (!(session.isNew())) {
    logname = request.getParameter("logname");
    if (logname == null) {
    logname = "";
    }
    logname = codeString(logname);
    // 判断名字是否含有空格：
    int space = logname.indexOf(" ");
    if (space != -1) {
        response.sendRedirect("register.jsp");
    }
    password = request.getParameter("password");
    if (password == null) {
        password = "";
    }
    password = codeString(password);
    sex = request.getParameter("sex");
    if (sex == null) {
        sex = "";
    }
    sex = codeString(sex);
    age = request.getParameter("age");
    if (age == null) {
        age = "0";
    }
    age = codeString(age);
    try {
        n = Integer.parseInt(age);
    } catch (NumberFormatException e) {
        n = 0;
    }
    email = request.getParameter("email");
    if (email == null) {
        email = "";
    }
    email = codeString(email);
    phone = request.getParameter("phone");
    if (phone == null) {
        phone = "";
    }
    phone = codeString(phone);
    address = request.getParameter("address");
    if (address == null) {
```

```
                    address = "";
             }
             address = codeString(address);
             message = request.getParameter("message");
             if (message == null) {
                    message = "";
             }
             message = codeString(message);
      }
%>
<%
      // 检查用户是否按要求填写了必要的信息：用户名、年龄、密码，
      // 为了以后处理汉字方便，我们采用了第 1 种方式初始化 beans
      boolean b = !(logname.equals("")) && !(password.equals(""))&& (n <= 150) && (n >= 0);
      if (b) {
             out.print(logname);
%>
<jsp:setProperty name="memberlogin" property="logname" value="<%=logname%>"/>
<jsp:setProperty name="memberlogin" property="password" value="<%=password%>"/>
<jsp:setProperty name="memberlogin" property="sex" value="<%=sex%>"/>
<jsp:setProperty name="memberlogin" property="age" value="<%=age%>"/>
<jsp:setProperty name="memberlogin" property="email" value="<%=email%>"/>
<jsp:setProperty name="memberlogin" property="phone" value="<%=phone%>"/>
<jsp:setProperty name="memberlogin" property="address" value="<%=address%>"/>
<jsp:setProperty name="memberlogin" property="message" value="<%=message%>"/>
<%
             memberlogin.addItem();
             } else {
             out.print(" 您还没有填写信息，或信息填写不完整、年龄或名字不正确");
             }
%>
<%
      // 返回注册是否成功的信息
      if (!(session.isNew())) {
             %><jsp:getPropertyname="memberlogin"property="backNews"/><%
      }
%>
   </body>
</html>
```

2. 会员登录

用户可在该页面输入自己的会员名和密码，系统将对会员名和密码进行验证，如果名字和密码都正确将被链接到"浏览会员"页面，否则提示用户输入的密码或用户名不正确。该页面使用一个 beans 负责查询 member 表来验证登录者的身份。会员登录页面的效果如图 10-5 所示。

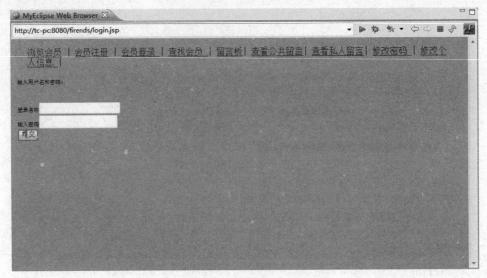

图 10-5　会员登录

（1）登录页面使用的 beans，代码如下：

文件名：Login.java

```java
package tom.jiafei;
import java.sql.*;

publicclass Login {
    String logname, password, success = "false", message = "";
    Connection con;
    Statement sql;
    ResultSet rs;

    // 加载桥接器
    public Login() {
        try {
            Class.forName("sun.jdbc.odbc.JdbcOdbcDriver");
        } catch (ClassNotFoundException e) {
        }
    }
    // 设置属性值、获取属性值的方法
    publicvoid setLogname(String name) {
        logname = name;
    }
    public String getLogname() {
        return logname;
    }
    publicvoid setPassword(String pw) {
        password = pw;
    }
    public String getPassword() {
        return password;
    }
```

```java
public String getSuccess() {
    return success;
}
// 查询数据库的 member 表
public String getMessage() {
    try {
        con = DriverManager.getConnection("jdbc:odbc:friend", "", "");
        sql = con.createStatement();
        String condition = "SELECT * FROM member WHERE logname = " + "'"
                + logname + "'";
        rs = sql.executeQuery(condition);
        int rowcount = 0;
        String ps = null;
        while (rs.next()) {
            rowcount++;
            logname = rs.getString("logname");
            ps = rs.getString("password");
        }
        if ((rowcount == 1) && (password.equals(ps))) {
            message = "ok";
            success = "ok";
        } else {
            message = "输入的用户名或密码不正确";
            success = "false";
        }
        con.close();
        return message;
    } catch (SQLException e) {
        message = "输入的用户名或密码不正确";
        success = "false";
        return message;
    }
}
}
```

（2）会员登录页面 login.jsp，代码如下：

```jsp
<%@ page contentType="text/html;charset=GB2312"%>
<%@ page import="tom.jiafei.Login"%>
<%!
    //处理字符串的方法：
    public String codeString(String s) {
        String str = s;
        try {
            byte b[] = str.getBytes("ISO8859-1");
            str = new String(b);
            return str;
        } catch (Exception e) {
            return str;
        }
    }
%>
```

```
<html>
<body bgcolor="cyan">
    <font size=1>
        <%@includefile="head.jsp" %>
    <font size=1>
    <p>输入用户名和密码:
    <%
        String str = response.encodeURL("login.jsp");
    %>
    <form action="<%=str%>" Method="post">
        <br>输入密码<Input   type="password" name="password">
        <br><input type="submit" name="g" value="提交">
    </form>
    <jsp:useBean   id="login" class="tom.jiafei.Login" scope="session">
    </jsp:useBean>
    <%
        // 提交信息后, 验证信息是否正确:
        String message = "", logname = "", password = "";
        if (!(session.isNew())) {
            logname = request.getParameter("logname");
            if (logname == null) {
                logname = "";
            }
            logname = codeString(logname);
            password = request.getParameter("password");
            if (password == null) {
                password = "";
            }
            password = codeString(password);
        }
    %>
    <%
        if (!(logname.equals(""))) {
    %>
    <jsp:setProperty name="login" property="logname" value="<%=logname%>"/>
    <jsp:setProperty name="login" property="password" value="<%=password%>"/>
    <%
        message = login.getMessage(); // 获取返回的验证信息。
        if (message == null) {
            message = "";
        }
        }
    %>
    <%
    if (!(session.isNew())) {
        if (message.equals("ok")) {
            String meb = response.encodeURL("showMember.jsp");
            response.sendRedirect(meb);
        } else {
            out.print(message);
```

```
            }
        }
    %>
    </body>
</html>
```

3．浏览会员

该模块负责分页显示注册会员的基本信息，包括会员名和性别。当浏览会员基本信息时，该模块在每个会员的后面显示一个表单，用户点击该表单可将所要查看的会员名字提交到会员详细信息页面：find.jsp，然后在该页面查看该会员的详细信息。该页面使用一个 beans 负责完成信息的分页显示。浏览会员页面的效果如图 10-6 所示。

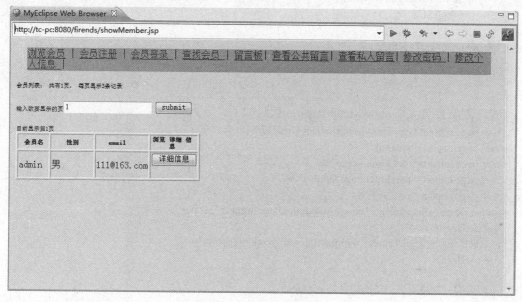

图 10-6　查看会员详细信息

（1）浏览会员页面使用的 beans，代码如下：

文件名：PageNumber.java

```
package tom.jiafei;
public class PageNumber {
    int rowCount = 1,          // 总的记录数
        pageSize = 1,          // 每页显示的记录数
        showPage = 1,          // 设置欲显示的页码数
        pageCount = 1;         // 分页之后的总页数
    public void setRowCount(int n) {
        rowCount = n;
    }
    public int getRowCount() {
        return rowCount;
    }
    public void setPageCount(int r, int p) {
        rowCount = r;
        pageSize = p;
        int n = (rowCount % pageSize) == 0 ? (rowCount / pageSize) : (rowCount/ pageSize + 1);
```

```
            pageCount = n;
        }
    public int getPageCount() {
            return pageCount;
        }
    public void setShowPage(int n) {
            showPage = n;
        }
    public int getShowPage() {
            return showPage;
        }
    public void setPageSize(int n) {
            pageSize = n;
        }
    public int getPageSize() {
            return pageSize;
        }
}
```

（2）浏览会员页面 showMember.jsp，代码如下：

```jsp
<%@ page contentType="text/html;charset=GB2312"%>
<%@ page import="java.sql.*"%>
<%@ page import="tom.jiafei.Login"%>
<%@ page import="tom.jiafei.PageNumber"%>
<%@ page import="java.io.*"%>
<jsp:useBeanid="handlePage" class="tom.jiafei.PageNumber" scope="session">
</jsp:useBean>
<jsp:useBeanid="login" class="tom.jiafei.Login" scope="session">
</jsp:useBean>
<%
    //如果客户直接进入该页面将被转向登录页面
    if(session.isNew())
        {response.sendRedirect("login.jsp");
        }
    // 如果没有成功登录将被转向登录页面
    String success=login.getSuccess();
    if(success==null)
        {success="";
        }
    if(!(success.equals("ok")))
        {response.sendRedirect("login.jsp");
        }
%>
<html>
  <body>
    <fontsize=1>
    <%@includefile="head.jsp"%>
    <p>
    会员列表：
    <%!
        // 声明一个共享的连接对象
```

```
        Connection con = null;
        // 显示数据库记录的方法
        publicvoid showList(ResultSet rs,javax.servlet.jsp.JspWriter out,int n,String find)
            {
            try
            {
        out.print("<Table Border>");
        out.print("<tr>");
        out.print("<th width=50>"+"<font size=1>"+"会员名"+"</font>");
        out.print("<th width=70>"+"<font size=1>"+"性别"+"</font>");
        out.print("<th width=70>"+"<font size=1>"+"e-mail"+"</font>");
        out.print("<th width=70>"+"<font size=1>"+"浏览详细信息"+"</font>");
        out.print("</tr>");
        for(int i=1;i<=n;i++)
        {
            String logname=rs.getString("logname");
            String E-mail=rs.getString("E-mail");
            String memberID=rs.getString("memberID");
            out.print("<tr>");
            out.print("<td >"+logname+"</td>");
            out.print("<td >"+rs.getstring("sex")+"</td>");
            out.print("<td >"+ e-mail+"</td>");
            //在每个会员的后面显示一个表单，该表单将内容提交到 find.jsp，
            //以便查看该会员的详细信息
            out.print("<TD ><a herf='showMember.jsp?memberId="+memberID+"">详细信息<a></TD>");
            rs.next();
            }
            out.print("</Table>");
        }
        catch(Exception e1) {}
}
%>
<%
    Statement sql=null;
    ResultSet rs=null;
    int rowCount=0;     // 总的记录数
    String logname="";
    // 第一个客户负责建立连接对:
    if(con==null)
    {
        try
        {
            Class.forName("sun.jdbc.odbc.JdbcOdbcDriver");
        } catch(ClassNotFoundException e)
                {out.print(e);
                }
    try
    {
        con=DriverManager.getConnection("jdbc:odbc:friend","","");
        sql= con.createStatement(ResultSet.TYPE_SCROLL_SENSITIVE,ResultSet.CONCUR_READ_ONLY);
```

```
            rs=sql.executeQuery("SELECT * FROM member");        //返回可滚动的结果集
            rs.last();                                          // 将游标移动到最后一行
            int number=rs.getRow();                             // 获取最后一行的行号
            rowCount=number;                                    // 获取记录数
            handlePage.setPageSize(3);                          // 设置每页显示的记录数
            handlePage.setShowPage(1);                          // 设置欲显示的页码数
            handlePage.setPageCount(rowCount,handlePage.getPageSize());  //页数
            out.print("共有"+handlePage.getPageCount()+"页，");
            out.print("每页显示"+ handlePage.getPageSize()+"条记录");
        } catch(SQLException e)
                {out.print(e);
                }
            }
        // 其他客户通过同步块使用这个连接
    else
        {
        synchronized(con)
        try
        {
          sql=con.createStatement(ResultSet.TYPE_SCROLL_SENSITIVE,ResultSet.CONCUR
              _READ_ONLY);
          rs=sql.executeQuery("SELECT * FROM member");        //返回可滚动的结果集
          rs.last();                                          //将游标移动到最后一行
          int number=rs.getRow();                             //获取最后一行的行号
          rowCount=number;                                    //获取记录数
          handlePage.setPageSize(3);                          //设置每页显示的记录数
          handlePage.setShowPage(1);                          //设置欲显示的页码数
          handlePage.setPageCount(rowCount,handlePage.getPageSize());   //总页数
          out.print("共有"+handlePage.getPageCount()+"页，");
          out.print("每页显示"+ handlePage.getPageSize()+"条记录");       //计算
          }
        catch(SQLException e)
                {out.print(e);
                }
        }
    }
%>
<%--选择显示某页的表单--%>
<%
String str=response.encodeURL("showMember.jsp");
String find=response.encodeURL("find.jsp");
%>
<form action="<%=str%>"method="post">
    输入欲要显示的页<input type="text"name="ok"value="1">
    <input type="submit"value="submit">
</form>
<%
    // 获取表单提交的信息
    String s=request.getParameter("ok");
```

```
            if(s==null)
              {s="1";
              }
            int m=Integer.parseInt(s);
            handlePage.setShowPage(m);
            out.print(" 目前显示第"+handlePage.getShowPage()+"页");
            int n=handlePage.getShowPage();
            //将游标移到:
            rs.absolute((n-1)*handlePage.getPageSize()+1);
            showList(rs,out,handlePage.getPageSize(),find);// 显示该页的内容
        %>
        </font>
    </body>
</html>
```

4. 查找会员

登录的会员可以在该页面查找其他会员, 并浏览这个会员的详细信息。会员的信息中可能会含有 HTML 标记, 甚至, 一个会员的信息可能是一个 HTML 或 JSP 文档, 为了能显示原始的 HTML 和 JSP 标记, 该页面使用一个 beans 对信息进行处理。查找会员页面效果如图 10-7 所示。

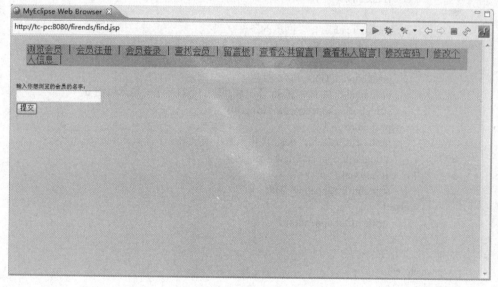

图 10-7　查找会员页面

（1）查找会员页面使用的 beans, 代码如下:

文件名: HandleMessage.java

```
package tom.jiafei;
import java.io.*;
public class HandleMessage {
    String content = null;
    public void setContent(String s) {
        content = s;
    }
    // 获取属性 content 的值, 为了能显示 HTML 或 JSP 源文件, 需进行流的处理技术
    public String getContent() {
```

```
try {
        StringReader in = new StringReader(content); // 指向字符串的字符流
        PushbackReader push = new PushbackReader(in);
        StringBuffer stringbuffer = new StringBuffer();
        int c;
        char b[] = newchar[1];
        while ((c = push.read(b, 0, 1)) != -1) {
                String s = new String(b); // 读取 1 个字符放入字符数组 b
                if (s.equals("<")) // 回压的条件
                {
                        push.unread('&');
                        push.read(b, 0, 1); // push 读出被回压的字符字节，放入数组 b
                        stringbuffer.append(new String(b));
                        push.unread('L');
                        push.read(b, 0, 1); // push 读出被回压的字符字节，放入数组 b
                        stringbuffer.append(new String(b));
                        push.unread('T');
                        push.read(b, 0, 1); // push 读出被回压的字符字节，放入数组 b
                        stringbuffer.append(new String(b));
                } else if (s.equals(">"))
                {
                        push.unread('&'); // 回压的条件
                        push.read(b, 0, 1); // push 读出被回压的字符字节，放入数组 b
                        stringbuffer.append(new String(b));
                        push.unread('G');
                        push.read(b, 0, 1); // push 读出被回压的字符字节，放入数组 b
                        stringbuffer.append(new String(b));
                        push.unread('T');
                        push.read(b, 0, 1);// push 读出被回压的字符字节，放入数组 b
                        stringbuffer.append(new String(b));
                } else if (s.equals("\n")) {
                        stringbuffer.append("<BR>");
                } else {
                        stringbuffer.append(s);
                }
        }
        push.close();
        in.close();
        return content = new String(stringbuffer);
} catch (IOException e) {
        return content = new String("不能读取内容");
}
    }
}
```

（2）查找会员页面 find.jsp，代码如下：

```
<%@ page contentType="text/html;charset=GB2312" %>
<%@ page import="java.sql.*" %>
<%@ page import="java.io.*" %>
<%@ page import="tom.jiafei.Login" %>
<%@ page import="tom.jiafei.HandleMessage" %>
```

```
<jsp:useBean id="login" class="tom.jiafei.Login" scope="session" >
</jsp:useBean>
<jsp:useBean id="handle" class="tom.jiafei.HandleMessage" scope="page" >
</jsp:useBean>
<%!
     //处理字符串的一个常用方法：
     public String getString(String s)
     {
         if(s==null)
         s="";
         try {byte a[]=s.getBytes("ISO-8859-1");
         s=new String(a);
         }
         catch(Exception e)
             {   }
         return s;
     }
%>
<%
     //如果客户直接进入该页面将被转向登录页面。
     if(session.isNew())
         {response.sendRedirect("login.jsp");
     }
     // 如果没有成功登录将被转向登录页面
     String success=login.getSuccess();
     if(success==null)
         {success="";
         }
     if(!(success.equals("ok")))
         {response.sendRedirect("login.jsp");
         }
%>
<%
     //获取本页面或 showMember 页面表单提交的会员名字：
     String logname=request.getParameter("logname");
     if(logname==null)
     {
         logname="";
     }
     logname=getString(logname);
%>
<html>
<body bgcolor=pink >
   <font size=1>
     <%@ include file="head.jsp" %>
     <%String find=response.encodeURL("find.jsp"); %>
     <form action="<%=find%>" Method="post">
         <br>输入你想浏览的会员的名字：
         <br><Input type=text name="logname" >
         <br><Input type=submit name="g" value="提交">
```

```
        </form>
    <%
        try{Class.forName("sun.jdbc.odbc.JdbcOdbcDriver");
        }
        catch(ClassNotFoundException event){}
        // 验证身份：
        Connection con=null;
        Statement sql=null;
        ResultSet rs=null;
        boolean modify=false;
        try{
            con=DriverManager.getConnection("jdbc:odbc:friend","","");
            sql=con.createStatement();
            String condition="SELECT * FROM member WHERE logname = "+"'"+logname+"'";
            rs=sql.executeQuery(condition);
            while(rs.next())
            {
                StringBuffer str=new StringBuffer();
                String 会员名=rs.getString("logname"),
                    sex=rs.getString("sex"),
                    age=rs.getString("age"),
                    email=rs.getString("email"),
                    phone=rs.getString("phone"),
                    address=rs.getString("address"),
                    message=rs.getString("message");
                str.append("会员名字: "+会员名+"\n");
                str.append("性别: "+sex+"\n");
                str.append("年龄:"+age+"\n");
                str.append("e-mail:"+e-mail+"\n");
                str.append("电话: "+phone+"\n");
                str.append("地址: "+address+"\n");
                str.append("主要简历和交友条件: "+message+"\n");
                //为了能显示会员信息中的原始 HTML 标记信息，信息做回压流处理：
                String content=new String(str);
                handle.setContent(content);
                out.print(handle.getContent());
            }
        }
        catch(SQLException e1)
        { out.print("<BR>查找失败");
        }
    %>
        </font>
    </body>
</html>
```

5. 留言板

登录的用户可以在该页面进行公共留言和私人留言。如果选择公共留言，那么该会员的留言可以被所有的会员查看；如果选择私人留言，留言将送给某个特定的会员。这时必须要输入对方的会员名字才能留言，如果该名字不是注册的会员名，就不能实现留言。

该模块由两个页面组成，留言主页面 message.jsp，会员在该页面输入留言，提交给 leaveword.jsp 页面，该页面将留言写入数据库中的 wordpad 表。

该模块需要 1 个 beans：PublicWord.java。

留言板的主页面效果如图 10-8 所示。

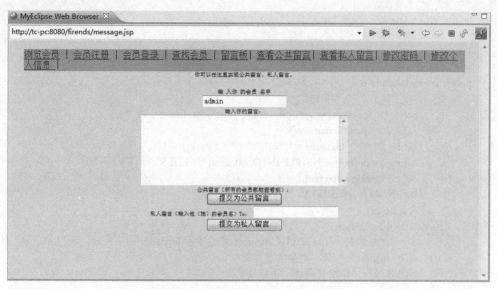

图 10-8　留言板页面

（1）负责公共留言的 PublicWord.java，代码如下：

```java
package tom.jiafei;
import java.sql.*;
public class PublicWord {
    String logname = "", message = "";
    String backNews;              // 用来留言是否成功
    Connection con;
    Statement sql;
    ResultSet rs;
    public PublicWord() {        // 加载桥接器
        try {
            Class.forName("sun.jdbc.odbc.JdbcOdbcDriver");
        } catch (ClassNotFoundException e) {
        }
    }
    // 设置属性值、获取属性值的方法
    public void setLogname(String name) {
        logname = name;
    }
    public String getLogname() {
        return logname;
    }
    public String getMessage() {
        return message;
    }
```

```java
    public void setMessage(String m) {
        message = m;
    }
    public String getBackNews() {
        return backNews;
    }
    public void setBackNews(String s) {
        backNews = s;
    }
    // 添加记录到数据库的 wordpad 表
    public void addItem() {
        try {
            con = DriverManager.getConnection("jdbc:odbc:friend", "", "");
            sql = con.createStatement();
            String s = "'" + logname + "'" + "," + "'" + message + "'";
            String condition = "INSERT INTO wordpad VALUES" + "(" + s + ")";
            sql.executeUpdate(condition);
            backNews = "添加成功了";
            con.close();
        } catch (SQLException e) {
            /*由于表 wordpad 和表 member 通过字段 logname 做了关联，所以如果输入的
              logname 不对，就会出现异常*/
            backNews = "你没有登录，不能留言";
        }
    }
}
```

（2）负责私人留言的 SecretWord.java，代码如下：

```java
package tom.jiafei;
import java.sql.*;
publicclass SecretWord {
    String logname = "", time = "",     // 留言时间
    message = "";
    String backNews;                    // 返回留言是否成功的信息
    Connection con;
    Statement sql;
    ResultSet rs;
    public SecretWord() {               // 加载桥接器
        try {
            Class.forName("sun.jdbc.odbc.JdbcOdbcDriver");
        } catch (ClassNotFoundException e) {
        }
    }
    // 设置属性值、获取属性值的方法
    public void setLogname(String name) {
        logname = name;
    }
    public String getLogname() {
        return logname;
    }
    public String getMessage() {
```

```
                return message;
        }
        public void setMessage(String m) {
                message = m;
        }
        public String getBackNews() {
                return backNews;
        }
        public void setBackNews(String s) {
                backNews = s;
        }
        public void setTime(String t) {
                time = t;
        }
        public String getTime() {
                return time;
        }
        // 添加记录到数据库的 wordpad 表
        // 要求留言的时间是唯一的，所以下面的方法声明为 synchronized
        public synchronized void add Item() {
                try {
                        con = DriverManager.getConnection("jdbc:odbc:friend", "", "");
                        sql = con.createStatement();
                        String s = "'" + logname + "'" + "," + "'" + message + "'" + ","+ "'" + time + "'";
                        String condition = "INSERT INTO secretwordpad VALUES" + "(" + s+ ")";
                        sql.executeUpdate(condition);
                        backNews = "添加成功了";
                        con.close();
                } catch (SQLException e) {
                        /*由于表 wordpad 和 member 表通过字段 logname 做了关联，所以如果输入对方的
                        logname 不存在，就会出现异常 backNews="该会员不存在，不能留言给他（她）";*/
                }
        }
}
```

（3）留言板的主页面 message.jsp，代码如下：

```
<%@ page contentType="text/html;charset=GB2312" %>
<%@ page import="java.sql.*" %>
<%@ page import="java.io.*" %>
<%@ page import="tom.jiafei.Login" %>
<jsp:useBean id="login" class="tom.jiafei.Login" scope="session" >
</jsp:useBean>
<%!
    //处理字符串的一个常用方法
public String getString(String s)
    {
        if(s==null) s="";
        try {byte a[]=s.getBytes("ISO8859-1");
        s=new String(a);
        }
        catch(Exception e)
```

```
                {
                }
            return s;
        }
%>
<%
        //如果客户直接进入该页面将被转向登录页面
        if(session.isNew())
          {
            response.sendRedirect("login.jsp");
          }
        // 如果没有成功登录将被转向登录页面
        String success=login.getSuccess();
        if(success==null)
          {success="";
          }
        if(!(success.equals("ok")))
          {response.sendRedirect("login.jsp");
          }
%>
<html>
    <body >
        <font size=1>
        <%@ include file="head.jsp" %>
        <center>
            你可以在这里实现公共留言、私人留言。
            <%String str=response.encodeURL("leaveword.jsp"); %>
            <form action="<%=str%>" method="post">
                输入你的会员名字<br><input type=text name=logname value=<%=login.getLogname()%>>
                <br>输入你的留言:
                <br><TextArea name="message" Rows="8" Cols="50"></TextArea>
                <br>公共留言(所有的会员都能查看到):
                <br><input type="submit" name="submit" value="提交为公共留言">
                <br>私人留言(输入他(她)的会员名)To: <input type ="text" name="person">
                <br><input type="submit" name="submit" value="提交为私人留言">
            </form>
        </center>
    </body>
</html>
```

(4)进行留言操作的页面 leaveword.jsp,代码如下:

```
<%@ page contentType="text/html;charset=GB2312" %>
<%@ page import="java.sql.*" %>
<jsp:useBean id="login" class="tom.jiafei.Login" scope="session" >
</jsp:useBean>
<jsp:useBean id="publicbean" class="tom.jiafei.PublicWord" scope="page" >
</jsp:useBean>
<jsp:useBean id="secretbean" class="tom.jiafei.SecretWord" scope="page" >
</jsp:useBean>
<%!
    //处理字符串的一个常用方法
```

```
public String getString(String s)
    {
        if(s==null) s="";
        ry {byte a[]=s.getBytes("ISO8859-1");
        s=new String(a);
        }
        catch(Exception e)
            {   }
        return s;
    }
%>
<html>
  <body bgcolor=pink >
    <font size=1>
    <%
        //获取提交键的串值
        String s=request.getParameter("submit");
        s=getString(s);
        // 根据 s 的不同情况分开处理
        if(s.equals("提交为公共留言"))
            {
              // 获取提交的留言
              String ms=request.getParameter("message");
              ms=getString(ms);
              publicbean.setLogname(login.getLogname());
              publicbean.setMessage(""+login.getLogname()+"的留言："+ms);
              // 留言
              publicbean.addItem();
              out.print(publicbean.getBackNews());
            }
        else if(s.equals("提交为私人留言"))
            {
              // 获取会员的名字
              String name=request.getParameter("person");
              name=getString(name);
              String ms=request.getParameter("message");
              ms=getString(ms);
              if(name.equals(""))
                {
                  out.print("您没有输入他（她）的名字，不能留言给人家");
                }
        else
            {
                secretbean.setLogname(name);
                secretbean.setMessage(""+login.getLogname()+"留言给你:"+ms);
                // 留言时间
                long n=System.currentTimeMillis();
                String time=String.valueOf(n);
                secretbean.setTime(time);
                 // 留言
```

```
                secretbean.addItem();
                out.print(secretbean.getBackNews());
            }
        }
    %>
    </font>
  </body>
</html>
```

6. 查看公共留言

查看公共留言页面可以分页显示所有会员的留言。在这个页面中要使用前面已经使用过的一些 beans，PageNumber.java 负责分页显示数据；HandleMessage.java 负责处理原始的 HTML 和 SP 信息。查看公共留言页面的效果如图 10-9 所示。

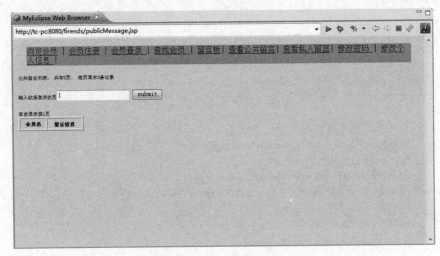

图 10-9　显示公共留言页面

查看公共留言页面 publicMessage.jsp，代码如下：

```
<%@ page contentType="text/html;charset=GB2312" %>
<%@ page import="java.sql.*" %>
<%@ page import="tom.jiafei.Login" %>
<%@ page import="tom.jiafei.PageNumber" %>
<%@ page import="tom.jiafei.HandleMessage" %>
<jsp:useBean id="handlePage" class="tom.jiafei.PageNumber" scope="session" >
</jsp:useBean>
<jsp:useBean id="login" class="tom.jiafei.Login" scope="session" >
</jsp:useBean>
<jsp:useBean id="handle" class="tom.jiafei.HandleMessage" scope="page" ></jsp:useBean>
<%
    //如果客户直接进入该页面将被转向登录页面
    if(session.isNew())
        {response.sendRedirect("login.jsp");
    }
    // 如果没有成功登录将被转向登录页面
    String success=login.getSuccess();
    if(success==null)
        {
```

```
                success="";
            }
        if(!(success.equals("ok")))
            {
                response.sendRedirect("login.jsp");
            }
%>
<html>
    <body >
        <font size=1>
        <%@ include file="head.jsp" %>
        <p>公共留言列表：
        <%!
            // 声明一个共享的连接对象
            Connection con=null;
            // 显示数据库记录的方法
            public void showList(ResultSet rs,javax.servlet.jsp.JspWriter out,int n,tom.jiafei.HandleMessage h)
            {try
                {
                    out.print("<Table Border>");
                    out.print("<tr>");
                    out.print("<th width=50>"+"<font size=1>"+"会员名"+"</font>");
                    out.print("<th width=70>"+"<font size=1>"+"留言信息"+"</font>");
                    out.print("</tr>");
                    for(int i=1;i<=n;i++)
                    {
                        String logname=rs.getString("logname");
                        String message=rs.getString("public");
                        if(logname==null)
                        {logname="";
                        }
                    if(message==null)
                        {message="";
                        }
                    // 为了能显示原始的 HTML 或 JSP 文件格式的信息，需对信息进行回压流处理
                    h.setContent(message);
                    message=h.getContent();
                    // 将信息显示在表格中
                    out.print("<tr>");
                    out.print("<td >"+logname+"</td>");
                    out.print("<td >"+message+"</td>");
                    out.print("</tr>") ;
                    rs.next();
                    }
                    out.print("</Table>");
        }
        catch(Exception e1) {}
        }
        %>
        <%
            Statement sql=null;
            ResultSet rs=null;
```

```
        int rowCount=0;       // 总的记录数
        String logname="";
         // 第一个客户负责建立连接对象
        if(con==null)
          { try
              {Class.forName("sun.jdbc.odbc.JdbcOdbcDriver");
              }
          catch(ClassNotFoundException e)
              {out.print(e);
              }
          try
              {
                con=DriverManager.getConnection("jdbc:odbc:friend","","");
                sql=con.createStatement(ResultSet.TYPE_SCROLL_SENSITIVE,ResultSet.CONCUR_READ_ONLY);
                rs=sql.executeQuery("SELECT * FROM wordpad");     //返回可滚动的结果集
                rs.last();                                         //将游标移动到最后一行
                int number=rs.getRow();                            //获取最后一行的行号
                rowCount=number;                                   //获取记录数
                handlePage.setPageSize(3);                         //设置每页显示的记录数
                handlePage.setShowPage(1);                         //设置欲显示的页码数
                handlePage.setPageCount(rowCount,handlePage.getPageSize());  //计算总页数
                out.print("共有"+handlePage.getPageCount()+"页，");
                out.print("每页显示"+ handlePage.getPageSize()+"条记录");
              }
          catch(SQLException e)
              {out.print(e);
              }
          }
         // 其他客户通过同步块使用这个连接
        else
          { synchronized(con)
              {
              try
                {
                  sql=con.createStatement(ResultSet.TYPE_SCROLL_SENSITIVE,ResultSet.CONCUR_READ_ONLY);
                  rs=sql.executeQuery("SELECT * FROM wordpad");     //返回可滚动的结果集
                  rs.last();                                         //将游标移动到最后一行
                  int number=rs.getRow();                            //获取最后一行的行号
                  rowCount=number;                                   //获取记录数
                  handlePage.setPageSize(3);                         //设置每页显示的记录数
                  handlePage.setShowPage(1);                         //设置欲显示的页码数
                  handlePage.setPageCount(rowCount,handlePage.getPageSize());  //计算总页数
                  out.print("共有"+handlePage.getPageCount()+"页，");
                  out.print("每页显示"+ handlePage.getPageSize()+"条记录");
                }
              catch(SQLException e)
                {out.print(e);
                }
              }
          }
%>
    <%--选择显示某页的表单--%>
```

```
<form action="" method="post" >
    输入欲要显示的页<input type="text" name="ok" value="1">
    <input type="submit" value="submit">
</form>
<%
    // 获取表单提交的信息
String s=request.getParameter("ok");
    if(s==null)
        {s="1";
        }
    int m=Integer.parseInt(s);
    handlePage.setShowPage(m);
    out.print("目前显示第"+handlePage.getShowPage()+"页");
    int n=handlePage.getShowPage();
    // 将游标移到
    rs.absolute((n-1)*handlePage.getPageSize()+1);
    showList(rs,out,handlePage.getPageSize(),handle);    // 显示该页的内容
%>
    </font>
    </body>
</html>
```

7. 查看与删除私人留言

该模块由 secretMessage.jsp 和 delete.jsp 组成。secretMessage.jsp 负责分页显示私人留言，delete.jsp 负责删除某个留言。在分页浏览私人留言时，我们在每个留言的后面增加了一个删除表单，只要提交这个表单，就可以将这个留言的时间提交给 delete.jsp 页面，会员得到的私人留言的时间是一个数，这个数是唯一的（从 1970 年到留言时所走过的毫秒数），根据这个数可以删除这一项留言。

（1）查看私人留言页面 secretMessage.jsp，代码如下：
```
<%@ page contentType="text/html;charset=GB2312" %>
<%@ page import="java.sql.*" %>
<%@ page import="java.io.*" %>
<%@ page import="tom.jiafei.Login" %>
<%@ page import="tom.jiafei.PageNumber" %>
<%@ page import="tom.jiafei.HandleMessage" %>
<jsp:useBean id="handlePage" class="tom.jiafei.PageNumber" scope="session" >
</jsp:useBean>
<jsp:useBean id="login" class="tom.jiafei.Login" scope="session" >
</jsp:useBean>
<jsp:useBean id="handle" class="tom.jiafei.HandleMessage" scope="page" >
</jsp:useBean>
<%
    //如果客户直接进入该页面将被转向登录页面
    if(session.isNew())
        {response.sendRedirect("login.jsp");
    }
    // 如果没有成功登录将被转向登录页面
    String success=login.getSuccess();
    if(success==null)
        {success="";
        }
```

移动终端服务器管理与开发

```
        if(!(success.equals("ok")))
          {response.sendRedirect("login.jsp");
          }
%>
<html>
  <body >
    <font size=1>
    <%@ include file="head.jsp" %>
    <p>公共留言列表：
    <%!
        // 声明一个共享的连接对象
        Connection con=null;
        // 显示数据库记录的方法
        public void showList(ResultSet rs,javax.servlet.jsp.JspWriter out,int n,tom.jiafei.HandleMessage h)
        {
          try
          {
            out.print("<Table Border>");
            out.print("<tr>");
            out.print("<th width=50>"+"<Font size=1>"+"会员名"+"</font>");
            out.print("<th width=70>"+"<Font size=1>"+""+"</font>");    //留言信息
            out.print("<th width=70>"+"<Font size=1>"+""+"</font>");    //留言时间
            out.print("<th width=70>"+"<Font size=1>"+""+"</font>");    //删除留言
            out.print("</tr>");
            for(int i=1;i<=n;i++)
            {
              String logname=rs.getString("logname");
              if(logname==null)
                {logname="";
                }
              String message=rs.getString("message");
              if(message==null)
                {message="";
                }
              String time =rs.getString("time"); //获取该信息的留言时间
              if(time==null)
                {time="";
                }
              // 为了能显示原始的 HTML 或 JSP 文件格式的信息，需对信息进行流处理
              h.setContent(message);
              message=h.getContent(); //将信息显示在表格中
              out.print("<tr>");
              out.print("<td>"+logname+"</td>");
              out.print("<td>"+message+"</td>");
              out.print("<td>"+time+"</td>");
              //添加一个删除该信息的表单：
              String s1="<Form action=delete.jsp method=post>";
              String s2="<input type=hidden name=time value ="+time+">";
              String s3="<input type=submit value=删除该留言></form> ";
              String s=s1+s2+s3;
              out.print("<td>"+s+"</td>");
              out.print("</tr>") ;
```

```
                        rs.next();
                        }
out.print("</Table>");
}
        catch(Exception e1) {}
        }
    %>
    <%
        Statement sql=null;
        ResultSet rs=null;
        int rowCount=0;        // 总的记录数
        String logname="";
        // 第一个客户负责建立连接对象
        if(con==null)
            {
            try
                {
                Class.forName("sun.jdbc.odbc.JdbcOdbcDriver");
                }
            catch(ClassNotFoundException e)
                {
                    out.print(e);
                }
            try
                {
                con=DriverManager.getConnection("jdbc:odbc:friend","","");
                sql=con.createStatement(ResultSet.TYPE_SCROLL_SENSITIVE,ResultSet.CONCUR_READ_ONLY);
                String s=login.getLogname();
                if(s==null)
                    {
                        s="";
                    }
                //得到自己的私人留言
                String condition="SELECT * FROM secretwordpad WHERE logname = "+""+s+"";
                rs=sql.executeQuery(condition);                        //返回可滚动的结果集
                rs.last();                                             //将游标移动到最后一行
                int number=rs.getRow();                                //获取最后一行的行号
                rowCount=number;                                       //获取记录数
                handlePage.setPageSize(3);                             //设置每页显示的记录数
                handlePage.setShowPage(1);                             //设置欲显示的页码数
                handlePage.setPageCount(rowCount,handlePage.getPageSize()); //计算总页数
                out.print("共有"+handlePage.getPageCount()+"页，");
                out.print("每页显示"+ handlePage.getPageSize()+"条记录");
                }
            catch(SQLException e)
                {
                        out.print(e);
                }
            }
        // 其他客户通过同步块使用这个连接
        else
            {
```

```
        synchronized(con)
          {
            try {
              sql= con.createStatement(ResultSet.TYPE_SCROLL_SENSITIVE,ResultSet.CONCUR_READ_ONLY);
              String s=login.getLogname();
              if(s==null)
                {
                  s="";
                }
              //得到自己的私人留言:
              String condition="SELECT * FROM secretwordpad WHERE logname = "+"'"+s+"'";
              rs=sql.executeQuery(condition);                              //返回可滚动的结果集
              rs.last();                                                   //将游标移动到最后一行
              int number=rs.getRow();                                      //获取最后一行的行号
              rowCount=number;                                             //获取记录数
              handlePage.setPageSize(3);                                   //设置每页显示的记录数
              handlePage.setShowPage(1);                                   //设置欲显示的页码数
              handlePage.setPageCount(rowCount,handlePage.getPageSize());  //计算总页数
              out.print("共有"+handlePage.getPageCount()+"页，");
              out.print("每页显示"+ handlePage.getPageSize()+"条记录");
            }
    catch(SQLException e)
            {out.print(e);
            }
            catch(IOException ee ){}
        }
      }
%>
  <%--选择显示某页的表单--%>
  <form action="" method="post" >
    输入欲要显示的页<input type="text" name="ok" value="1">
    <input type="submit" value="submit">
  </form>
  <%
    // 获取表单提交的信息
    String s=request.getParameter("ok");
    if(s==null)
      {s="1";
      }
    int m=Integer.parseInt(s);
    handlePage.setShowPage(m);
    out.print("目前显示第"+handlePage.getShowPage()+"页");
    int n=handlePage.getShowPage();
    //将游标移到
    rs.absolute((n-1)*handlePage.getPageSize()+1);
    showList(rs,out,handlePage.getPageSize(),handle);   //显示该页的内容
  %>
  </font>
  </body>
</html>
```

（2）删除私人留言的页面 delete.jsp，代码如下：

```
<%@ page contentType="text/html;charset=GB2312" %>
```

```
<%@ page import="java.sql.*" %>
<%@ page import="tom.jiafei.Login" %>
<jsp:useBean id="login" class="tom.jiafei.Login" scope="session" ></jsp:useBean>
<%
    //如果客户直接进入该页面将被转向登录页面
    if(session.isNew())
        {response.sendRedirect("login.jsp");
        }
        // 如果没有成功登录将被转向登录页面
        String success=login.getSuccess();
        if(success==null)
    {success="";
        }
    if(!(success.equals("ok")))
        {response.sendRedirect("login.jsp");
        }
%>
<html>
    <body >
        <font size=1>
        <%@ include file="head.jsp" %>
        <%
            // 获取提交的信息的时间
            String time=request.getParameter("time");
            if(time==null)
                {time="";
                }
            byte b[]=time.getBytes("ISO8859-1");
            time=new String(b);
            Connection con=null;
            Statement sql=null;
            ResultSet rs=null;
            try{
                Class.forName("sun.jdbc.odbc.JdbcOdbcDriver");
                }
            catch(ClassNotFoundException event){}
            try
                {
                    con=DriverManager.getConnection("jdbc:odbc:friend","","");
                    sql=con.createStatement();
                    // 删除操作
                    String s=login.getLogname();
                    String condition1= "DELETE FROM secretwordpad WHERE logname ="+"'"+s+"'";
                    String condition2= "AND time ="+"'"+time+"'";
                    String condition=condition1+condition2;
                    sql.executeUpdate(condition);
                    out.print("删除了该留言");
                    con.close();
                }
            catch(SQLException event)
                {
                    out.print(""+event);
```

```
        }
    %>
        </font>
    </body>
</html>
```

8. 修改密码

在该页面输入会员名和正确密码后，可以修改密码。修改密码的效果图如图 10-10 所示。

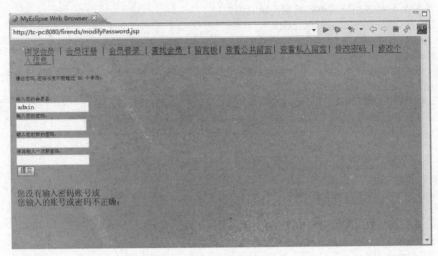

图 10-10　修改密码页面

修改密码页面 modifyPassword.jsp，代码如下：

```
<%@ page contentType="text/html;charset=GB2312" %>
<%@ page import="java.sql.*" %>
<%@ page import="tom.jiafei.Login" %>
<jsp:useBean id="login" class="tom.jiafei.Login" scope="session" >
</jsp:useBean>
<%
    //如果客户直接进入该页面将被转向登录页面
    if(session.isNew())
        {response.sendRedirect("login.jsp");
    }
    // 如果没有成功登录将被转向登录页面
    String success=login.getSuccess();
    if(success==null)
        {success="";
        }
    if(!(success.equals("ok")))
        {response.sendRedirect("login.jsp");
    }
%>
<html>
    <body bgcolor=cyan >
        <font size=1>
        <%@ include file="head.txt" %>
        <p>修改密码，密码长度不能超过 30 个字符:
        <%String str=response.encodeURL("modifyPassword.jsp"); %>
```

```jsp
<form action="<%=str%>" method="post">
    <br>输入您的会员名：
    <br><input type=text name="logname" value="<%=login.getlogname()%>" >
    <br>输入您的密码：
    <br><input type=password name="password">
    <br>输入您的新的密码：
    <br><input type=text name="newpassword1">
    <br>请再输入一次新密码：
    <br><input type=text name="newpassword2">
    <br><input type=submit name="g" value="提交">
</form>
<%!
    //处理字符串的一个常用方法
    public String getString(String s)
    {
            if(s==null)
            s="";
            try {byte a[]=s.getBytes("ISO8859-1");
            s=new String(a);
            }
            catch(Exception e) { }
            return s;
    }
%>
<%
    // 获取提交的会员名
    String logname=request.getParameter("logname");
    logname=getString(logname);
    // 获取提交的密码
    String password=request.getParameter("password");
    password=getString(password);
    // 获取提交的新密码
    String newPassword1=request.getParameter("newPassword1");
    newPassword1=getString(newPassword1);
    // 获取提交的新密码
    String newPassword2=request.getParameter("newPassword2");
    newPassword2=getString(newPassword2);
    try{Class.forName("sun.jdbc.odbc.JdbcOdbcDriver");
        }
    catch(ClassNotFoundException event){}
    // 验证身份
    Connectioncon=null;
    Statement sql=null;
    booleanmodify=false;
    boolean ifEquals=false;
    ifEquals=(newPassword1.equals(newPassword2))&&(newPassword1.length()<=30);
    if(ifEquals==true)
      {
            try{
                con=DriverManager.getConnection("jdbc:odbc:friend","","");
                sql=con.createStatement();
                boolean bo1=logname.equals(login.getLogname()),
```

```
        bo2=password.equals(login.getPassword());
        if(bo1&&bo2)
        {
            //修改密码
            modify=true;
            out.print("您的密码已经更新");
            String c="UPDATE member SET password = "+""+newPassword1+""+ " WHERE
                    logname = "+""+logname+"";
            sql.executeUpdate(c);
        }
        con.close();
    }
    catch(SQLException e1) {}
    }
    else
    {out.print("你两次输入的密码不一致或长度过大");
    }
    if(modify==false&&ifEquals==true)
    {
        out.print("<BR>您没有输入密码账号或<BR>您输入的账号或密码不正确"+logname+
        ":"+password);
    }
}
%>
    </font>
    </body>
</html>
```

9. 修改个人信息

在该页面输入会员名和正确密码后，可以修改除密码和会员名以外的其他个人注册信息。
修改个人信息页面效果如图 10-11 所示。

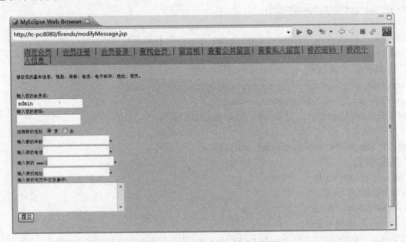

图 10-11　修改个人信息页面

修改个人信息页面 modifyMessage.jsp，代码如下：

```
<%@ page contentType="text/html;charset=GB2312" %>
<%@ page import="java.sql.*" %>
<%@ page import="tom.jiafei.Login" %>
<jsp:useBean id="login" class="tom.jiafei.Login" scope="session" ></jsp:useBean>
```

```
<%
//如果客户直接进入该页面将被转向登录页面
if(session.isNew())
    {response.sendRedirect("login.jsp");
    }
// 如果没有成功登录将被转向登录页面
String success=login.getSuccess();
if(success==null)
    {success="";
    }
if(!(success.equals("ok")))
    {response.sendRedirect("login.jsp");
    }
%>
<html>
  <body bgcolor=pink>
    <font size=1>
    <%@ include file="head.txt" %>
    <%String str=response.encodeURL("modifyMessage.jsp"); %>
    <p>修改您的基本信息：性别、年龄、电话、电子邮件、地址、简历。
    <form action="<%=str%>" method="post">
      <br>输入您的会员名：
      <br><input type="text"name="logname"value="<%=login.getLogname()%>" >
      <br>输入您的密码：
      <br><input type=password name="password">
      <br>选择新的性别
      <input type=radio name="sex" checked="o" value="男">男
      <input type=radio name="sex" value="女">女
      <br>输入新的年龄<input type=text name="age" >*
      <br>输入新的电话<input type=text name="phone" >*
      <br>输入新的 email<input type=text name="email" >*
      <br>输入新的地址<input type=text name="address" >*
      <br>输入新的简历和交友条件：
      <br><TextArea name="message" Rows="4" Cols="32"></TextArea>
      <br><input type=submit name="g" value="提交">
    </form>
    <%!
      //处理字符串的一个常用方法
      public String getString(String s)
      {
        if(s==null)
          s="?";
        try {
            byte a[]=s.getBytes("ISO8859-1");
            s=new String(a);
            }
        catch(Exception e)
          {s="?";
          }
        return s;
      }
    %>
```

```
<%
    // 获取提交的用户名
    String logname=request.getParameter("logname");
    logname=getString(logname);
    // 获取提交的密码
    String password=request.getParameter("password");
    password=getString(password);
    // 获取新的性别
    String sex=request.getParameter("sex");
    sex=getString(sex);
    String age=request.getParameter("age");
    age=getString(age);
    // 获取新的 email
    String email=request.getParameter("email");
    email=getString(email);
    // 获取新的电话
    String phone=request.getParameter("phone");
    phone=getString(phone);
    // 获取新的地址：
    String address=request.getParameter("address");
    address=getString(address);
    String  message=request.getParameter("message");
    message=getString(message);
    try{Class.forName("sun.jdbc.odbc.JdbcOdbcDriver");
        }
    catch(ClassNotFoundException event){}
    // 验证身份
    Connection con=null;
    Statement sql=null;
    boolean modify=false;
    try{
        con=DriverManager.getConnection("jdbc:odbc:friend","","");
        sql=con.createStatement();
        boolean bo1=logname.equals(login.getLogname()),
        bo2=password.equals(login.getPassword());
        if(bo1&&bo2)
        {
            // 修改信息
            String c1="UPDATE member SET sex = "+""+sex+""+
                " WHERE logname = "+""+logname+"";
            String c2="UPDATE member SET age = "+""+age+""+
                " WHERE logname = "+""+logname+"";
            String c3="UPDATE member SET email = "+""+email+""+
                " WHERE logname = "+""+logname+"";
            String c4="UPDATE member SET phone = "+""+phone+""+
                " WHERE logname = "+""+logname+"";
            String c5="UPDATE member SET address = "+""+address+""+
                " WHERE logname = "+""+logname+"";
            String c6="UPDATE member SET message = "+""+message+""+
                " WHERE logname = "+""+logname+"";
            sql.executeUpdate(c1);
            sql.executeUpdate(c2);
```

```
                    sql.executeUpdate(c3);
                    sql.executeUpdate(c4);
                    sql.executeUpdate(c5);
                    sql.executeUpdate(c6);
                    out.print("<br>
                    }
                    else
                        {
                            out.print("<br>您的信息已经更新")
                        }
                    con.close();
                }
            catch(SQLException e1)
                {
                    out.print("<br>您还没有输入密码或您输入的密码或用户名有错误；更新失败");
                }
            %>
          </font>
        </body>
     </html>
```

10.2　网上书店

本节讲述如何用 JSP 技术建立一个简单的电子商务应用系统：网上书店。这里仍然将采用 Sun 公司倡导的 JSP+JavaBean 模式。

10.2.1　系统功能

（1）注册：新用户填写表单，包括用户名、E-mail 地址等信息，如果输入的用户名已经被其他用户注册使用，系统提示用户更改自己的用户名。

（2）用户登录：输入用户名、密码。如果用户输入的用户名或密码有错误，系统将显示错误信息；如果登录成功，就将一个成功登录的信息赋值给用户，同时用户被链接到"订购图书"页面。

（3）浏览图书书目：成功登录的用户可以分页浏览图书书目，并将想要订购的图书提交到填写订单页面。如果用户直接进入该页面或没有成功登录就进入该页面，将被链接到"用户登录"页面。

（4）订购图书：成功登录的用户可以在该页面订购所需要的图书，如果用户直接进入该页面或没有成功登录就进入该页面，将被链接到"用户登录"页面。

（5）查看订单：成功登录的用户可以在该页面查看自己的订单，如果用户直接进入该页面或没有成功登录就进入该页面，将被链接到"用户登录"页面。

（6）修改订单：成功登录的用户可以在该页面修改或删除自己的订单，如果用户直接进入该页面或没有成功登录就进入该页面，将被链接到"用户登录"页面。

（7）修改密码：成功登录的用户可以在该页面修改自己的登录密码，如果用户直接进入该页面或没有成功登录就进入该页面，将被链接到"用户登录"页面。

（8）修改注册信息：成功登录的用户可以在该页面修改自己的注册信息，比如联系电话、通信地址等，如果用户直接进入该页面或没有成功登录就进入该页面，将被链接到"用户登录"页面。

10.2.2 数据库设计

本系统采用 JDBC-ODBC 桥接器方式访问数据库，使用 Access 建立一个数据库 shop.mdb，并将该数据库设置成一个名字是 shop 的数据源。该库有如下的表结构。

1. 注册信息表：user

用户的注册信息存入数据库 shop.mdb 的 user 表中，user 表结构如图 10-12 所示。

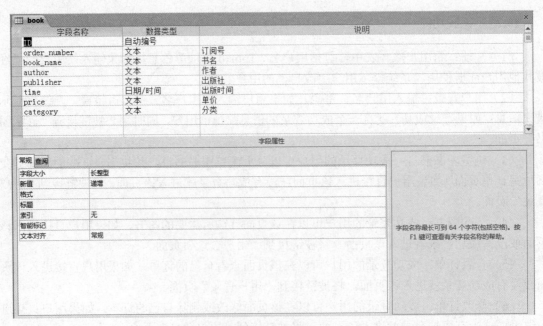

图 10-12 注册信息表

2. 书目表：book

book 表用来存放图书书目，book 表结构如图 10-13 所示。

图 10-13 书目表

3. 订单表：orderform

该表存放各个用户的订购信息，orderform 表结构如图 10-14 所示。

图 10-14　订单表

10.2.3　系统主要功能的实现

所有的页面将包括一个导航条，该导航条由注册、登录、浏览、订购、修改密码、修改个人信息组成。为了减少代码的编写，其他页面通过使用 JSP 的<%@include>标签将导航条文件 head.txt 嵌入自己的页面。我们将所有的 beans 存放在 JSP 引擎的 classes 目录中，所有的 JSP 页面以及导航条文件存放在 JSP 引擎的 webapps/Root 目录中。

文件名：head.txt

```
<table align="center" border="0" width="740" height="18" bgcolor=yellow cellspacing="1">
<tr>
<td width="100%">
<a href="<%=response.encodeURL("showBookList.jsp")%>">书目浏览</a> |
<a href="<%=response.encodeURL("userRegister.jsp")%>">用户注册</a> |
<a href="<%=response.encodeURL("userLogin.jsp")%>">用户登录</a> |
<a href="<%=response.encodeURL("buybook.jsp")%>">订购图书</a> |
<a href="<%=response.encodeURL("modifyForm.jsp")%>">修改订单</a> |
<a href="<%=response.encodeURL("showOrderForm.jsp")%>">查看订单</a>|
<a href="<%=response.encodeURL("modifyPassword.jsp")%>">修改密码</a> |
<a href="<%=response.encodeURL("modifyMessage.jsp")%>">修改个人信息</a> |
</td>
</tr>
</table>
```

10.2.4　各个页面的设计

对使用 beans 的页面，首先给出 beans 的代码，然后阐述页面的设计过程。开发过程中尽量减少不必要的 HTML 标签，重点体现 JSP 的功能。主页由导航条和一个欢迎语组成，效果如图 10-15 所示。

1.　主页 bookmain.jsp

```
<%@ page contentType="text/html;charset=GB2312" %>
<html>
  <body bgcolor ="green">
    <%@ include file="head.txt" %>
    <H1>
    <center>欢迎光临网上书店</center>
  </body>
</html>
```

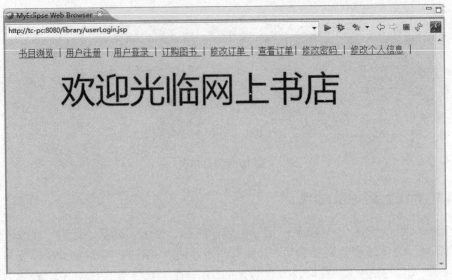

图 10-15　主页页面

2. 用户注册

用户的注册信息需要存入数据库 shop.dbm 的 user 表中。用户注册的界面如图 10-16 所示。

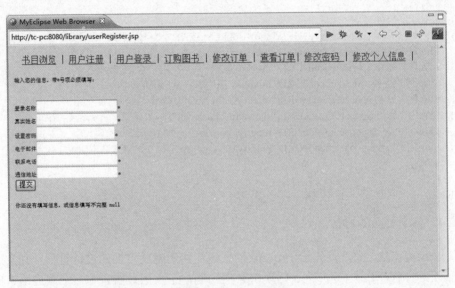

图 10-16　用户注册页面

（1）注册页面使用的 Register.java，代码如下：

```java
import java.sql.*;

public class Register {
    String logname, realname, password, email, phone, address;
    String message;
    Connection con;
    Statement sql;
    ResultSet rs;
```

```java
public Register() { // 加载桥接器
    try {
        Class.forName("sun.jdbc.odbc.JdbcOdbcDriver");
    } catch (ClassNotFoundException e) {
    }
}

// 设置属性值、获取属性值的方法
public void setLogname(String name) {
    logname = name;
}

public String getLogname() {
    return logname;
}

public void setRealname(String name) {
    realname = name;
}

public String getRealname() {
    return realname;
}

public void setPassword(String pw) {
    password = pw;
}

public String getPassword() {
    return password;
}

public void setEmail(String em) {
    email = em;
}

public String getEmail() {
    return email;
}

public void setPhone(String ph) {
    phone = ph;
}

public String getPhone() {
    return phone;
}

public void setAddress(String ad) {
    address = ad;
```

```
    }

    public String getAddress() {
        return address;
    }

    public String getMessage() {
        return message;
    }

    // 添加记录到数据库的 user 表
    publicvoid addItem() {
        try {
            con = DriverManager.getConnection("jdbc:odbc:shop", "", "");
            sql = con.createStatement();
            String s = "'" + logname + "'" + "," + "'" + realname + "'" + ","
                    + "'" + password + "'" + "," + "'" + email + "'" + ","
                    + "'" + phone + "'" + "," + "'" + address + "'";
            String condition = "INSERT INTO user VALUES" + "(" + s + ")";
            sql.executeUpdate(condition);
            message = "注册成功了";
            con.close();
        } catch (SQLException e) {
            message = "你还没有注册，或该用户已经存在，请你更换一个名字";
        }
    }
}
```

（2）注册页面 userRegister.jsp，代码如下：

```
<%@ page contentType="text/html;charset=GB2312" %>
<%@ page import="Register" %>
<%!
    //处理字符串的方法:
    public String codeString(String s)
    {
        String str=s;
        try{
            byte b[]=str.getBytes("ISO-8859-1");
            str=new String(b);
            return str;
        }   catch(Exception e)
            { return str;
            }
    }
%>
<html>
    <body ><font size=1>
        <%@ include file="head.txt" %>
        <font size=1>
        <%String str=response.encodeURL("userRegister.jsp");
        %>
```

```
<p>输入您的信息，带*号项必须填写：
<form action="<%=str%>" Method="post">
<br>登录名称<input type=text name="logname">*
<br>真实姓名<input type=text name="realname">*
<br>设置密码<input type=password name="password">*
<br>电子邮件<input type=text name="e-mail">*
<br>联系电话<input type=text name="phone">*
<br>通信地址<input type=text name="address">*
<br><Input type=submit name="g" value="提交">
</form>
<jsp:useBean id="login" class="Register" scope="request" >
</jsp:useBean>
<% // 提交信息后，进行注册操作：
String logname="",realname="",password="",e-mail="",phone="",address="";
if(!(session.isNew()))
{
    logname=request.getParameter("logname");
    if(logname==null)
    {logname="";
    }
    logname=codeString(logname);
    realname=request.getParameter("realname");
        if(realname==null)
    {realname="";
    }
    realname=codeString(realname);
    password=request.getParameter("password");
    if(password==null)
    {password="";
    }
    password=codeString(password);
    e-mail=request.getParameter("email");
    if(e-mail==null)
    {e-mail="";
    }
    e-mail=codeString(email);
    phone=request.getParameter("phone");
    if(phone==null)
    {phone="";
    }
    phone=codeString(phone);
    address=request.getParameter("address");
    if(address==null)
    {address="";
    }
    address=codeString(address);
}
%>
<%    // 为了以后处理汉字方便，我们采用了第 1 种方式初始化 beans
if(!(logname.equals(""))&&!(address.equals(""))&&!(phone.equals(""))&&!(realname.equals(""))
&&!(password.equals("")))
```

```
            {
            %>
            <jsp:setProperty  name= "login"  property="logname"  value="<%=logname%>" />
            <jsp:setProperty  name= "login"  property="realname" value="<%=realname%>" />
            <jsp:setProperty  name= "login"  property="password"  value="<%=password%>" />
            <jsp:setProperty  name= "login"  property="email" value="<%=email%>" />
            <jsp:setProperty  name= "login"  property="phone"  value="<%=phone%>" />
            <jsp:setProperty  name= "login"  property="address" value="<%=address%>" />
            <%
            login.addItem();
            }
            else
            {out.print(" 你还没有填写信息，或信息填写不完整");
            }
            %>
            <% // 返回注册信息
            if(!(session.isNew()))
            {
            %>
            <jsp:getProperty name= "login" property="message" />
            <%
            }
            %>
        </body>
    </html>
```

3. 用户登录

用户可在该页面输入自己的用户名和密码，系统将对用户名和密码进行验证，如果身份正确将被链接到订购图书页面，否则提示用户输入的密码或用户名不正确。用户登录页面效果如图 10-17 所示。

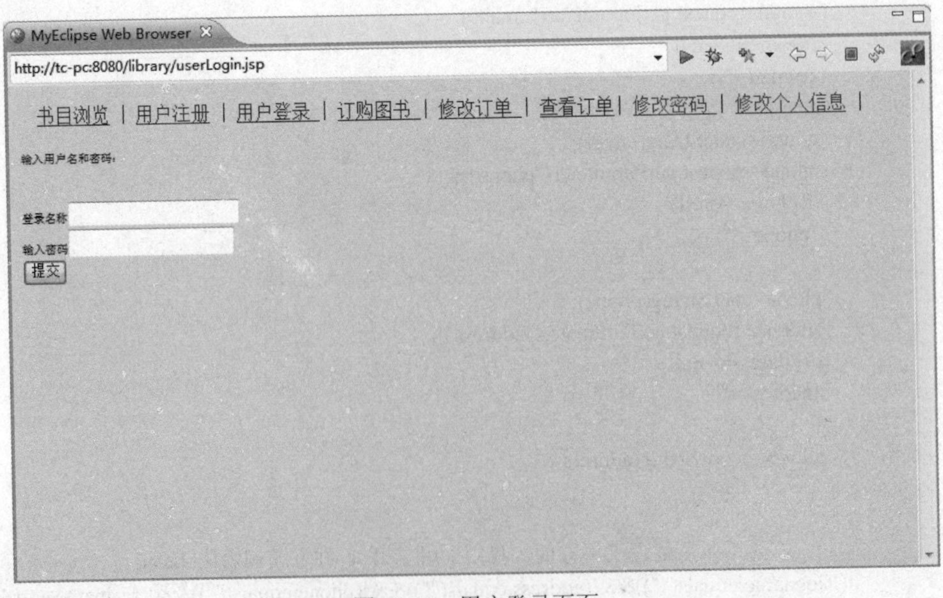

图 10-17　用户登录页面

（1）登录页面 Login.java，代码如下：

```java
import java.sql.*;
public class Login {
    String logname, realname, password,phone,address;
    String success="false",message="";
    Connection con;
    Statement sql;
    ResultSet rs;
    public Login()
    {   // 加载桥接器
        try{Class.forName("sun.jdbc.odbc.JdbcOdbcDriver");
            }
        catch(ClassNotFoundException e){}}
    }
    // 设置属性值、获取属性值的方法
    public void setLogname(String name)
    {   logname=name;
    }
    public String getLogname()
    {   return logname;
    }
    public void setPassword(String pw)
    {   password=pw;
    }
    public String getPassword()
    {   return password;
    }
    public void setRealname(String name)
    {   realname=name;
    }
    public String getRealname()
    {   return realname;
    }
    public void setPhone(String ph)
    {   phone=ph;
    }
    public String getPhone()
    {   return phone;
    }
    public void setAddress(String ad)
    {   address=ad;
    }
    public String getAddress()
    {   return address;
    }
    public String getSuccess()
    {   return success;
    }
    // 查询数据库的 user 表
    public String getMessage()
```

```
{try{
        con=DriverManager.getConnection("jdbc:odbc:shop","","");
        sql=con.createStatement();
        String condition= "SELECT * FROM user WHERE logname = "+""+logname+""; rs=sql.execute
Query(condition);
        int rowcount=0;
        String ps=null;
        while(rs.next())
        { rowcount++;
            logname=rs.getString("logname");
            realname=rs.getString("realname");
            ps=rs.getString("password");
            phone=rs.getString("phone");
            address=rs.getString("address");
            }
        if((rowcount==1)&&(password.equals(ps)))
            { message="ok";
                success="ok";
            }
        else
            {message="输入的用户名或密码不正确";
                success="false";
            }
        con.close();
        return message;
        }
    catch(SQLException e)
        {message="输入的用户名或密码不正确";
            success="false";
            return message;
            }
        }
    }
```

（2）登录页面 userLogin.jsp，代码如下：

```
<%@ page contentType="text/html;charset=GB2312" %>
<%@ page import="Login" %>
<%!
    //处理字符串的方法
    public String codeString(String s)
        { String str=s;
        try{byte b[]=str.getBytes("ISO8859-1");
        str=new String(b);
        return str;
            }
        catch(Exception e)
            { return str;
            }
        }
%>
<html>
```

```
<body>
    <font size=1>
    <%@ include file="head.txt" %>
    <font size=1>
    <%String string=response.encodeURL("userLogin.jsp");
    %>
    <p>输入用户名和密码:
    <form action="<%=string%>" method="post">
        <br>登录名称<input type="text" name="logname">
        <br>输入密码<input type="password" name="password">
        <br><input type="submit" name="g" value="提交">
    </form>
    <jsp:useBean id="login" class="Login" scope="session" >
    </jsp:useBean>
    <% // 提交信息后，验证信息是否正确
    String message="", logname="", password="";
    if(!(session.isNew()))
    {    logname=request.getParameter("logname");
        if(logname==null)
        {logname="";
        }
        logname=codeString(logname);
        password=request.getParameter("password");
        if(password==null)
        {password="";
        }
        password=codeString(password);
    }
    %>
    <%
    if(!(logname.equals("")))
    {
    %>
    <jsp:setProperty name= "login" property="logname" value="<%=logname%>" />
    <jsp:setProperty name= "login" property="password" value="<%=password%>" />
    <% message=login.getMessage();
        if(message==null)
        {message="";
        }
    }
    %>
    <%
    if(!(session.isNew()))
    {
        if(message.equals("ok"))
        {String str=response.encodeURL("buybook.jsp");
          response.sendRedirect(str);
        }else
        {out.print(message);
        }
```

```
        }
     %>
   </body>
  </html>
```

4. 用户订购

成功登录的用户可以在该页面订购图书。输入正确的用户名和密码之后，就可以订购图书了，用户将订购的图书存入订货单，如果用户已经订购了该图书，就必须到修改订单页面修改订单后才能再次订购该书。

订购图书页面的效果如图 10-18 所示。

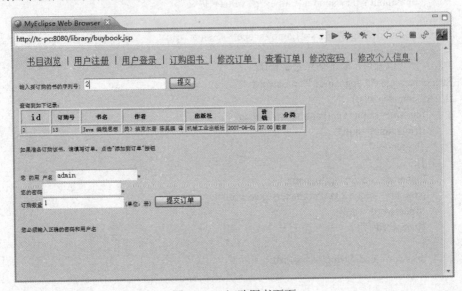

图 10-18　订购图书页面

（1）负责查阅用户准备订购的图书所使用的 BuyBook.java，代码如下：

```java
import java.sql.*;
public class BuyBook
{    long id=0;
     String order_number, book_name; Connection con;
     Statement sql; ResultSet rs; public BuyBook()
     {  // 加载桥接器
        try{Class.forName("sun.jdbc.odbc.JdbcOdbcDriver");
            }
        catch(ClassNotFoundException e){}
     }
// 设置属性值、获取属性值的方法
     public void setId(long n)
     {  id=n;
     }
     public long getId()
     {   return id;
     }
     public void setBook_name(String name)
     {   book_name=name;
     }
```

```java
public String getBook_name()
    {   return book_name;
    }
public void setOrder_number(String number)
    {   order_number=number;
    }
public String getOrder_number()
    {   return order_number;
    }
// 通过书的 id 号查询数据库的 book 表
 public StringBuffer getMessageBybook_id()
    {
    StringBuffer buffer=new StringBuffer();
    try{
            con=DriverManager.getConnection("jdbc:odbc:shop","","");
            sql=con.createStatement();
            String condition="SELECT * FROM book WHERE id = "+id;
            rs=sql.executeQuery(condition);
            buffer.append("<Table Border><font size=1> ");
            buffer.append("<tr>");
            buffer.append("<th width=50>"+"<font size=1>"+"id"+"</font>");
            buffer.append("<th width=50>"+"<font size=1>"+"订购号"+"</font>");
            buffer.append("<th width=70>"+"<font size=1>"+"书名"+"</font>");
            buffer.append("<th width=60>"+"<font size=1>"+"作者"+"</font>");
            buffer.append("<th width=60>"+"<font size=1>"+"出版社"+"</font>");
            buffer.append("<th width=50>"+"<font size=1>"+"出版时间"+"</font>");
            buffer.append("<th width=20>"+"<font size=1>"+"价钱"+"</font>");
            buffer.append("<th width=50>"+"<font size=1>"+"分类"+"</font>");
            buffer.append("</tr>");
            while(rs.next())
            { order_number=rs.getString(2);
              book_name=rs.getString(3);
              String 作者=rs.getString(4);
              String 出版社=rs.getString(5);
              Date  时间=rs.getDate(6);
              String 价格=rs.getString("price");
              String 分类=rs.getString("category");
            buffer.append("<tr>");
            buffer.append("<td >"+"<font size=1>"+rs.getlong(1)+"</font>");
            buffer.append("<td >"+"<font size=1>"+order_number+"</font>");
            buffer.append("<td >"+"<font size=1>"+book_name+"</font>");
            buffer.append("<td >"+"<font size=1>"+作者+"</font>");
            buffer.append("<td >"+"<font size=1>"+出版社+"</font>");
            buffer.append("<td >"+"<font size=1>"+时间+"</font>");
            buffer.append("<td >"+"<font size=1>"+价格+"</font>");
            buffer.append("<td >"+"<font size=1>"+分类+"</font>");
            buffer.append("</tr>");
            }
        buffer.append("</table>");
        buffer.append("</font>");
        con.close();
        return buffer;
```

```
                }
         catch(SQLException e)
             { return buffer;
             }
        }
}
```

（2）填写订单页面 OrderForm.java，代码如下：

```
import java.sql.*;
public class OrderForm {String logname,    // 用户名
realname,                                    // 真实姓名
order_number,                                // 图书订购号
phone,
address,
book_name,                                   // 书名
mount;                                       // 数量
Connection con;
Statement sql;
ResultSet rs;
public OrderForm()
{                                            // 加载桥接器
     try{Class.forName("sun.jdbc.odbc.JdbcOdbcDriver");}
}
     catch(ClassNotFoundException e){}
}
   // 设置属性值、获取属性值的方法
public void setLogname(String name)
    { logname=name;
    }
public String getLogname()
    { return logname;
    }
public void setRealname(String name)
    { realname=name;
    }
public String getRealname()
    { return realname;
    }
public void setOrder_number(String number)
    { order_number=number;
    }
public String getOrder_number()
    { return order_number;
    }
public void setBook_name(String name)
    { book_name=name;
    }
public String getBook_name()
    { return book_name;
    }
public void setPhone(String ph)
    { phone=ph;
    }
```

```
public String getPhone()
    {    return phone;
    }
public void setAddress(String ad)
    {    address=ad;
    }
public String getAddress()
    {    return address;
    }
public void setMount(String n)
    {    mount=n;
    }
public String getMount()
    {    return mount;
    }
  // 向数据库的 orderform 订单表添加订购记录
public String setOrderBook()
    { try{con=DriverManager.getConnection("jdbc:odbc:shop","","");
        sql=con.createStatement();
        String    s=""+logname+""+","+""+realname+""+","+""+order_number+""+","+""+book_name+
""+","+""+mount+""+","+""+phone+""+","+""+address+"";
        String condition="INSERT INTO orderform VALUES"+"("+s+")";
        sql.executeUpdate(condition);
        con.close();
        return "该书被添加到你的订单";
    }
    catch(SQLException e)
        { return "你已经订购了该书，请去修改订单后再订购";
        }
    }
}
```

（3）订购图书页面 buybook.jsp，代码如下：

```
<%@ page contentType="text/html;charset=GB2312" %>
<%@ page import="BuyBook" %>
<%@ page import="Login" %>
<%@ page import="OrderForm" %>
<jsp:useBean id="login" class="Login" scope="session" >
</jsp:useBean>
<jsp:useBean id="book" class="BuyBook" scope="session" >
</jsp:useBean>
<jsp:useBean id="orderform" class="OrderForm" scope="page" >
</jsp:useBean>
<%!
  //处理字符串的方法
  public String codeString(String s)
  {    String str=s;
      try{byte b[]=str.getBytes("ISO8859-1");
      str=new String(b);
      return str;
      }
      catch(Exception e)
        { return str;
```

```
                }
            }
    %>
    <html>
        <body >
            <font size=1>
                <%@ include file="head.txt" %>
                <% //如果客户直接进入该页面将被转向登录页面
                    if(session.isNew())
                      {response.sendRedirect("userLogin.jsp");
                      }
                    // 如果没有成功登录将被转向登录页面
                    String success=login.getSuccess();
                    if(success==null)
                      {success="";
                      }
                    if(!(success.equals("ok")))
                      {response.sendRedirect("userLogin.jsp");
                      }
                %>
                <%String str=response.encodeURL("buybook.jsp");
                %>
                <form action="<%=str%>" method="post" >
                    <p>输入要订购的书的序列号：
                    <input type=text name="id">
                    <input type=submit name="g" value="提交">
                </form>
                <jsp:setProperty name= "book" property="id" param="id" />
                查询到如下记录：<br>
                <% StringBuffer b=book.getMessageBybook_id();
                %>
                <%=b%>
                <P>如果准备订购该书，请填写订单，点击"添加到订单"按钮<BR>
                <%if((book.getId())!=0)
                {%>
                <form action="<%=str%>" method="post">
                <br>您的用户名<input type="text" name="logname"value="<%=login.getLogname()%>" >*
                <br>您的密码<input type="password" name="password">*
                <br>订购数量<input type="text" name="moun"t value="1">(单位：册)
                <input type="submit" name="k" value="提交订单">
                </form>
                <%}
                %>
                <% if((book.getId())!=0)
                    { String name=request.getParameter("logname");
                    if(name==null)
                        {name="";
                        }
                    name=codeString(name);        //获取在表单中提交的用户名
                    String word=request.getParameter("password");
                    if(word==null)
                        {word="";
```

```
                    }
            word=codeString(word);    //获取在表单中提交的密码
            String mount=request.getParameter("mount");
            mount=codeString(mount);
    //  判断提交的名字和密码是否正确
    //  如果正确就初始化 orderform  的值，并添加数据到订单
            if((name.equals(login.getLogname()))&&(word.equals(login.getPassword())))
                    {
%>
<jsp:setProperty name= "orderform" property="logname" value="<%=login.getLogname()%>"/>
<jsp:setProperty name= "orderform" property="realname" value="<%=login.getRealname()%>"/>
<jsp:setProperty name= "orderform" property="order_number"value="<%=book.getOrder_number()%>"/>
<jsp:setProperty name= "orderform" property="book_name" value="<%=book.getBook_name()%>"/>
<jsp:setProperty name= "orderform" property="mount" value="<%=mount%>"/>
<jsp:setProperty name= "orderform" property="phone" value="<%=login.getPhone()%>"/>
<jsp:setProperty name= "orderform" property="address" value="<%=login.getAddress()%>"/>
<% String ms=orderform.setOrderBook();
    out.print("<br>"+ms);
    } else
    { out.print("<br>"+"您必须输入正确的密码和用户名");
    }
    }
%>
    </font>
  </body>
</html>
```

5. 查看订单

查看订单页面效果如图 10-19 所示。

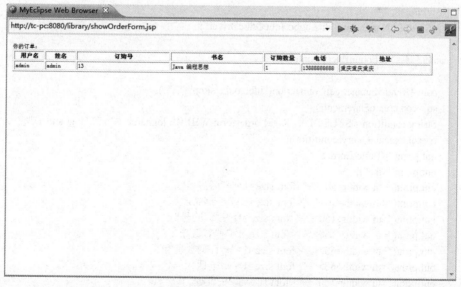

图 10-19　显示订单页面

查看订单页面 showOrderForm.jsp，代码如下：

```
<%@ page contentType="text/html;charset=GB2312" %>
<%@ page import="java.sql.*" %>
```

```
<%@ page import="Login" %>
<jsp:useBean id="login" class="Login" scope="session" >
</jsp:useBean>
<%
    //如果客户直接进入该页面将被转向登录页面
    if(session.isNew())
            {response.sendRedirect("userLogin.jsp");
    }
    // 如果没有成功登录将被转向登录页面
    String success=login.getSuccess();
      if(success==null)
        {success="";
          }
      if(!(success.equals("ok")))
        {response.sendRedirect("userLogin.jsp");
          }
%>
<html>
   <body >
      <font size=1>
      <p>你的订单:
      <%
          String logname=login.getLogname();
          if(logname==null)
              {logname="";
              }
        Connection con;
        Statement sql;
        ResultSet rs;
        try{Class.forName("sun.jdbc.odbc.JdbcOdbcDriver");
            }
        catch(ClassNotFoundException e){}
        try{
          con=DriverManager.getConnection("jdbc:odbc:shop","","");
          sql=con.createStatement();
          String condition="SELECT * FROM orderform WHERE logname = "+""+logname+"";
          rs=sql.executeQuery(condition);
          out.print("<Table Border>");
          out.print("<tr>");
          out.print("<th width=50>"+"<font size=1>"+"用户名");
          out.print("<th width=50>"+"<font size=1>"+"姓名");
          out.print("<th width=160>"+"<font size=1>"+"订购号");
          out.print("<th width=160>"+"<font size=1>"+"书名");
          out.print("<th width=60>"+"<font size=1>"+"订购数量");
          out.print("<th width=60>"+"<font size=1>"+"电话");
          out.print("<th width=160>"+"<font size=1>"+"地址");
          out.print("</tr>");
          while(rs.next())
          {
          out.print("<tr>");
```

```
            out.print("<td>"+"<font size=1>"+rs.getstring(1)+"</td>");
            out.print("<td>"+"<font size=1>"+rs.getstring(2)+"</td>");
            out.print("<td>"+"<font size=1>"+rs.getstring(3)+"</td>");
            out.print("<td>"+"<font size=1>"+rs.getstring(4)+"</td>");
            out.print("<td>"+"<font size=1>"+rs.getstring(5)+"</td>");
            out.print("<td>"+"<font size=1>"+rs.getstring(6)+"</td>");
            out.print("<td>"+"<font size=1>"+rs.getstring(7)+"</td>");
            out.print("</tr>") ;
        }
         out.print("</Table>");
         con.close();
        }
        catch(SQLException e)
         {
         }
    %>
     </font>
    </body>
</html>
```

6. 修改与删除订单

根据书的订购号来修改或删除订购单中的条款。在 modifyForm.jsp 页面点击"提交删除"链接到 deleteForm.jsp 删除订单的相应条款；点击"提交修改"链接到 changeForm.jsp 修改订购数量。

（1）选择修改方式页面，效果如图 10-20 所示。

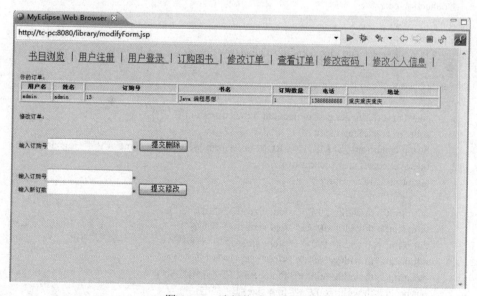

图 10-20　选择修改方式页面

选择修改方式的页面 modifyForm.jsp 代码如下：

```
<%@ page contentType="text/html;charset=GB2312" %>
<%@ page import="java.sql.*" %>
<%@ page import="Login" %>
<jsp:useBean id="login" class="Login" scope="session" >
```

```
</jsp:useBean>
<%
    //如果客户直接进入该页面将被转向登录页面
  if(session.isNew())
      {response.sendRedirect("userLogin.jsp");
  }
    // 如果没有成功登录将被转向登录页面
    String success=login.getSuccess();
    if(success==null)
      {success="";
        }
    if(!(success.equals("ok")))
      {response.sendRedirect("userLogin.jsp");
        }
%>
<html>
  <body >
    <font size=1>
    <%@ include file="head.txt" %>
    <p>你的订单:
    <%
      String logname=login.getLogname();
        if(logname==null)
          {logname="";
            }
      Connection con;
      Statement sql;
      ResultSet rs;
      try{Class.forName("sun.jdbc.odbc.JdbcOdbcDriver");
          }
      catch(ClassNotFoundException e){}
      try{
          con=DriverManager.getConnection("jdbc:odbc:shop","","");
          sql=con.createStatement();
          String condition="SELECT * FROM orderform WHERE logname = "+"'"+logname+"'";
          rs=sql.executeQuery(condition);
          out.print("<Table Border>");
          out.print("<tr>");
          out.print("<th width=50>"+"<font size=1>"+"用户名");
          out.print("<th width=50>"+"<font size=1>"+"姓名");
          out.print("<th width=160>"+"<font size=1>"+"订购号");
          out.print("<th width=160>"+"<font size=1>"+"书名");
          out.print("<th width=60>"+"<font size=1>"+"订购数量");
          out.print("<th width=60>"+"<font size=1>"+"电话");
          out.print("<th width=160>"+"<font size=1>"+"地址");
          out.print("</tr>");
          while(rs.next())
          {
            out.print("<tr>");
            out.print("<td>"+"<font size=1>"+rs.getstring(1)+"</td>");
```

```
              out.print("<td>"+"<font size=1>"+rs.getstring(2)+"</td>");
              out.print("<td>"+"<font size=1>"+rs.getstring(3)+"</td>");
              out.print("<td>"+"<font size=1>"+rs.getstring(4)+"</td>");
              out.print("<td>"+"<font size=1>"+rs.getstring(5)+"</td>");
              out.print("<td>"+"<font size=1>"+rs.getstring(6)+"</td>");
              out.print("<td>"+"<font size=1>"+rs.getstring(7)+"</td>");
              out.print("</tr>") ;
          }
        out.print("</Table>");
        con.close();
    } catch(SQLException e)
        {   }
%>
<p>修改订单：
<%
    String str1=response.encodeURL("deletForm.jsp");
    String str2=response.encodeURL("changeForm.jsp");
%>
<form action="<%=str1%>" method=post>
    <br>输入订购号<input type=text name=order_number >*
    <input type=submit name="k" value="提交删除">
</form>
<form action="<%=str2%>" method=post>
    <br>输入订购号<input type=text name=order_number >*
    <br>输入新订数<input type=text name=mount >*
    <input type=submit name="p" value="提交修改">
</form>
  </body>
</html>
```

（2）删除订单页面，效果如图 10-21 所示。

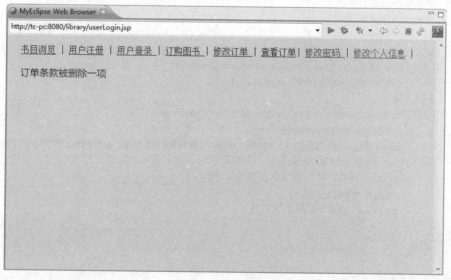

图 10-21　删除操作

删除订单的页面 deleteForm.jsp，代码如下：

```jsp
<%@ page contentType="text/html;charset=GB2312" %>
<%@ page import="java.sql.*" %>
<%@ page import="Login" %>
<jsp:useBean id="login" class="Login" scope="session" >
</jsp:useBean>
<html>
  <body>
    <%
        //如果客户直接进入该页面将被转向登录页面
      if(session.isNew())
          {response.sendRedirect("userLogin.jsp");
          }
      // 如果没有成功登录将被转向登录页面
      String success=login.getSuccess();
      if(success==null)
        {success="";
        }
      if(!(success.equals("ok")))
        {response.sendRedirect("userLogin.jsp");
        }
    %>
    <%
        //获取订单号
      String order_number=request.getParameter("order_number");
      if(order_number==null)
        {order_number="";
         }
      byte b[]=order_number.getBytes("ISO8859-1");
      order_number=new String(b);
      Connection con=null;
      Statement sql=null;
      ResultSet rs=null;
      try{
          Class.forName("sun.jdbc.odbc.JdbcOdbcDriver");
          } catch(ClassNotFoundException e){}
      try {
          con=DriverManager.getConnection("jdbc:odbc:shop","","");
          sql=con.createStatement();
          String condition= "DELETE FROM orderform WHERE order_number="+"'"+order_number+"'";
          sql.executeUpdate(condition);  // 删除
          out.print("<BR>"+"订单条款被删除一项");
          } catch(SQLException e)
          { out.print("<BR>"+"删除失败");
          }
    %>
  </body>
</html>
```

（3）修改订购数量页面，效果如图 10-22 所示。

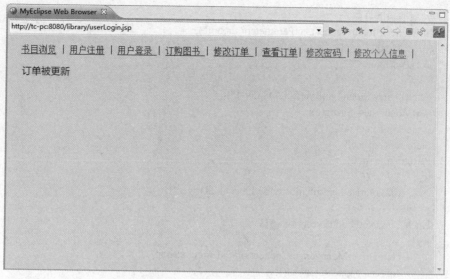

图 10-22　修改订购数量页面

修改订购数量页面 changeForm.jsp，代码如下：

```jsp
<%@ page contentType="text/html;charset=GB2312" %>
<%@ page import="java.sql.*" %>
<%@ page import="Login" %>
<jsp:useBean id="login" class="Login" scope="session" >
</jsp:useBean>
<html>
  <body>
    <%@ include file="head.txt" %>
    <%
      // 如果客户直接进入该页面将被转向登录页面
      if(session.isNew())
        {response.sendRedirect("userLogin.jsp");
        }
      // 如果没有成功登录将被转向登录页面
      String success=login.getSuccess();
       if(success==null)
         {success="";
         }
       if(!(success.equals("ok")))
         {response.sendRedirect("userLogin.jsp");
         }
    %>
    <%
      //获取订单号
      String order_number=request.getParameter("order_number");
      if(order_number==null)
        {order_number="";
        }
      byte b[]=order_number.getBytes("ISO-8859-1");
      order_number=new String(b);
```

```
// 获取新的订数
String newMount=request.getParameter("mount");
if(newMount==null)
    {newMount="0";
    }
byte c[]=newMount.getBytes("ISO8859-1");
newMount=new String(c);
Connection con=null;
Statement sql=null;
ResultSet rs=null;
try{
    Class.forName("sun.jdbc.odbc.JdbcOdbcDriver");
    }
catch(ClassNotFoundException e){}
try{
    con=DriverManager.getConnection("jdbc:odbc:shop","","");
    sql=con.createStatement();
    String condition= "UPDATE orderform SET mount = "+newMount+" WHERE order_number=
"+"'"+order_number+"'";
    // 更新订单
    sql.executeUpdate(condition);
    out.print("<br>"+"订单被更新");
    }
catch(SQLException e)
    { out.print("<br>"+"更新失败");
    }
%>
    </body>
</html>
```

7. 浏览书目

用户可以在该页面分页浏览书目，同时可将准备订购的书添加到订单。浏览书目的页面效果如图 10-23 所示。

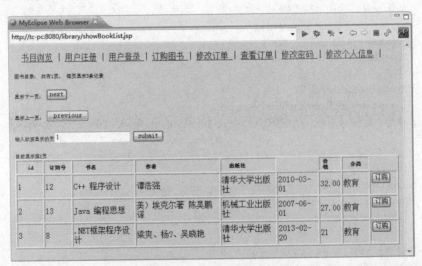

图 10-23　浏览书目页面

（1）书目页面 PageNumber.java，代码如下：

```java
public class PageNumber{
    int rowCount=1,              // 总的记录数
        pageSize=1,              // 每页显示的记录数
        showPage=1,              // 设置欲显示的页码数
        pageCount=1;             // 分页之后的总页数
    public void setRowCount(int n)
        { rowCount=n;
        }
    public int getRowCount()
        { return rowCount;
        }
    public void setPageCount(int r,int p)
        { rowCount=r;
          pageSize=p;
          int n=(rowCount%pageSize)==0?(rowCount/pageSize):(rowCount/pageSize+1) ;
          pageCount=n;
        }
    public int getPageCount()
        {return pageCount;
        }
    public void setShowPage(int n)
        {showPage=n;
        }
    public int getShowPage()
        { return showPage;
        }
    public void setPageSize(int n)
        { pageSize=n;
        }
    public int getPageSize()
        { return pageSize;
        }
}
```

（2）浏览书目页面 showBookList.jsp，代码如下：

```jsp
<%@ page contentType="text/html;charset=GB2312" %>
<%@ page import="java.sql.*" %>
<%@ page import="Login" %>
<%@ page import="PageNumber" %>
<%@ page import="java.io.*" %>
<jsp:useBean id="handlePage" class="PageNumber" scope="session" >
</jsp:useBean>
<jsp:useBean id="login" class="Login" scope="session" >
</jsp:useBean>
<%
   // 如果客户直接进入该页面将被转向登录页面
```

```jsp
    if(session.isNew())
        {response.sendRedirect("userLogin.jsp");
    }
    // 如果没有成功登录将被转向登录页面
    String success=login.getSuccess();
    if(success==null)
        {success="";
        }
if(!(success.equals("ok")))
        {response.sendRedirect("userLogin.jsp");
}
%>
<html>
<body >
    <font size=1>
    <%@ include file="head.txt" %>
    <p>图书目录:
    <%!
        // 声明一个共享的连接对象
        Connection con=null;
        // 显示数据库记录的方法
        public void showList(ResultSet rs,javax.servlet.jsp.JspWriter    out,int n,String buybook)
        {try
            {
                out.print("<Table Border>");
                out.print("<tr>");
                out.print("<th width=50>"+"<font size=1>"+"id"+"</font>");
                out.print("<th width=50>"+"<font size=1>"+"订购号"+"</font>");
                out.print("<th width=70>"+"<font size=1>"+"书名"+"</font>");
                out.print("<th width=60>"+"<font size=1>"+"作者"+"</font>");
                out.print("<th width=60>"+"<font size=1>"+"出版社"+"</font>");
                out.print("<th width=50>"+"<font size=1>"+"出版时间"+"</font>");
                out.print("<th width=20>"+"<font size=1>"+"价钱"+"</font>");
                out.print("<th width=50>"+"<font size=1>"+"分类"+"</font>");
                out.print("<th width=50>"+"<font size=1>"+""+"</font>");
                out.print("</tr>");
            for(int i=1;i<=n;i++)
            {
                out.print("<TR>");
                String id=rs.getString(1);//图书 id 号
                out.print("<td>"+id+"</td>");
                out.print("<td>"+rs.getstring(2)+"</td>");
                out.print("<td>"+rs.getstring(3)+"</td>");
                out.print("<td>"+rs.getstring(4)+"</td>");
                out.print("<td>"+rs.getstring(5)+"</td>");
                out.print("<td>"+rs.getdate(6)+"</td>");
```

```
                out.print("<td>"+rs.getstring(7)+"</td>");
                out.print("<td>"+rs.getstring(8)+"</td>");
                //添加到订单
                //在本书的后面显示一个表单，该表单将内容提交到 buybook.jsp，
                //将 id 号提交给 buybook.jsp，以便订购该书
                String s1="<Form action="+buybook+" method=get>";
                String s2="<input type=hidden name=id value="+id+">";
                String s3="<input type=submit value=订购></form> ";
                String s=s1+s2+s3; out.print("<td>"+s+"</td>");
                out.print("</tr>") ;
                rs.next();
            }
        out.print("</Table>");
        }
        catch(Exception e1) {}
    }
%>
<%
    Statement sql=null;
    ResultSet rs=null;
    int rowCount=0;     // 总的记录数
    // 第一个客户负责建立连接对象
    if(con==null)
        { try
            {Class.forName("sun.jdbc.odbc.JdbcOdbcDriver");
            }
            catch(ClassNotFoundException e)
            {out.print(e);
            }
        try
            { con=DriverManager.getConnection("jdbc:odbc:shop","","");
             sql= con.createStatement(ResultSet.TYPE_SCROLL_SENSITIVE, ResultSet.CONCUR_
                READ_ONLY);
             rs=sql.executeQuery("SELECT * FROM book");            // 返回可滚动的结果集
             rs.last();                                            // 将游标移动到最后一行
             int number=rs.getRow();                               // 获取最后一行的行号
             rowCount=number;                                      // 获取记录数
             handlePage.setPageSize(3);                            // 设置每页显示的记录数
             handlePage.setPageCount(rowCount,handlePage.getPageSize());  // 计算总页数
             out.print("共有"+handlePage.getPageCount()+"页，");
             out.print("每页显示"+ handlePage.getPageSize()+"条记录");
            }
            catch(SQLException e)
            {out.print(e);
            }
    }
```

```java
                    // 其他客户通过同步块使用这个连接
      else
          { synchronized(con)
             { try
                {sql= con.createStatement(ResultSet.TYPE_SCROLL_SENSITIVE,ResultSet.CONCUR_READ_ONLY);
                 rs=sql.executeQuery("SELECT * FROM book");           // 返回可滚动的结果集
                 rs.last();                                           // 将游标移动到最后一行
                 int number=rs.getRow();                              // 获取最后一行的行号
                 rowCount=number;                                     // 获取记录数
                 handlePage.setPageSize(3);                           // 设置每页显示的记录数
                 handlePage.setPageCount(rowCount,handlePage.getPageSize());  // 计算总页数
                 out.print("共有"+handlePage.getPageCount()+"页，");
                 out.print("每页显示"+ handlePage.getPageSize()+"条记录");
                }
             catch(SQLException e)
                {out.print(e);
                }
             }
          }
     }
%>
<%--选择显示某页的表单--%>
<%
     String str=response.encodeURL("showBookList.jsp");
     String buybook=response.encodeURL("buybook.jsp");
%>
     <form action="<%=str%>" method="post" >
         显示下一页：<input type="hidden" name="a" value="next">
         <input type=submit value="next">
     </form>
     <form action="<%=str%>" method="post" >
         显示上一页：<input type="hidden" name="a" value="previous">
         <input type="submit" value="previous">
     </form>
     <form action="<%=str%>" method="post" >
         输入欲要显示的页<input type="text" name="a" value="1">
         <input type="submit" value="submit">
     </form>
<%
     // 获取表单提交的信息
     String s=request.getParameter("a");
     if(s==null)
         {s="1";
         }
     if(s.equals("next"))
         { int n=handlePage.getShowPage();                           // 获取目前的页数
          n=(n+1);                                                    // 将页数增 1
```

```
            if(n>handlePage.getPageCount())
                { n=1;
                }
        handlePage.setShowPage(n);                              // 显示该页
        out.print("目前显示第"+handlePage.getShowPage()+"页");
        // 将游标移到:
        rs.absolute((n-1)*handlePage.getPageSize()+1);
        howList(rs,out,handlePage.getPageSize(),buybook);       // 显示第该页的内容
        }
    else if(s.equals("previous"))
        { int n=handlePage.getShowPage();                       // 获取目前的页数
          n=(n-1);                                              // 将页数减 1
          if(n<=0)
              { n=handlePage.getPageCount();
              }
          handlePage.setShowPage(n);                            // 显示该页
          out.print("目前显示第"+handlePage.getShowPage()+"页");
            rs.absolute((n-1)*handlePage.getPageSize()+1);      // 移动游标
          showList(rs,out,handlePage.getPageSize(),buybook);    // 显示第该页的内容
        }
    else
        { int m=Integer.parseInt(s);
          handlePage.setShowPage(m);
          out.print("目前显示第"+handlePage.getShowPage()+"页");
          int n=handlePage.getShowPage();
          rs.absolute((n-1)*handlePage.getPageSize()+1);        // 移动游标
          showList(rs,out,handlePage.getPageSize(),buybook);    // 显示该页的内容
        }
    %>
    </font>
  </body>
</html>
```

8. 修改密码

输入用户名和正确密码可以进行修改密码操作。

修改密码页面 modifyPassword.jsp，代码如下：

```
<%@ page contentType="text/html;charset=GB2312" %>
<%@ page import="java.sql.*" %>
<%@ page import="Login" %>
<jsp:useBean id="login" class="Login" scope="session" >
</jsp:useBean>
<%
  //如果客户直接进入该页面将被转向登录页面
  if(session.isNew())
    {response.sendRedirect("userLogin.jsp");
  }
  // 如果没有成功登录将被转向登录页面
```

```
        String success=login.getSuccess();
        if(success==null)
            {success="";
            }
        if(!(success.equals("ok")))
            {response.sendRedirect("userLogin.jsp");
            }
%>
<html>
    <body bgcolor=pink >
    <font size=1>
    <%@ include file="head.txt" %>
    <p>修改密码，密码长度不能超过 30 个字符：
    <%
        String str=response.encodeURL("modifyPassword.jsp");
    %>
    <form action="<%=str%>" method="post">
        <br>输入您的用户名：
        <br><input type="text" name="logname" value="<%=login.getLogname()%>" >
        <br>输入您的密码：
        <br><input type="password" name="password">
        <br>输入您的新密码：
        <br><input type="text" name="newPassword1">
        <br>请再输入一次新密码：
        <br><input type="text" name="newPassword2">
        <br><input type="submit" name="g" value="提交">
</form>
<%!
        //处理字符串的一个常用方法
public String getString(String s)
    { if(s==null) s="";
        try {byte a[]=s.getBytes("ISO8859-1");
          s=new String(a);
            }
        catch(Exception e)
            {   }
        return s;
    }
%>
<%
        String logname=request.getParameter("logname");        // 获取提交的用户名
        logname=getString(logname);
        String password=request.getParameter("password");      // 获取提交的密码
        password=getString(password);
        String newPassword1=request.getParameter("newPassword1");  // 获取提交的新密码 1
```

```
newPassword1=getString(newPassword1);
String newPassword2=request.getParameter("newPassword2");  // 获取提交的新密码 2
newPassword2=getString(newPassword2);
try{Class.forName("sun.jdbc.odbc.JdbcOdbcDriver");
       }
catch(ClassNotFoundException event){}
 // 验证身份
Connection con=null;
Statement sql=null;
boolean modify=false;
boolean ifEquals=false;
ifEquals=(newPassword1.equals(newPassword2))&&(newPassword1.length()<=30);
if(ifEquals==true)
{
try{ con=DriverManager.getConnection("jdbc:odbc:shop","","");
sql=con.createStatement();
boolean bo1=logname.equals(login.getLogname()),
bo2=password.equals(login.getPassword());
if(bo1&&bo2)
       {//修改密码
          modify=true;
             out.print("您的密码已经更新");
             String c="UPDATE user SET password = "+""+newPassword1+""+ " WHERE logname =
"+""+logname+"";
             sql.executeUpdate(c);
}
con.close();
       }
   catch(SQLException e1) {}
}
else
{ out.print("你两次输入的密码不一致或长度过大");
 }
if(modify==false&&ifEquals==true)
{
out.print("<br>您没有输入密码账号或<BR>您输入的账号或密码不正确"+logname+":"+password);
 }
%>
 </font>
 </body>
</html>
```

9. 修改个人信息

输入用户名和正确密码可以修改除密码和用户名以外的个人信息。修改信息的页面效果如图 10-24 所示。

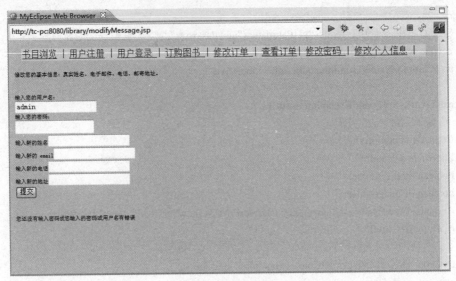

图 10-24　修改信息页面

修改个人信息页面 modifyMessage.jsp，代码如下：

```
<%@ page contentType="text/html;charset=GB2312" %>
<%@ page import="java.sql.*" %>
<%@ page import="Login" %>
<jsp:useBean id="login" class="Login" scope="session" >
</jsp:useBean>
<%
    //如果客户直接进入该页面将被转向登录页面
    if(session.isNew())
        {response.sendRedirect("userLogin.jsp");
    }
    // 如果没有成功登录将被转向登录页面
    String success=login.getSuccess();
    if(success==null)
        {success="";
        }
        if(!(success.equals("ok")))
            {response.sendRedirect("userLogin.jsp");
            }
%>
<html>
  <body bgcolor=pink >
    <font size=1>
    <%@ include file="head.txt" %>
    <%String str=response.encodeURL("modifyMessage.jsp"); %>
    <p>修改您的基本信息：真实姓名、电子邮件、电话、邮寄地址。
    <form action="<%=str%>" method="post">
      <br>输入您的用户名：
      <br><input type=text name="logname" value="<%=login.getLogname()%>" >
```

```
        <br>输入您的密码:
        <br><input type=password name="password">
        <br>输入新的姓名<input type=text name="realname" >
        <br>输入新的 e-mail<input type=text name="e-mail" >
        <br>输入新的电话<input type=text name="phone" >
        <br>输入新的地址<input type=text name="address" >
        <br><input type=submit name="g" value="提交">
    </form>
    <%!
      //处理字符串的一个常用方法
    public String getString(String s)
          { if(s==null)
              s="";
        try {byte a[]=s.getBytes("ISO8859-1");
        s=new String(a);
      }
      catch(Exception e)
      return s;
      }
%>
<%
    String logname=request.getParameter("logname");        // 获取提交的用户名
    logname=getString(logname);
    String password=request.getParameter("password");
    password=getString(password);                          // 获取提交的密码
    String realname=request.getParameter("realname");
    realname=getString(realname);                          // 获取新姓名
    String email=request.getParameter("e-mail");           // 获取新 e-mail
    email=getString(e-mail);
    String phone=request.getParameter("phone");            // 获取新电话
    phone=getString(phone);
    String address=request.getParameter("address");        // 获取新地址
    address=getString(address);
    try{Class.forName("sun.jdbc.odbc.JdbcOdbcDriver");
        }
    catch(ClassNotFoundException event){}                  // 验证身份
    Connection con=null;
    Statement sql=null;
    boolean modify=false;
    try{   con=DriverManager.getConnection("jdbc:odbc:shop","","");
    sql=con.createStatement();
    boolean bo1=logname.equals(login.getLogname()),
          bo2=password.equals(login.getPassword());
    if(bo1&&bo2)
        {//修改信息
          modify=true;
```

```
            out.print("<BR>您的信息已经更新");
            String c1="UPDATE user SET realname = "+""+realname+""+ " WHERE logname = "+""+logname+"";
            String c2="UPDATE user SET email = "+""+email+""+ " WHERE logname = "+""+logname+"";
            String c3="UPDATE user SET phone = "+""+phone+""+ " WHERE logname = "+""+logname+"";
            String c4="UPDATE user SET address = "+""+address+""+ " WHERE logname = "+""+logname+"";
            sql.executeUpdate(c1);
            sql.executeUpdate(c2);
            sql.executeUpdate(c3);
            sql.executeUpdate(c4);
        }
        else
    {out.print("<br>您还没有输入密码或您输入的密码或用户名有错误");
        }
        con.close();
        }
        catch(SQLException e1)
    { out.print("<br>更新失败");
    }
    %>
    </font>
  </body>
</html>
```

10.3　小结

　　本章具体介绍了两个应用系统的编程思路以及实现方法，它们综合应用了 Java Web 的技术和方法。通过本章的学习，加深了对 Java Web 相关概念、方法及技术的理解和灵活运用。

习题十

1．完成本章两个案例的编码、调试、运行及测试。
2．请用 Java Web 技术开发一个自己感兴趣的小系统。